Ihre Arbeitshilfen zum Download:

Die folgenden Arbeitshilfen stehen für Sie zum Download bereit:

- Business Case Formular
- Ergebnis- und Verlaufsprotokoll
- Vorlage für einen Phasenplan
- Projektsteckbrief
- Stakeholderportfolio
- Statusberichtsvorlage
- Zielbeschreibung

Den Link sowie Ihren Zugangscode finden Sie am Buchende.

Karen Dittmann/Konstantin Dirbanis

Projektmanangement (IPMA®)

Lehrbuch für Level D und Basiszertifikat (GPM)

1. Auflage

Haufe Group
Freiburg · München · Stuttgart

Bibliografische Information der Deutschen Nationalbibliothek

Die Deutsche Nationalbibliothek verzeichnet diese Publikation in der Deutschen Nationalbibliografie; detaillierte bibliografische Daten sind im Internet über http://dnb.dnb.de/ abrufbar.

Print: ISBN 978-3-648-14736-8 Bestell-Nr. 10604-0001
ePub: ISBN 978-3-648-14737-5 Bestell-Nr. 10604-0100
ePDF: ISBN 978-3-648-14738-2 Bestell-Nr. 10604-0150

Karen Dittmann/Konstantin Dirbanis
Projektmanangement (IPMA®)
1. Auflage 2020

www.haufe.de
info@haufe.de

Produktmanagement: Bettina Noé
Lektorat: Tinka Meier

Legende:

Kursiv gedruckte Textpassagen ohne Quellenangabe sind dem Projektmanagement-Lexikon nach Motzel entnommen oder stellen Definitionen der Autoren dar. Alle anderen Zitate sind kursiv dargestellt mit Quellenangabe.

BZ

Die Markierung zeigt Themen an, die für die Basiszertifizierung relevant sind. Alle anderen Kapitel sind Grundlage nur des Prüfungsumfangs Level D.

Die Drei Hauptkapitel des Buchs entsprechen den drei Bereichen der ICB4:

- *Kontext Kompetenzen (Perspective)*
- *Persönliche Kompetenzen (People)*
- *Technische Kompetenzen (Practice)*

Weitere Informationen zur ICB4 unter https://www.gpm-ipma.de/know_how/icb_4_formular.html

Vorwort

Schon jeher wollte ich ein Buch schreiben. Aber irgendwie fehlte mir immer die Zeit.

So entstand der Vorgänger dieses Buches als Lehrgangsunterlage bereits vor 12 Jahren aus der Not heraus, weil ich als Trainerin meiner englischen IPMA-Zertifizierungskurse keine passenden Lehrbücher fand. Mit der Zeit wuchs und gedieh das Buch, wurde ins Deutsche übersetzt, 2018 in den neuen Standard der ICB4 übertragen und hat somit bereits erfolgreich seinen Einsatz in vielen Level D und Basiszertifikatskursen bewiesen. Aber immer nur als »Skript« und Druckausgabe aus dem Copyshop, weil ich nie die Zeit fand, daraus ein »richtiges Buch« zu machen.

Das änderte sich schlagartig, als ich mit meinem Kollegen Konstantin Dirbanis Anfang März vor der Corona-Pandemie wegen agiler Projektmanagement-Trainings zusammensaß und wir am Ende des Gesprächs uns von den Projekten erzählten, die wir im Leben sonst noch so vorhaben. Konstantin offenbarte mir, dass er gerne die IPMA-Projektmanagementzertifizierungen nach Griechenland bringen wolle. Dazu fehlte ihm alleinig ein englisches Buch, welches er dann ins Griechische übersetzt in einer englisch-griechischen Version verlegen kann.

Ich dachte kurz nach und dann entstand die wunderbare Kooperation unter dem Projektnamen »Athene« oder wie ich inzwischen gelernt habe »Athina«, nach der griechischen Göttin der Weisheit. Die deutsche Grundversion kam von mir. Bilder, Ergänzungen und ein zweites Paar Traineraugen auf den Text von Konstantin. Komplettiert wurde unser Duo zum Trio mit Tinka Meier, die das Lektorat für das deutsche Exemplar mit zwei weiteren akkreditierten Traineraugen ergänzte und auch für die ergänzende Übersetzung ins Englische verantwortlich war.

Ich hoffe, die Lesenden können zwischen den Zeilen wenigstens ein bisschen von dem Spaß erkennen, den wir zusammen hatten. Es heißt zwar, viele Köche verderben den Brei, aber wenn drei Vollblut-Projektmanager zusammenkommen, ist es eine Freude gemeinsam etwas, wie dieses Buch, auf die Beine zu stellen.

Allen Lesenden wünsche ich eine gute Prüfungsvorbereitung, eine erfolgreiche Zertifizierung und interessante Einblicke in einen der interessantesten Berufe, die es gibt: Projekte zu leiten.

Karen Dittmann, Oktober 2020

Inhaltsverzeichnis

1 Kompetenzbereich Perspective (Kontext)

1.1 CE Strategie (4.3.1)

Jedes Unternehmen sollte für sich eine Strategie formulieren und nach ihr handeln. Strategie wird als zielorientierte Gestaltung unter langfristigen, globalen, umweltbezogenen und/oder entwicklungsorientierten Aspekten betrachtet. Die Aufgabe des strategischen Managements besteht darin:

- zielgerichtet Kompetenzen aufzubauen,
- sich am Markt gegenüber Wettbewerbern vorteilhaft zu positionieren,
- sich nachhaltig zu verhalten.

Bei der Planung der Strategie eines Unternehmens geht es darum, ausgehend von der Mission und auf der Basis der Vision, strategische Ziele zu formulieren und umzusetzen.

***Mission** [engl.: Mission]* !

»Auftrag, Beauftragung eines Unternehmens/einer Organisation zu einem bestimmten Handeln, zu einer Zielerreichung. Beschäftigt sich mit der Frage: Wozu sind wir hier? Was ist unsere Aufgabe?« (Motzel)

Vision *[engl.: Vision]* !

»Anschaulich geschilderte Vorstellung/Zukunftswunsch, dient zur Ausrichtung allen Handelns und Entscheidens. Soll einen positiv motivierten Zustand erzeugen und eine Richtung vorgeben, mit denen sich die Menschen eines Unternehmens/einer Organisation identifizieren können.« (Motzel)

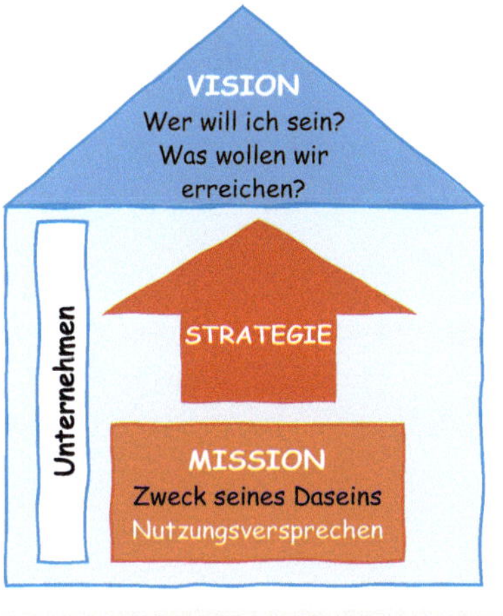

Abb. 1: Zusammenhang zwischen Mission, Vision und Strategie eines Unternehmens

! ***Strategie** [engl.: Strategy]*

»Grundsätzliche, langfristige und dokumentierte Verhaltensweise (Maßnahmenkombination), die geplant ist, um auf der Basis der Mission die Vision zu erreichen.« (Motzel)

Die Projekte eines Unternehmens sollten seiner Strategie folgen und an dieser ausgerichtet sein. Stehen Projekte konträr zu diesen strategischen Führungselementen einer Organisation, entsteht sog. »wertevernichtende Komplexität«. Für den Abgleich ist das strategische Management eines Unternehmens zuständig.

Beispiele:

- Will ein Automobilunternehmen, welches bisher nur PKW hergestellt hat nun auch Motorräder produzieren, sollte dieses Vorhaben mit der Strategie des Unternehmens abgeglichen werden.
- Erhält ein pazifistisch geprägtes Beratungshaus einen Auftrag aus dem Bereich Rüstung, sollte die Organisation sich bewusst für oder gegen diesen Auftrag aussprechen.

Die Übereinstimmung der Strategie eines Projektes mit der Strategie des Unternehmens kann mit folgenden Fragen überprüft werden:

- Werden die **Erfolgsfaktoren** (s. Kap. 3.2.8.8) eines Projektes von der Strategie des Unternehmens getragen?
- Welche Faktoren des **Projektumfeldes** (s. Kap. 3.2.5.1) haben ihren Ursprung in der Strategie des Unternehmens? Gibt es Widersprüche zwischen Umfeldfaktoren und Strategie?
- Kann der **Business Case** (s. Kap. 3.1.1 Tab. 3) mit der Strategie des Unternehmens in Einklang gebracht werden?

Nach Untersuchungen der GPM (2007) sind folgende Faktoren für den Misserfolg von Projekten verantwortlich:

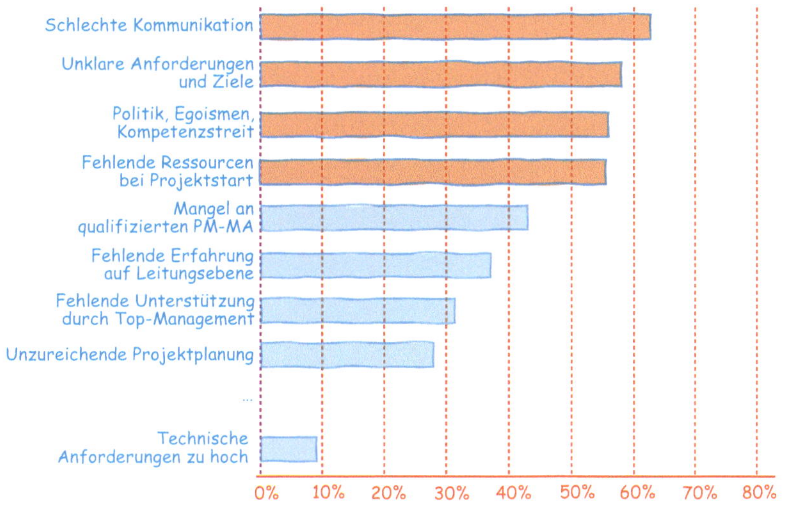

Abb. 2: Ursachen für das Scheitern von Projekten (Umfrage GPM)

Dreht man diese Misserfolgsfaktoren um, erhält man wiederum Erfolgsfaktoren, die als **Standard-Erfolgsfaktoren** (s. Kap. 3.2.8.8) eines Projektes bezeichnet werden.

1.2 CE Governance-Strukturen und -Prozesse (4.3.2)

1.2.1 Begriff Projekt

BZ

Im täglichen Sprachgebrauch sind »Projekte« allgegenwärtig. Man spricht von dem Projekt »Wohnung aufräumen«, widmet sich dem Projekt »ein Instrument lernen« oder ist im Projekt »Familie« involviert. Doch sind dies alles echte Projekte?

Wir wollen hier den Projektbegriff schärfen und Vorhaben mit Projektcharakter von Aufgaben abgrenzt. Bei den hier definierten Vorhaben mit Projektcharakter (Projekten) hilft der Standard der ICB4 diese zu erkennen. Für die Bearbeitung von Aufgaben wäre die Disziplin des Projektmanagements ein unnötiger Overhead.

Populäre Definition (aus einer Firmenbroschüre)

! *Ein **Projekt** ist ein*

- einmaliges,
- *komplexes,*
- *zeitlich begrenztes Vorhaben,*
- *zu dessen Realisierung unterschiedliche Ressourcen (Personen, Arbeitsgruppen etc.) herangezogen werden müssen.*

! **Definition nach DIN 69901**

Das Projekt wird als »Vorhaben« bezeichnet, welches durch seine Einmaligkeit gekennzeichnet ist. Ihm werden folgende Merkmale zugeschrieben:

- ***Zielvorgaben***
- ***Zeitliche, finanzielle, personelle oder andere Begrenzungen***
- ***Eine projektspezifische Organisation (PM4)***

! **Definition nach IPMA/ICB4**

»Ein Projekt ist definiert, als einmaliges, zeitlich befristetes, interdisziplinäres und organisiertes Unterfangen, um festelegte Arbeitsergebnisse im Rahmen vorab definierter Anforderungen und Randbedingungen zu erzielen« (GPM)

Kennzeichen von Projekten

Fasst man die genannten Definitionen zusammen, kann man Projekten folgende Merkmale zuschreiben:

- **Neuartigkeit (Einmaligkeit)**
  Projekte sind einmalige Vorhaben. Da nur teilweise auf Bekanntes zurückgegriffen werden kann, bestehen erhöhte Risiken, und ein Risikomanagement ist erforderlich.
- **Komplexität**
  Projekte sind ganzheitliche vielschichtige Vorhaben. Sie sind durch eine Vielzahl von Zielen, Einflussfaktoren und Wirkungszusammenhängen gekennzeichnet (Komplexitätsmerkmale sind produktabhängig – z. B. ist ein Flugzeug in sich schon eine komplexe Maschine oder man erkennt Komplexität an der Größe und Vielzahl der Beteiligten).
- **Zeitliche Befristung**
  Projekte sind zeitlich befristet mit klar definiertem Anfang und Ende. Sie erfordern deshalb spezifische organisatorische und personelle Regelungen in Abgrenzung zu den Linienaufgaben.
  Projekte lassen sich in **Phasen** (Zeitabschnitte) gliedern und mit Meilensteinen (Zeitpunkte) unterteilen.
  Sie haben eine befristete Projektorganisation und erfordern Teamarbeit.

- Interdisziplinäre Projekte **erfordern interdisziplinäre Zusammenarbeit** in Teams (bereichs-, hierarchie-, standort- und länderübergreifend).
- **Begrenzte Ressourcen**
  Projekte sind in ihrer Ressourcenausstattung begrenzt (Personal – Sachmittel – Budget).
- **Zielsetzung**
  Projekte haben eindeutige und abgegrenzte Ziele. Hier werden die Anforderungen hinsichtlich der Projektergebnisse beschrieben. Es werden Qualität, Kosten Termine und ggf. auch die Projektdurchführung berücksichtigt.

Tätigkeiten mit Projektcharakter unterscheiden sich also von den Routinetätigkeiten einer Linienorganisation. Während bei Linientätigkeiten immer wiederkehrende Aufgaben möglichst effizient in einem definierten Prozess abgearbeitet werden sollen (z. B. Produktion am Fließband oder Bearbeitung von Zollanträgen), besteht bei Projekten die Herausforderung, einmalige und komplexe Vorhaben in Form eines Projektes zu lösen.

Letztendlich bedarf es einer Managemententscheidung, ob ein Vorhaben ausreichend Projektmerkmale erfüllt und deshalb als **Projekt** mit Projektmanagementaufgaben durchgeführt werden soll, oder ob für das Vorhaben Methoden des Linienmanagements angewandt werden sollen.

Seine Wohnung aufzuräumen entspricht nicht den Charakteristika eines Projekts. Das Lernen eines Instrumentes sowie Kinder großzuziehen dagegen schon eher!

1.2.2 Begriff Projektmanagement

BZ

Projektmanagement ist eine eigene Management-Disziplin zur Führung von Projekten.

Definition aus einer Firmendokumentation

[Projektmanagement] ist eine auf ein Projekt bezogene umfassende Führungsaufgabe, die alle Führungstätigkeiten einschließt, die für die Einhaltung der Qualität, der Funktionalität, in der vorgegebenen Zeit und im Budget erforderlich sind und somit zum Gelingen des Projektes beitragen.

!

Definition nach DIN 69901

Projektmanagement wird als Führungsaufgabe, -organisation, -technik, -mittel für die Initiierung, Definition, Planung, Steuerung und den Abschluss von Projekten definiert ... Der Schwerpunkt des Projektmanagement liegt demnach auf der Führung der Menschen im Projekt (PM4).

!

! **Definition nach IPMA**

»Das Projektmanagement befasst sich mit der Anwendung von Methoden, Tools, Techniken und Kompetenzen für ein Prjoekt, um Ziele zu erreichen. Es wird mithilfe von Prozessen umgesetzt und umfasst …« (GPM), wobei die IPMA keine Prozesse vorgibt.

1.2.3 Projektmanagementstandards

IPMA

Die International Project Management Association (IPMA) ist eine Organisation, die über 70 nationale Ländergesellschaften hinweg die Professionalisierung von Projektmanagement weiterentwickelt. Basierend auf ihrer Zusammenarbeit formuliert sie in regelmäßigen Abständen einen neuen PM Standard (ICB, Individual Competence Baseline) welcher die Grundlage für international abgestimmte Zertifizierungsverfahren ist.

Die IPMA entwickelt Standards, die kompetenzbasiert sind. Sie beziehen sich auf die Handlungskompetenz von Personen und Organisationen in Abgrenzung zu prozessbasierten Standards der PMI oder PRINCE2.

Sie ist branchenübergreifend formuliert. Nach IPMA ausgebildete Projektleiter sind in der Lage, branchenbezogene Besonderheiten aufgrund ihrer Handlungskompetenz zu berücksichtigen.

Der aktuelle Standard der IPMA ist die ICB4.0. Er teilt sich in 28 Kompetenzbereiche auf:

Individual Competence Baseline (ICB) 4.0		
Kontext-Kompetenzen **Perspective**	Persönliche und soziale Kompetenzen **People**	Technische Kompetenzen **Practice**
4.3.1 Strategie	4.4.1 Selbstreflexion und Selbstmanagement BZ	4.5.1 Projektdesign BZ
4.3.2 Governance, Strukturen und Prozesse	4.4.2 Persönliche Integrität und Verlässlichkeit	4.5.2 Anforderungen und Ziele BZ
4.3.3 Compliance, Standards und Regularien	4.4.3 Persönliche Kommunikation BZ	4.5.3 Leistungsumfang und Lieferobjekte BZ
4.3.4 Macht und Interessen	4.4.4 Beziehungen und Engagement	4.5.4 Ablauf und Termine BZ
4.3.5 Kultur und Werte	4.4.5 Führung	4.5.5 Organisation, Information und Dokumentation BZ
	4.4.6 Teamwork BZ	4.5.6 Qualität BZ
	4.4.7 Konflikte und Krisen	4.5.7 Kosten und Finanzierung BZ
	4.4.8 Vielseitigkeit BZ	4.5.8 Ressourcen BZ
	4.4.9 Verhandlung	4.5.9 Beschaffung BZ
	4.4.10 Ergebnisorientierung	4.5.10 Planung und Steuerung BZ
		4.5.11 Chancen und Risiken BZ
		4.5.12 Stakeholder BZ
		4.5.13 Change und Transformation

Abb. 3: Die 28 Kompetenzelemente der ICB4 mit Kennzeichnung Relevanz Basiszertifikat.

DIN ISO 21500:2016-02

Die DIN ISO 21500:2016 ist eine deutsche Norm. Sie basiert auf der ISO-Norm ISO 21500, welche als internationaler Leitfaden zum Projektmanagement in der letzten Form 2012 aktualisiert wurde. Sie beschreibt Begriffe, die im Projektmanagement als bewährte Praxis allgemein für alle Projekte gelten. Auch bei ihr liegt kein Branchenbezug vor. Die aktuellen Definitionen nach DIN können im Internet eingesehen werden.

1.2.4 Projektarten BZ

Der Begriff »Projekt« umfasst den Bau eines Kernkraftwerkes genauso wie den Abteilungsumzug oder die Organisation eines Open-Air-Konzertes. Inhalte, Anzahl der Beteiligten, »Grad« der Veränderung für die Beteiligten, strategische Bedeutung des

Projektes, Budget und Zeitrahmen sind wesentliche Unterscheidungskriterien für die Klassifizierung von Projekten.

Der Einsatz von Projektmanagement ist immer ein Overhead, den man sich leisten muss. Er muss in Relation zum Projektumfang stehen und sich in Summe, durch die geschaffene Effizienz der Projektdurchführung, rechnen. Dementsprechend sollte es selbstverständlich sein, diesen Overhead mit maßgeschneiderten Methoden und Instrumenten so gering wie möglich, jedoch auch so umfangreich wie nötig zu gestalten. Abhängig von der Projektart, ist es wichtig, die richtige Auswahl und den Umfang für den adäquaten Instrumenten- und Methodeneinsatz zu finden (entsprechende »Flughöhe«).

Folgende Projektdimensionen können anhand der involvierten Parteien unterschieden werden:

Projektart	Merkmale/Beschreibung
Extern (Auftragsprojekte)	• Auftraggeber befindet sich außerhalb der eigenen Organisation • Ziel ist die Leistungserstellung, welche zum Ende des Projektes vom Auftraggeber abgenommen werden muss • Vertrag zwischen Auftraggeber und Auftragnehmer als Grundlage des Projektes • Beispiele: Erstellung Internetportal durch Agentur, Bau Bürohaus
Intern	• Auftraggeber ist eine Person oder Organisation, die dem Unternehmen selbst angehört (Geschäftsleitung, Projektlenkungsgremien, Management) • Anstoß und Finanzierungsbeträge i. d. R. von intern, können aber auch von außen kommen (z. B. Gesetzbeschluss) • Meist kein formaler Auftrag vorhanden • Beispiele: Entwicklung neues Produkt, Organisation Betriebsfeier, DSGVO, Abgasnormen)

Unterscheidung anhand des Inhalts:

Investitionsprojekte	• Sachanlagen werden gebaut oder beschafft (z. B. Gebäude, Großmaschinen) • Oft hohe Investitionskosten, meist Ausschreibung, öffentliches Interesse • Beispiele: Bau Staudamm, Erneuerung der Serverlandschaft in einem Unternehmen
Organisationsprojekte	• Aufbau- oder Ablauforganisationsstrukturen sollen geschaffen oder geändert werden • Wirkt sich auf Mitarbeiter im Unternehmen (in Summe oder Teile) aus • Beispiele: Unternehmensfusionen, Reorganisation, Einführung neuer Prozesse, Aufbau einer neuen Abteilung

F&E (Forschung und Entwicklung)	• Zur Neuentwicklung oder Verbesserung von Produkten • Unbekanntes Verhältnis von Input und Output und damit geringe Planungssicherheit • hoher Grad an Neuartigkeit • Beispiel: Produktentwicklung auf Basis neuer Technologien, wissenschaftliche Forschungsprojekte, Entwicklung eines Impfstoffes

1.2.5 Projektmanagement-Handbuch (Projektmanagement-Manual)

Unternehmen, die regelmäßig Projekte durchführen, entwickeln eigene, firmenspezifische Projektmanagementstandards. Die Basis hierfür bieten zum einen internationale Projektmanagementstandards (z. B. IPMA, PMI, PRINCE2, usw.) und Branchenspezifika, welche individuell formuliert werden. Zusammengefasst werden diese Standards in einem Projektmanagement-Handbuch.

Inhalte des Projektmanagement-Handbuchs sind z. B.:

- Projektdefinition im Unternehmen inkl. der Projektarten und deren Klassifizierung
  - Investitions-, Organisations-, Forschungs- und Entwicklungsprojekte
  - Klassifizierung A-B-C-Projekte (z. B. bis 100.000 €, bis 1.000.000 €, ab 1 Mio. € Budget)
  - Projektpriorisierung 1-2-3 (z. B. 1 = gesetzlich erforderlich, 2 = strategisch, 3 = Kostenoptimierung)
- Prozesse
  - Beantragung und Genehmigung von Projekten
  - Auftragsklärung
  - Planung
  - Steuerung
  - Abschluss
- Methoden und Vorlagen
  - Projektsteckbrief (Projektantrag/-auftrag)
  - Risikoanalyse
  - Stakeholderanalyse
  - Arbeitspaketbeschreibung
  - Standard-PSP
  - ...
- Rollen im Projekt (AKVs: Aufgaben-Kompetenzen-Verantwortung)
- Checklisten
  - Projektstart
  - Projektende
- Projektmanagement-Software
  - Eingesetzte IT-Systeme inkl. Rollen, Prozesse, Vorlagen, usw.

Das Projektmanagement-Handbuch kann auch folgende andere Bezeichnungen haben: z. B. Projektmanagement Leitfaden, Unternehmensrichtlinie PM, Designpapier PM etc.

1.2.6 Projektportfolio

In einem Unternehmen/einer Organisation werden oft nicht nur ein Projekt durchgeführt, sondern mehrere parallel. Alle in einem Unternehmen durchgeführten Projekte bezeichnet man als dessen Projektportfolio.

Über Aufnahme oder Ablehnung in das Portfolio entscheidet das Portfolioboard unter Leitung des PMO (Projektmanagement-Office). Entscheidungskriterien für die Aufnahme sind:

- Projekt entspricht der Strategie des Unternehmens,
- zur Durchführung stehen genügend Ressourcen zu Verfügung (Prüfung vor Freigabe),
- das Projekt hat die nötige Relevanz.

Das Projektportfolioboard ist ein Gremium der Linienorganisation. Es besteht, solange in einem Unternehmen Projekte durchgeführt werden.

Vom Portfolioboard grenzt sich der Lenkungsausschuss oder Steering Committee oder Steuerkreis ab, welcher ein Gremium der Projektorganisation ist. Ein Lenkungsausschuss ist einem konkreten Projekt zugeordnet. Er entscheidet über strategische Fragen seines Projektes.

1.3 CE Compliance, Standards und Regularien (4.3.3)

! *»Die **Kompetenz Compliance, Standards und Regularien** definiert, wie der Einzelne die externen und internen Einschränkungen in einem bestimmten Bereich wie z. B. einem Land, einem Unternehmen oder einer Branche interpretiert und sie aufeinander abstimmt.« (ICB4)*

! ***Compliance** [engl.: Compliance]*

»Ordnungsgemäße Einhaltung von vorgegebenen Gesetzen und Regeln. Seit der ICB 4.0 ist ›Compliance, Standards und Regulations‹ ein Kompetenzelement (Perspectives 3), übersetzt in die NCB 4.0 mit ›Compliance, Standards und Regularien‹. Dieses Kompetenzelement definiert die Interpretation und Anwendung von internen und externen Rahmenbedingungen, insbesondere Restriktio-

nen. Compliance wird dabei als Prozess gesehen, wie Vorgaben adäquat umgesetzt werden. Diese Vorgaben können formal oder informell bzw. verpflichtend oder freiwillig sein.« (Motzel)

»***Standards*** *und* ***Vorschriften*** beeinflussen und definieren die Art und Weise wie Projekte, Programme und Portfolios organisiert und gesteuert werden sollen, um durchführbar und erfolgreich zu sein.

Standards und Vorschriften stehen in Verbindung mit Anforderungen in Compliance, die die gesetzlichen und rechtlichen Vorschriften einschließen, Verträge und Vereinbarungen, geistiges Eigentum und Patente, Sicherheit, Gesundheit und Umweltschutz (SGU) sowie berufliche Standards.« (ICB4)

Abb. 4: Das Projekt und sein gesetzlicher (sanktionsfähiger) Ordnungsrahmen (PM4)

1.3.1 Für das Projekt gültige Rechtsvorschriften identifizieren und einhalten

Zur Führungsverantwortung des Projektleiters und seiner damit verbundenen Aufsichts-, Sorgfalts- und Fürsorgepflicht gehört das Einhalten von gesetzlichen Vorgaben und Rahmenbedingungen – ggfs. auch für unterschiedliche beteiligte Länder(!). Ergänzend sind auch Aspekte des Datenschutzes und damit auch der Datensicherheit zu beachten.

Aufsichts-, Sorgfalts- und Fürsorgepflicht

Die Unternehmensleitung delegiert ihre Aufsichts-, Sorgfalts- und Fürsorgepflicht an ihre Führungskräfte (Projektleitung). Je nach Projektorganisationsform übernimmt die Projektleitung mehr oder weniger diese Pflichten. Am stärksten ist sie in der reinen Projektorganisation in die Pflicht genommen, am wenigsten in der Einflussprojektorganisation.

Aufsichtspflicht

Pflicht einer Führungskraft darauf zu achten, dass die Projektmitarbeiter sich so verhalten, dass keiner zu Schaden kommt.

- Kranke MA nicht zu Meetings einladen, bei denen sie andere anstecken können,
- Arbeitsmittel müssen geprüft sein (z. B. TÜV),
- Mitarbeiter dürfen nur Geräte bedienen, für die sie zugelassen sind.

Wird die Aufsichtspflicht verletzt und eine Person kommt zu Schaden, muss eine materielle Ersatzleistung in Geldform geleistet werden (zivilrechtliche Haftung im Rahmen des Schadensersatzleitung seitens des Schädigers gegenüber dem Opfer).

Sorgfaltspflicht

Die Projektleitung hat dem Mitarbeiter gegenüber eine entsprechende Sorgfaltspflicht zu wahren. Z. B.:

- sollten dem Mitarbeiter gegenüber keine Falschinformationen verbreitet werden,
- Regelmeetings sollten nicht außerhalb der Kernarbeitszeit liegen,
- die für das Projekt benötigten Materialien müssen zur Verfügung gestellt werden.

Aber auch die Mitarbeiter haben dem Projekt gegenüber eine Sorgfaltspflicht zu erbringen. So sollten Fehler vermieden, mit Geräten sachgerecht und schonend umgegangen und Vertraulichkeit gewahrt werden.

Fürsorgepflicht

Die Projektleitung muss für das Wohl des Projektmitgliedes sorgen. Sie ist angehalten eine Arbeitsumgebung zu schaffen, in der keine Gefahren für Leib, Leben und Gesundheit entstehen (s. auch Arbeitsstättenverordnung, Arbeitsschutzgesetz, Arbeitszeitgesetz etc.). Im Rahmen der Fürsorgepflicht ist sie auch angehalten, Benachteiligung zu verhindern und sich um andere Rechtsgüter wie Ehre, Eigentum und Gleichbehandlung zu kümmern. Beispiele sind:

- Auf Baustellen müssen zur Wahrung der Helmpflicht Schutzhelme zu Verfügung gestellt werden (PSA: persönliche Schutzausrüstung).
- In Krankenhäusern muss ausreichend Schutzkleidung vorhanden sein.
- Es muss auf Datenschutz geachtet werden.

Die Pflichten beziehen sich auf die nun genannten Gesetze, Verordnungen und Vorschriften.

1.3.2 Datenschutz und Datensicherheit

Im Verlauf eines Projektes verantwortet die Projektleitung die Einhaltung aller Regelungen zum Datenschutz. Dies betrifft sowohl personenbezogene Daten der Mitarbeiter, Kunden und Anwender als auch die vertrauliche Behandlung von überlassenen Daten z. B. von Kunden, Lieferanten oder Partnern.

Der Datenschutz für Deutschland wird im Bundesdatenschutzgesetz (BDSG) geregelt und in der DSGVO (Datenschutzgrundverordnung) ausgeführt.

Gegenstand und Ziel der DSGVO ist der **Datenschutz**, welcher Folgendes umfasst:
- Schutz vor missbräuchlicher Verarbeitung von Daten,
- Schutz des Rechts auf informelle Selbstbestimmung,
- Schutz der Privatsphäre,
- Schutz des Persönlichkeitsrechts bei der Datenverarbeitung.

Um Datenschutz gewährleisten zu können, ist die **Datensicherheit** eine wichtige Voraussetzung. Ziel der Datensicherheit ist es, technisch Daten und IT-Systeme jeglicher Art in ausreichendem Maße gegen unberechtigten Zugriff, Verlust, Manipulation und andere Bedrohungen zu sichern.

1.3.3 Vorschriften für Sicherheit, Gesundheit und Umweltschutz

Das deutsche Arbeitsschutzgesetz setzt die EU-Richtlinien zum Arbeitsschutz um. Die vollständige Bezeichnung des Arbeitsschutzgesetzes lautet:

»Gesetz über die Durchführung von Maßnahmen des Arbeitsschutzes zur Verbesserung der Sicherheit und des Gesundheitsschutzes der Beschäftigten bei der Arbeit.«

Ziel des Arbeitsschutzgesetzes ist es, die Gesundheit aller Mitarbeiter zu verbessern. Im Arbeitsschutzgesetz sind unter anderem Gefährdungsbeurteilungen, die Überwachung der Wirksamkeit von Präventionsmaßnahmen und Unterweisungen festgeschrieben.

Beispiele wichtiger **Arbeitsschutzvorschriften** und deren Verordnungen:
- Arbeitsschutzgesetz (ArbSchG)
- Arbeitsstättenverordnung (ArbStättV)
- Baustellenverordnung (BaustellV)
- Betriebssicherheitsverordnung (BetrSichV)
- Gefahrstoffverordnung (GefStoffV)

Daneben gelten noch andere gesetzliche Regelungen und rechtsverbindliche Vorschriften, deren Einhaltung in der Verantwortung der Projektleitung stehen:

Beispiele **Arbeitsrecht:**

- Arbeitszeitgesetz (ArbZG) – beachten der täglichen Höchstarbeitszeit
- Mutterschutzgesetz (MuSchG) – Beschäftigungseinschränkungen bei Schwangerschaft (SGB IX)
- Jugendarbeitsschutzgesetz – JarbSchG – schutzwürdige Belange Jugendlicher/Praktikanten
- Urlaub (BurlG)
- Arbeitnehmerüberlassung (AÜG)
- Arbeitnehmerentsendung (AentG)

Beispiele **Gesundheitsschutz:**

- Infektionsschutzgesetz (InfSG)
- Lebensmittelhygieneverordnung
- Unfallverhütungsvorschriften (§ 15 SGB VII)
- Verordnung zur arbeitsmedizinischen Vorsorge (ArbMedVV)

Umweltschutz:
Regelungen gemäß den Anforderungen des Umweltschutzgesetzes (USG) einschließlich der Einhaltung gesetzlicher Grenzwerte bei Emissionen und der Einhaltung behördlicher Auflagen

Datenschutz:
gemäß aller Vorgaben des Bundesdatenschutzgesetzes (BDSG) und der Datenschutzgrundverordnung (DSGVO) zum Schutz der personenbezogenen Daten von Lieferanten, Kunden, Patienten und Mandanten

Sozialversicherungsrecht:

- Vermeidung von Scheinselbstständigkeit freier Mitarbeiter
- Meldepflicht zur Sozialversicherung für Arbeitnehmer (§ 28a SGB IV)
- Mini-Job-Zentrale bei geringfügig Beschäftigten

1.3.4 Gefährdungsanalyse

Die Begriffe der Gefährdungsanalyse oder Gefährdungsbeurteilung werden in der Literatur oft synonym verwendet.

Laut der BfGA (Beratungsgesellschaft für Arbeits- und Gesundheitsschutz mbH) umfasst die Gefährdungsbeurteilung:

»... als zentrales Element des betrieblichen Arbeitsschutzes die systematische Beurteilung der für die Beschäftigten mit ihrer Arbeit verbundenen Gefährdungen und Belastungen. Sie bildet damit eine wesentliche Grundlage für die Ableitung zielgerichteter Arbeitsschutzmaßnahmen. Die gesetzliche Basis für die Gefährdungsbeurteilung ist das Arbeitsschutzgesetz (§§ 5, 6)
Anhand der Ergebnisse der Gefährdungsbeurteilung sind die erforderlichen Maßnahmen zur Verbesserung des Arbeitsschutzes festzulegen. Betriebe mit zehn oder mehr Beschäftigten müssen die Ergebnisse und die Überprüfung dokumentieren.«

1.4 CE Macht und Interessen (4.3.4)

1.4.1 Definition von Macht

Der Machtbegriff ist in der deutschen Kultur oft negativ belegt. Verwendet man den englischen Begriff »Power«, wird deutlich, dass es hierbei nicht um Macht im Sinne der »Machtausübung«, sondern eher um »Empowerment« handelt, welches man mit »Ermächtigung« übersetzen kann. Wie kann jemand »ermächtigt« – sprich befähigt – werden, Dinge voranzutreiben? Wenn es sein muss auch gegen den Widerstand anderer.

Wir unterscheiden zwischen:

- Personalisierter Machtmotivation: Macht wird ausgeübt, um eigene Ziele durchzusetzen.
- Sozialisierter Machtmotivation: Macht wird eingesetzt zum Erreichen eines höheren Ziels oder dem einer Gruppe.

Manchmal unterscheidet man auch Macht und Einfluss. Macht wird dann als Potenzial gesehen, die beabsichtigten Wirkungen zu erzielen. Einfluss ist dagegen die Fähigkeit, Macht aufrecht zu erhalten. Allerdings verwenden manche Autoren beide Begriffe auch synonym.

Betrachtet man Macht anhand eines Hierarchiegefälles, kann die untergebene Person dem Machtanspruch eher freiwillig oder eher unter Zwang folgen. Erfolgt die Anwendung unter Zwang, wird die Beziehung von der unterlegenen Person negativer bewertet. Er oder sie werden dem Verhältnis zu entkommen versuchen oder es zu seinen/ihren Gunsten verändern wollen.

Diesem klassischen Führungsverständnis (s. Kap. 2.5) durch Macht und Einfluss anhand eines Hierarchiegefälles steht das Führungsprinzip des Servant Leader entgegen, der im agilen Projektmanagement vorkommt. Im agilen Framework Scrum ist die

Rolle des Scrum Masters als die eines Servant Leader beschrieben. Dieser begegnet seinem Team auf Augenhöhe. Er ist für die Einhaltung des agilen Regelwerkes zuständig und hat hier auch Weisungsbefugnis. Dort endet jedoch seine durch die Rolle vergebene Macht. Weiteren Einfluss kann er nur durch seine persönliche Überzeugungskraft ausüben.

1.4.2 Autorisierung und Motivation

Hinter jedem Ziel steht das Motiv, welches beschreibt, warum ein Ziel erreicht werden soll. Dieses Motiv ist die Grundlage für Motivation.

So sind beispielsweise Neugierde und Interesse, Belohnung und Gruppendruck wesentliche Motive im Projektumfeld.

Neugier und Interesse kommen aus einem selbst, die Motivation wird also vom Projektmitglied und nicht von außen erzeugt. Dies wird als **intrinsische Motivation** bezeichnet.

Anders verhält es sich mit Gruppendruck oder Belohnungen. Hier wird Motivation von außen erzeugt. Es handelt sich dann um extrinsische **Motivation**.

!

***Motivation** [engl.: Motivation]*

»(1) Aktivierte Verhaltens- und Handlungsbereitschaft einer Person im Hinblick auf die Erreichung bestimmter Ziele (Eigensteuerung).
(2) Im Sinne von ›Motivieren‹: Beeinflussung der Verhaltens- und Handlungsbereitschaft einer Person im Hinblick auf die Erreichung bestimmter Ziele durch Schließen von sogenannten Motivationslücken (Fremdsteuerung). Grundsätzlich unterscheidet man:

- ***Extrinsische Motivation:** Wunsch bzw. Absicht, eine Handlung durchzuführen, um negative Folgen (z. B. Strafe) zu vermeiden oder positive Folgen (z. B. Bonus) zu erzielen.*
- ***Intrinsische Motivation:** Wunsch bzw. Absicht, eine Handlung durchzuführen, weil die Handlung selbst als spannend, interessant, anspruchsvoll etc. wahrgenommen wird« (Motzel)*

Es ist erwiesen, dass intrinsische Motivation tragfähiger und nachhaltiger ist als extrinsische Motivation. Ziel ist es also, sich selbst – von innen heraus – so stark und effektiv wie möglich zu motivieren und als Projektleitung ein Umfeld zu gestalten, indem dies möglich ist. Eine wichtige Voraussetzung dafür ist, dass man einen Sinn in seinem Tun erkennt.

Zu Beginn des 20. Jahrhunderts herrschte die Ansicht, dass Motivation auf dem biologischen Trieb des Menschen beruht bzw. dass der Mensch in seinem Handeln seinen Instinkten folgt. Ab den 1960er-Jahren wandelte sich das Bild der Motivationserklärung zugunsten eines personalisierten Menschenbildes. Man nahm an, dass Motivation von den persönlichen Werten, Erfahrungen abhängig sei und man versuchte, diese näher zu verstehen.

1.4.3 Die Bedürfnispyramide nach Maslow

BZ

Der amerikanische Psychologe Abraham Maslow geht davon aus, dass der Mensch unterschiedliche Bedürfnisse hat, die in einer aufeinanderfolgenden Beziehung stehen. Ist sein Bedürfnis einer Stufe verwirklicht, ist der Mensch motiviert, sich die Bedürfnisse der nächsten zu erarbeiten. Er teilt die menschlichen Bedürfnisse wie folgt auf und stellt sie in der sog. **Bedürfnispyramide** dar:

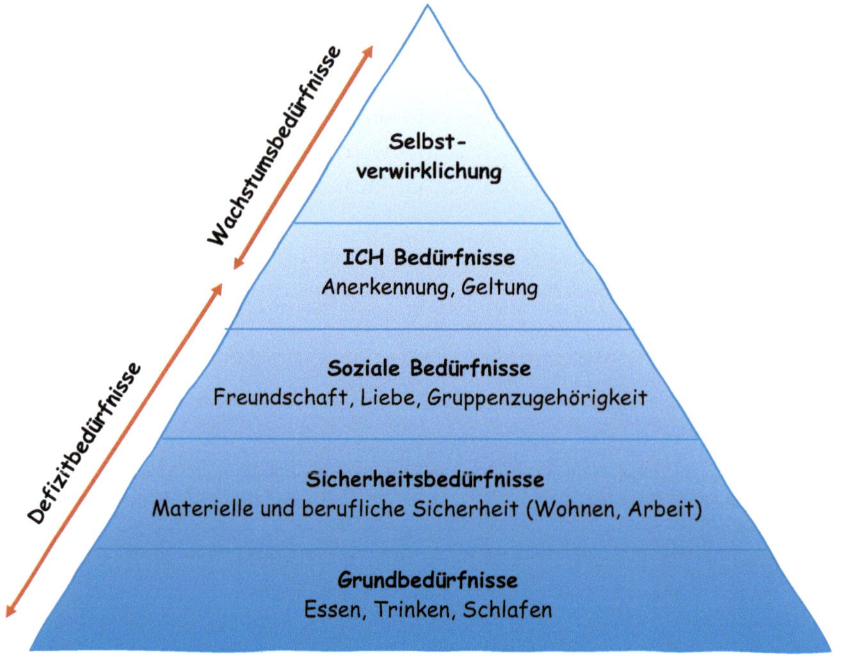

Abb. 5: Bedürfnispyramide nach Abraham Harold Maslow (1908–1970)

Die physiologischen Bedürfnisse:

- umfassen das elementare Verlangen nach Essen, Trinken, Kleidung und Wohnung. Ihr Vorrang vor den übrigen Bedürfnisarten ergibt sich aus der Natur des Menschen.
- Demotivation im Projekt kann verhindert werden; indem die gesetzlichen Pausen- und Arbeitszeiten eingehalten und Stressphasen durch Ruhephasen ausgeglichen werden können.

Das Sicherheitsbedürfnis:

- drückt sich aus in dem Verlangen nach Schutz vor unvorhersehbaren Ereignissen des Lebens (Unfall, Beraubung, Invalidität, Krankheit etc.), die die Befriedigung der physiologischen Bedürfnisse gefährden können.
- Demotivation im Projekt kann verhindert werden, indem frühzeitig geklärt wird, wie es für die Mitarbeiter nach dem Projekt weitergeht und in einer angstfreien Fehlerkultur gearbeitet werden kann.

Die sozialen Bedürfnisse:

- umfassen das Streben nach Gemeinschaft, Zusammengehörigkeit und befriedigenden sozialen Beziehungen.
- Demotivation im Projekt kann verhindert werden, indem Rollen geklärt, Unterstützung angeboten und Teamzugehörigkeit gelebt wird.

Wertschätzungsbedürfnisse:

- spiegeln den Wunsch nach Anerkennung und Achtung wider. Dieser Wunsch bezieht sich sowohl auf Anerkennung von anderen Personen als auch auf Selbstachtung und Selbstvertrauen. Es ist der Wunsch, nützlich und notwendig zu sein.
- Demotivation im Projekt kann verhindert werden, indem Leistung wertgeschätzt wird, ein faires Gehalt gezahlt wird, die Individualität der Mitarbeiter anerkannt wird.

Die letzte und höchste Klasse wird die Selbstverwirklichungsbedürfnisse genannt:

- damit ist das Streben nach Unabhängigkeit, nach Entfaltung der eigenen Persönlichkeit in der Lebensgestaltung gemeint.
- Demotivation im Projekt kann verhindert werden, indem Aufgaben angereichert werden (Job Enrichment), kreative Lösungen erlaubt oder Zukunftsoptionen besprochen werden.

Innerhalb der Bedürfnispyramide unterscheidet Maslow zwischen Defizit- und Wachstumsbedürfnisse. Zu den Defizitbedürfnissen gehören die physiologischen, Sicherheits-, sozialen und Wertschätzungsbedürfnisse. Das Bedürfnis nach Selbstverwirklichung wird von ihm als Wachstumsbedürfnis bezeichnet. Maslow geht davon aus, dass der Mensch zuerst die Defizit- und dann erst die Wachstumsbedürfnisse befriedigen will.

Das Modell von Maslow ist bedeutsam, da es den Blick auf unterschiedliche Bedürfnisse lenkt. Ein vollständiger empirischer Nachweis für dieses Modell konnte jedoch nie erbracht werden.

1.4.4 Analyse der Interessen

Die Analyse der Interessen der Projektbeteiligten erfolgt anhand der Umfeld- bzw. Stakeholderanalyse, die klassischerweise in der Definitionsphase eines Projektes durchgeführt werden. (S. Kapitel 3.2.5.2 Stakeholderanalyse)

1.5 CE Kultur und Werte (4.3.5)

1.5.1 Das Projekt mit der Kultur und den Werten einer Organisation in Einklang bringen (nach Edgar Schein)

Edgar H. Schein hat ein in der Wissenschaft und Praxis sehr weit verbreitetes Modell von Organisationskultur entwickelt. Er unterscheidet drei Ebenen einer Organisationskultur, wie sie in der folgenden Abbildung dargestellt sind:

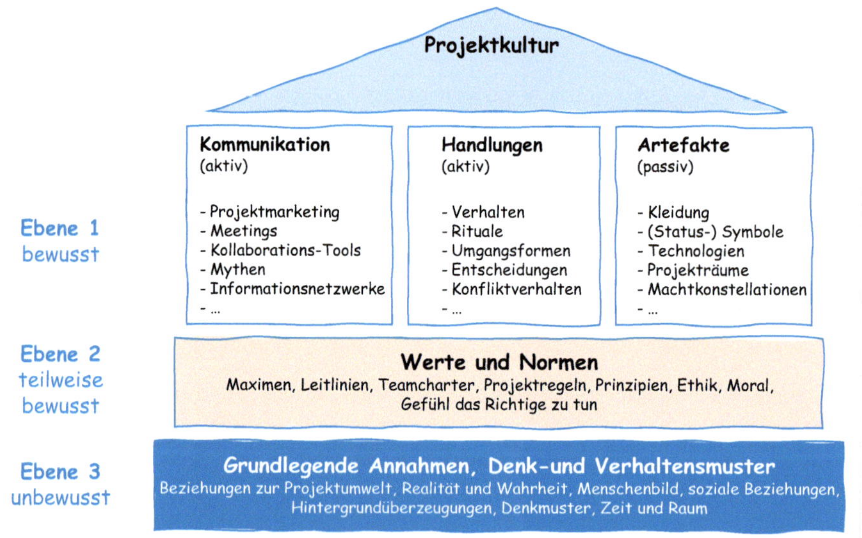

Abb. 6: Drei-Ebenen-Modell nach Edgar Schein (PM4)

Die **Ebene 1** ist für Außenstehende am besten erkennbar. Wie sind die Büros eingerichtet? Spricht man mit gedämpfter Stimme? Ist man formal oder eher locker gekleidet? Etc. (Kommunikation, Handlungen, Artefakte). Aber diese Beobachtungen erklären noch nicht, warum sich ein Mitarbeiter auf diese bestimmte Art und Weise verhält oder warum bestimmte Regeln gelten. Hier kann der Blick auf Ebene 2 weiterhelfen.

Die **Ebene 2 der Werte und Normen** nennt die Werte, die ein Unternehmen als wichtig erachtet. Oft werden Werte wie Teamarbeit, Offenheit, Kundenorientierung etc. genannt. Ausgehend davon, dass diese Werte auch mit den gelebten Werten übereinstimmen (Wertekongruenz), können diese trotzdem in zwei Unternehmen unterschiedlich ausgeprägt sein. Im Unternehmen A bedeutet Teamarbeit eine strikte Unterteilung der Mitarbeiter in definierte Teams, die eine bestimmte Aufgabe bearbeiten. Im Unternehmen B bedeutet Teamarbeit eine selbst organisierte und hierarchieübergreifende Zusammenarbeit der Mitarbeiter. Um diese Unterschiede verstehen zu können, muss man sich Ebene 3 genauer ansehen.

Die **Ebene 3** kann von den Unternehmen selbst meist nicht beschrieben werden. Sie wird unbewusst in der Mitarbeiterschaft und der Führungsmannschaft gelebt. Es handelt sich um **Grundannahmen.** Die dabei gelebten Werte werden meist von Erfolgsmustern geprägt, die ein Unternehmen über die Zeit hinweg etabliert hat. Oft sind diese Werte von Firmengründern teilweise unbewusst vorgelebt worden. Da sie den Unternehmen meist nicht dediziert bewusst sind und das Verhalten des Unternehmens sehr stark beeinflussen, sind sie schwer zu ändern.

Beispiel:

Glaubenssatz: »Wir haben immer Erfolg gehabt, wenn wir viel und hart gearbeitet haben«.

In einem solchen Unternehmen wird implizit davon ausgegangen, dass nur harte Arbeit zählt, die unmittelbare Ergebnisse bringt. Fortbildungen, Gruppenarbeit zum Gestalten neuer Wege etc. sind hier schwer durchzusetzen, selbst wenn auf Ebene 1 eine Weiterbildungs- oder Innovationsinitiative ausgerufen wird.

2 Kompetenzbereich People (persönlich und sozial)

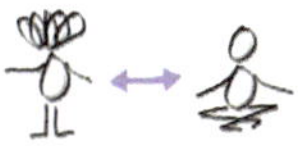

2.1 CE Selbstreflexion und Selbstmanagement (4.4.1.)

Nur wer sich selbst organisieren kann, ist in der Lage, auch andere zu organisieren. Selbstorganisation einer Projektleitung spielt somit eine große Rolle in der Führung des Projektteams und ist Teil seiner Vorbildfunktion.

Selbstreflexion *[engl.: Self-reflection]* !

Bezeichnet den Vorgang, über sich selbst und die eigene Situation nachzudenken. Ziel ist, bewusst auf das eigene Verhalten zu blicken und es zu überdenken, um künftig angemessener handeln zu können. (Motzel) BZ

Selbstmanagement *[engl.: Self-management]* !

Fähigkeit, die berufliche und private Entwicklung bewusst zu steuern. Dabei kommen Methoden aus der Psychologie sowie der Arbeitsorganisation zum Einsatz. Ziel ist, die eigenen Grenzen zu erkennen, zu priorisieren und sich zu organisieren. (Motzel) BZ

2.1.1 Eisenhower-Matrix BZ

Eine Standardmethode stellt die Eisenhower-Matrix dar. Sie wird dem US-amerikanischen Präsidenten Dwight D. Eisenhower zugeschrieben, der dieses Amt von 1953–1961 bekleidete. Um die Fülle seiner täglichen Aufgaben erledigen zu können, teilte er diese in vier Kategorien ein:

Jetzt erledigen (do first):

- Konflikt mit Kunde
- Meilenstein Termin
- Projektraum steht in Flammen

Planen (schedule):

- Meeting nächste Woche
- Aufräumarbeiten im System
- Teamevent

Delegieren (delegate):

- die meisten E-Mails
- neues Kopierpapier besorgen
- PPT-Folien erstellen

Sein lassen (don't do):

- im Internet surfen
- sich lange über andere Kollegen aufregen
- 100 % statt 80 % erreichen

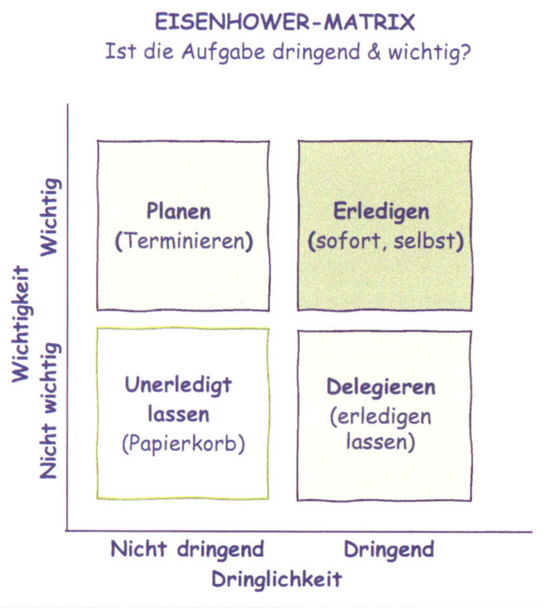

Abb. 7: Eisenhower-Matrix

2.1.2 Reflexion der eigenen Teamrolle

Projektleitung ist eine Führungsaufgabe auf Zeit. Zur Qualitätssicherung der eigenen Führungsrolle (mit Aufgaben, Befugnissen und Verantwortung) gehört eine regelmäßige Selbstreflexion. Diese erfolgt entweder allein, mit z. B. einem Supervisor oder mit dem Team. Reflexion wird auf der Basis von Feedback anderer durchgeführt (s. Kap. 2.3.5). Helfen kann hier zusätzlich das Verkleinern des »Blinden Flecks« im Zusammenhang mit dem »Johari-Fenster (s. Kap. 2.1.3)

Die Selbstreflexion der eigenen Teamrolle kann aus zwei Perspektiven erfolgen:

- **der inoffiziellen Rolle** nach z. B. Belbin oder den Projektleitungsrollen nach Tuckman. Hier analysiert die Projektleitung durch Reflexion die inoffizielle Rolle, wie z. B. den Gastgeber in der Forming-Phase des Teambildungsprozesses. Ist sie dieser Rolle nicht gerecht geworden, können Verbesserungspotenziale für das zukünftige Rollenverhalten identifiziert und umgesetzt werden.
- **der offiziellen Rolle** z. B. Projektleitung. Hier wird die Rolle innerhalb der Projektorganisationsform betrachtet und reflektiert. Passen die AKVs (Aufgaben-Kompetenten-Verantwortung s. Kap. 3.2.4.8) der offiziellen Projektrolle zu den AKVs im Projekt oder gibt es Widersprüche? Hat die Projektleitung z. B. keine Handhabe über die Ausgaben im Projekt, ist dies konträr zur Verantwortung, die sie für die Einhaltung der Projektbudgets übernehmen soll (s. auch Kongruenzprinzip).

2.1.3 Das Johari-Fenster: Selbst- und Fremdbild erkunden

BZ

Das Modell des Johari-Fensters, benannt nach Joe Luft und Harry Ingham, ist ein einfaches Schema, mit dem die unterschiedlichen Verhaltens- und Persönlichkeitsmerkmale eines Menschen reflektiert werden können. Das Modell unterscheidet dabei zwischen Selbstbild (mir selbst bekannt) und Fremdbild (bei anderen bekannt).

Öffentlich ist alles, was die Person von sich preisgibt (z. B. Erscheinungsbild, gesellschaftlich akzeptierte Eigenschaften, nach außen vertretene Haltung).

Privat ist das, was eine Person bewusst vor anderen verbergen möchte (z. B. gesellschaftlich nicht akzeptierte Eigenschaften und Verhaltensweisen, private Themen).

Der »blinde Fleck« kennzeichnet Verhaltensweisen und Merkmale einer Person, die anderen durch Beobachtung auffallen, von der Person selbst jedoch nicht wahrgenommen werden (unbewusstes Verhalten und Merkmale).

Authentisch zu sein macht Kooperation, Kommunikation und Führung viel einfacher. Als Person werden wir vor allem dann als authentisch wahrgenommen, wenn Selbst- und Fremdwahrnehmung möglichst oder weitgehend übereinstimmen. Das Johari-Fenster hilft zu verstehen, dass wir den Bereich unseres »offenen Selbst« vergrößern können, indem wir unser Wissen über uns selbst erweitern, indem wir Feedback von anderen erhalten und annehmen (in Richtung des »blinden Selbst«) und indem wir mehr Informationen über uns selbst mit anderen teilen (in Richtung des »verborgenen Selbst«).

Im Sinne einer guten Zusammenarbeit und Bildung einer belastbaren Beziehungsebene sollte dies daher in der Teamentwicklung ermöglicht und seitens der Projektleitung gefördert werden. Reflexion der Teamrollen (z. B. mit Belbin), der Führungsrolle (z. B. mit Führungsstilen nach Tannenbaum und Schmidt sowie Lewin) können helfen, den öffentlichen Bereich einer Person nach und nach auf vertrauensvolle Art und Weise zu erweitern. Interaktive Veranstaltungen in der Projektstartphase können helfen, den öffentlichen Bereich aller Teammitglieder zu vergrößern.

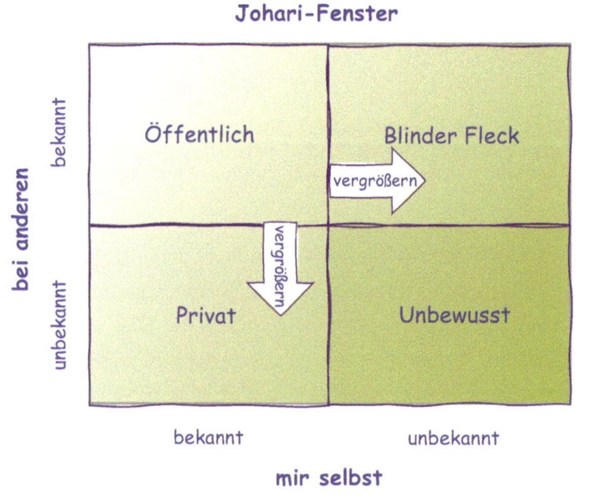

Abb. 8: Das Johari-Fenster

2.1.4 Persönliche Kompetenzentwicklung im Projektmanagement

Das 4-Level-Modell der IPMA bietet einen durchgängigen Weg, sich kontinuierlich weiter zu qualifizieren.

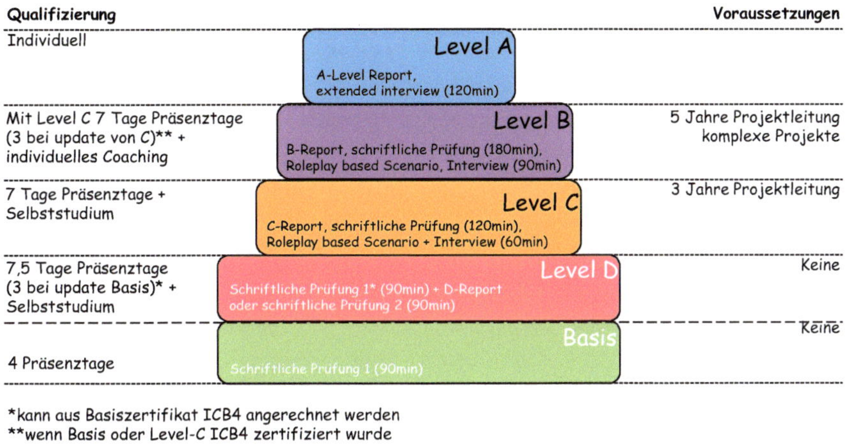

Abb. 9: 5-Level-Qualifizierung IPMA

2.2 CE Persönliche Integrität und Verlässlichkeit (4.4.2)

2.2.1 Verlässlichkeit und Vertrauen

Verlässlichkeit *[engl.: reliability]*

»Verlässlichkeit zeigt jemand, dessen Sagen und Handeln übereinstimmen. Er verhält sich überraschungsarm und einschätzbar. Die Person hält z. B. Termine, Zusagen ein. Verlässlichkeit kann auf Personen aber auch auf Systeme oder Organisationen bezogen werden. Dabei kommen dann auch verlässliche Eigenschaften wie Fehlerfreiheit, Ausfallsicherheit, Kontinuität zum Tragen.« (Motzel)

Im vorliegenden Zusammenhang lässt sich obige Definition auf den Menschen wie folgt übertragen: Verlässlichkeit des Menschen ist die (möglichst hohe) Wahrscheinlichkeit, dass eine Person für eine zumutbare Zeitspanne eine Aussage, Leistungszusage, Entscheidung trifft.

Verlässlichkeit kann nicht organisiert oder befohlen werden, sondern bedarf eines Umfeldes, in welchem sie sich entfalten kann. Es ist Aufgabe der Projektleitung, ein solches Umfeld zu schaffen, bedarf aber der Mitarbeit aller. Die Projektleitung hat hier eine Vorbildfunktion, andernfalls ist es schwierig, Verlässlichkeit allein von den Projektmitarbeitern einzufordern.

Verlässlichkeit schafft Vertrauen, dass man das einhält, was man versprochen hat. Sie umfasst Verantwortungsbewusstsein, korrektes Verhalten, Zähigkeit und Zuversicht. Verlässlichkeit äußert sich in folgenden Verhaltensmerkmalen:

- Redlichkeit (Ehrlichkeit, Aufrichtigkeit),
- Verbindlichkeit (Pflichttreue),
- Konsistenz (Berechenbarkeit, Stimmigkeit),
- Deutlichkeit (Offenheit, Transparenz),
- Loyalität (Commitment, Bindung).

Verlässlichkeit erzeugt bei den Mitarbeitern, dem Management und den Kunden Vertrauen.

! ***Vertrauen** [engl.: Trust]*

»Vertrauen stellt den Wunsch dar, durch das Handeln anderer nicht benachteiligt zu werden. Vertrauen ist wichtig, wenn Unsicherheit besteht, und man sich zwischen dem Wissen und dem Nicht-Wissen befindet. Vertrauen bildet die Grundlage jeglicher Kooperation im Team. Es ist ein wichtiger Faktor der Beziehungsebene.« (Motzel)

Vertrauen kann ebenso wie Verlässlichkeit auf Menschen wie auf Maschinen und Organisationen angewandt werden (s. 2.3.1 Eisbergmodell).

Vertrauen ist nicht von Anfang an im Projekt vorhanden, sondern wird allmählich aufgebaut. Auch hier ist es hilfreich, wenn man in der eigenen Projektrolle als Vorbild fungiert und selbst einen Vertrauensvorschuss zur Verfügung stellt. Unabhängig davon, ob das Vertrauen zu Beginn erwidert wird, kann dadurch das »Henne-Ei-Problem« überwunden werden. Wird nämlich Verlässlichkeit und darauf basierendes Vertrauen lediglich eingefordert oder verlangt, kann keine belastbare vertrauensvolle Basis für die Zusammenarbeit entstehen. Die Folge sind Konflikte, die auf der Sachebene zwar erkennbar sind, ihren Ursprung aber auf der Beziehungsebene haben.

»Wer einmal lügt, dem glaubt man nicht, auch wenn er dann die Wahrheit spricht.« Vertrauen ist ein Gut, das durch beiderseitige Investition gepflegt werden muss. Es muss nicht unbedingt eine ertappte Lüge sein, die zum Vertrauensverlust führt. Bereits unzuverlässiges Verhalten des Partners kann das Vertrauensniveau nachhaltig negativ beeinflussen und ist nur schwer und aufwendig wiederherzustellen.

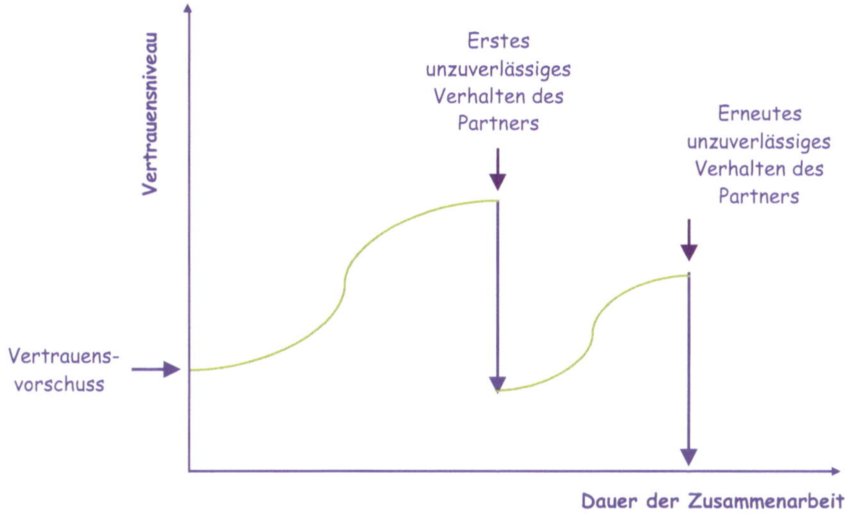

Abb. 10: Entwicklung von Vertrauen

Speziell bei virtualisierten Teams muss der Projektleiter aufgrund der eingeschränkten Kommunikations- und Kontaktmöglichkeiten bei diesem Thema sehr sensibel sein. Vertrauen bildet sich in Kontakt und Kommunikation mit den Teammitgliedern aus. Arbeiten die Teams verteilt, sind die Kontaktmöglichkeiten gegenüber einem physischen Arbeitsraum reduziert. Die Vertrauensbasis ist dadurch fragil, und kleinste Vertrauensbrüche oder Unzuverlässigkeiten stören diese bereits nachhaltig. Transparenz durch Feedback und eine intensive und ehrliche Kommunikation können diesen Umstand wieder mindern, den Vertrauensverlust jedoch selten komplett rückgängig machen.

»Vertrauen ist gut, Kontrolle ist besser!« Vertrauen und Kontrolle schließen sich nicht gegenseitig aus, sondern ergänzen sich und bilden dadurch die Basis für den Vertrauensaufbau. Es sind eher zwei Seiten einer Medaille, die sich unterstützen, wenn sie mit Augenmaß angewandt werden.

2.2.2 Fehlerkultur

Zu den Grundannahmen (s. Edward Schein) gehört auch die Fehlerkultur eines Unternehmens. Der Begriff Fehlerkultur ist umfassend und bezeichnet die Art und Weise, wie in einer Organisation ganzheitlich und grundsätzlich mit Fehlern umgegangen wird.

Zu unterscheiden sind folgende Kategorien (bzw. Fehlerkomponenten):

- **Fehlerdefinition**: Das Nichterfüllen einer Anforderung wird als Fehler bezeichnet.
- Dabei können Schäden, Mängel, Versagen von Bauteilen oder sogar Unfälle beschrieben sein.

  Fehlerrisiken: Bestehen durch Personen, welche Auswirkungen auf zu betrachtende Objekte haben. Eine fehlende Betrachtung der Fehlerrisiken führt zu einem unbewussten Umgang mit Fehlern. Diesem kann durch Schulung des Personals begegnet werden. Das Personal ist also das Hauptelement von Fehlermanagement-Systemen und somit der wichtigste Faktor zur Bildung einer Fehlerkultur.
- **Fehlerfolgen**: Beschreiben den Umgang mit den Auswirkungen eingetretener Fehler. Die Hauptverantwortung der Reduzierung der Fehlerfolgen obliegt den Führungskräften, welche im Rahmen des Risikomanagements Maßnahmen zur Reduzierung der Auswirkungen identifizieren und umsetzen. Passieren Fehler, geht es darum, die Ursache besser zu verstehen und daraus zu lernen. Die Förderung dieses Prinzips hat möglichst ganzheitlich zu geschehen. Die Fehlerkultur entwickelt und etabliert sich durch diese Erkenntnisquelle.
- **Fehlermoral**: Fehler werden in der (Projekt-)Arbeit immer gemacht und müssen nicht zu einer Schuld führen, die Konsequenzen hat und ausgeglichen werden muss. Es darf keine Abwertung des jeweiligen Mitarbeiters (persönlich und/oder hierarchisch) stattfinden. Nur so entsteht die moralische Motivation, zukünftig keine Fehler mehr zu machen. Andernfalls kann es passieren, dass aus Angst Fehler verheimlicht werden und womöglich zu einem noch größeren Schaden führen. Ein transparenter und offener Umgang mit Fehlern, Fehlerrisiken und Fehlerfolgen und ein aktives Fehlermanagement unterstützen die Entwicklung von Verlässlichkeit und Vertrauen bei den einzelnen Personen im Unternehmen. Wichtig ist auch ein grundsätzlich wohlwollender Umgang mit Fehlern, denn diese können eine wichtige Grundlage für die Weiterentwicklung des Unternehmens und der Belegschaft sein und dadurch Chancen beinhalten. Die bestehende oder fehlende Fehlerkultur im Unternehmen spiegelt sich auch in der Projektarbeit wider und unterstützt oder behindert die Projektarbeit.

Eine positive Fehlerkultur bedeutet jedoch nicht, diese unbeachtet zu lassen oder gar zu ignorieren. Fehler sollten immer benannt werden und als Grundlage für Lernen dienen.

2.3 CE Persönliche Kommunikation (4.4.3)

Der Informationsaustausch ist eine wesentliche Grundlage der Projektarbeit und erfordert umfangreiche persönliche Kommunikation. Ausgetauschte Nachrichten sind dabei vollständig, klar und möglichst präzise zu übermitteln. Zu beachten ist in der persönlichen Kommunikation auch die

Körpersprache, (Mimik, Gestik, Körperhaltung) welche ergänzend wichtige Botschaften sendet und die Kommunikation vervollständigt.

! BZ

***Kommunikation** [engl.: Project Communication]*

Synonym: Projektkommunikation

»Wechselseitiger Austausch von Informationen und wirksame soziale Interaktion zwischen den Kommunikationspartnern, d. h. zwischen Sender(n) und Empfänger(n) einer Nachricht.

Je nach Kommunikationsmedium erfolgt die Interaktion:

- *›Face-to-Face‹ (›von Angesicht zu Angesicht‹), z. B. im direkten persönlichen Kontakt, in Projektbesprechungen,*
- *raumgleich oder über eine räumliche Distanz hinweg, z. B. per Telefon, Videokonferenz, Internet,*
- *zeitgleich (›synchron‹) oder zeitversetzt (›asynchron‹), z. B. per Brief, Fax, E-Mail.*

Kommunikation ist grundsätzlich vielschichtig und komplex; sie kann ›formaler‹ und ›informeller‹ Art sein. Die informelle (nicht formal geregelte) Kommunikation ist eine unverzichtbare Ergänzung der formalen Kommunikation zur Sicherung der Flexibilität und Entwicklungsfähigkeit.« (Motzel)

2.3.1 Eisbergmodell: Sach- und Beziehungsebene

BZ

Basierend auf Forschungsergebnissen der modernen Kommunikationsforschung, unterscheidet Paul Watzlawick zwei Ebenen der Kommunikation:

Sachebene:

- Digitaler Informationsaustausch von Nachrichten, Fakten und Argumenten,
- Sender und Empfänger müssen die gleiche Sprache oder Schrift beherrschen, um die Nachrichten »codieren« und »decodieren« zu können. Ergänzend sind hier Unterschiede zwischen den jeweiligen Kulturkreisen zu berücksichtigen.

Beziehungsebene:

Die Beziehungsebene trägt maßgeblich dazu bei, Informationen zwischen den Kommunikationspartnern zu interpretieren. Ist die Beziehungsebene gestört, erschwert sich der Informationsaustausch auf der Sachebene ebenfalls. Man spricht deshalb auch davon, dass die Beziehungsebene die Sachebene »trägt«.

Verdeutlicht wird das auch im sog. **Eisbergmodell** nach Sigmund Freud.

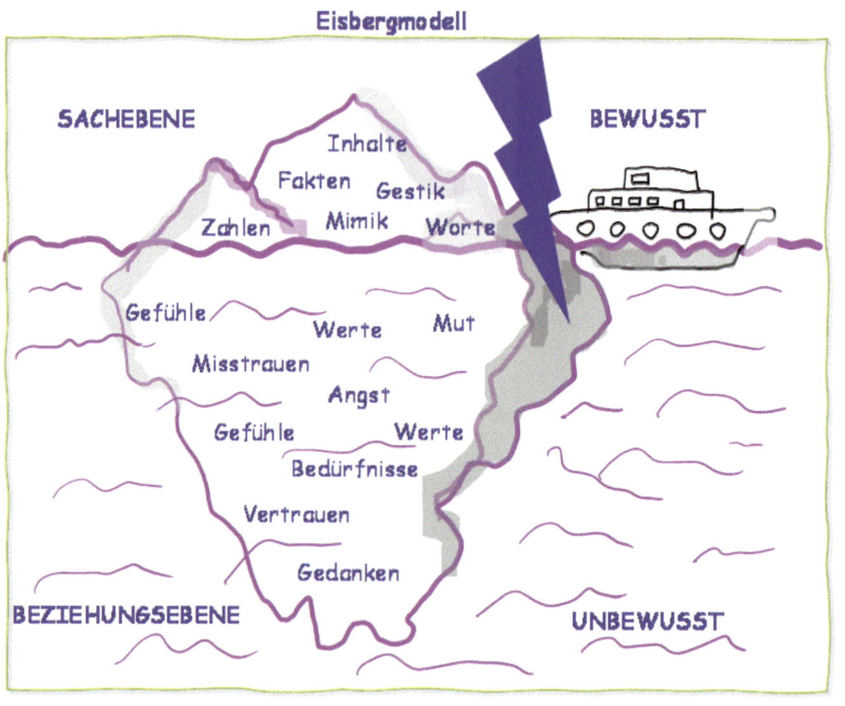

Abb. 11: Eisbergmodell

Das Eisbergmodell verbildlicht die erkennbaren und die verborgenen Kommunikationsanteile. Der wesentlich größere Anteil (bis zu 80 %) ist nicht direkt erkennbar und somit unbewusst (unter der Wasseroberfläche). Er beeinflusst die Kommunikation durch z. B. Ängste, Werte, Misstrauen oder Freude maßgeblich und kann nur bei entsprechend kontrolliertem Bewusstsein mit gesteuert werden. Im Affekt oder der schnellen Reaktion laufen diese Empfindungen jedoch unbewusst mit und beeinflussen den Kommunikationsverlauf negativ.

Besonders aufwendig, zeitraubend und nicht zielführend sind Scheindiskussionen, welche auf der Sachebene ausgetragen werden, obwohl der eigentliche Klärungspunkt auf der Beziehungsebene liegt. Wer kennt nicht diese Endlosdiskussionen zu den immer wieder gleichen Themen ohne sichtbaren Klärungsfortschritt? Dies kann im Übrigen ein wichtiger Indikator sein, wenn Projektteams in der Teamentwicklung starke »Storming-Anteile« haben (siehe 2.6.1 Phasen der Teamentwicklung nach Tuckman). Wendet man sich durch eine bewusste Klärung der Beziehungsebene anschließend der Sachebene zu, kann dieser Knoten aufgelöst werden. Weiterführende Kommunikationsmodelle:

2.3.1.1 Sender-Empfänger-Modell

Das Sender-Empfänger-Modell von Shannon und Weaver ist technisch geprägt. Inter- und innerpersonelle Reaktionen der Kommunikationspartner sind hier nicht berücksichtigt. Somit eignet sich dieses Modell lediglich zur Verdeutlichung, wie Informationen übertragen werden, aber nicht zur Analyse von Kommunikation.

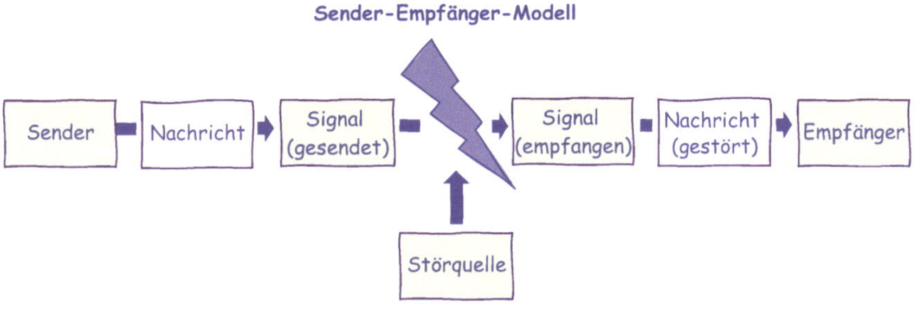

Abb. 12: Sender-Empfänger-Modell

2.3.1.2 Watzlawick: Fünf Axiome der Kommunikation

Basierend auf der Differenzierung zwischen Sach- und Beziehungsebene (Eisbergmodell), formulierte Paul Watzlawick die 5 Axiome (Grundprinzipien) der Kommunikation:

Mental gesehen gibt es keine Realität, sondern immer nur mehr oder weniger angenäherte und ausschnitthafte innere Bilder der äußeren Welt.

Watzlawick

1. Man kann nicht *nicht* kommunizieren.
   - Auch durch passives Verhalten kann man sich nicht der Kommunikation entziehen.
2. Jede Kommunikation hat sowohl einen Inhalts- als auch einen Beziehungsaspekt.
   a) Informationen zur Sachebene liefert der Inhaltsaspekt
   b) Informationen zum Verhältnis der Teilnehmer liefert der Beziehungsaspekt.
   (s. auch Eisbergmodell und Nachrichtenquadrat)
3. Kommunikation beinhaltet immer Ursache und Wirkung (Interpunktion der Ereignisse definiert die Beziehung).
   a) Kommunikation ist immer eine Wechselwirkung aus Reiz und Antwort, Reiz und …
   b) Kommunikation ist kreisförmig, ohne Anfang und Ende.
4. Menschliche Kommunikation erfolgt sowohl digital als auch analog.
   a) Digital: das gesprochene Wort, Grammatik, Logik, Inhalt
   b) Analog: Mimik, Gestik, Bilder, ist mehrdeutig
   c) Digital & analog sollten das Gleiche ausdrücken (Lob mit einem Lächeln) um eindeutig und authentisch zu sein.

5. Zwischenmenschliche Kommunikationsabläufe sind entweder symmetrisch oder komplementär.
   a) Symmetrisch: in gleichwertigen Positionen, auf Augenhöhe
   b) Komplementär: eine Hierarchie ist vorhanden, z. B. anhand eines offiziellen (Vorgesetzter-MA) oder inoffiziellen (langjähriger MA – Neuling) Hierarchieunterschiedes

Watzlawick ging davon aus, dass bestimmte Phänomene unerklärt bleiben, solange man sie nicht in ausreichend erweitertem Kontext sieht. Die fünf Axiome arbeiten darauf hin, den Kontext näher in die Interpretation von Kommunikation mit einzubeziehen.

2.3.1.3 Nachrichtenquadrat von Schulz von Thun

Der Hamburger Kommunikationswissenschaftler hat die von Watzlawick formulierte Beziehungsebene aufgegriffen und in drei Hauptaspekte aufgeteilt, die zusätzlich zur Sachebene bei der Kommunikation eine Rolle spielen:

- Appellebene
- Beziehungsebene
- Ebene der Selbstkundgabe (Selbstoffenbarung)

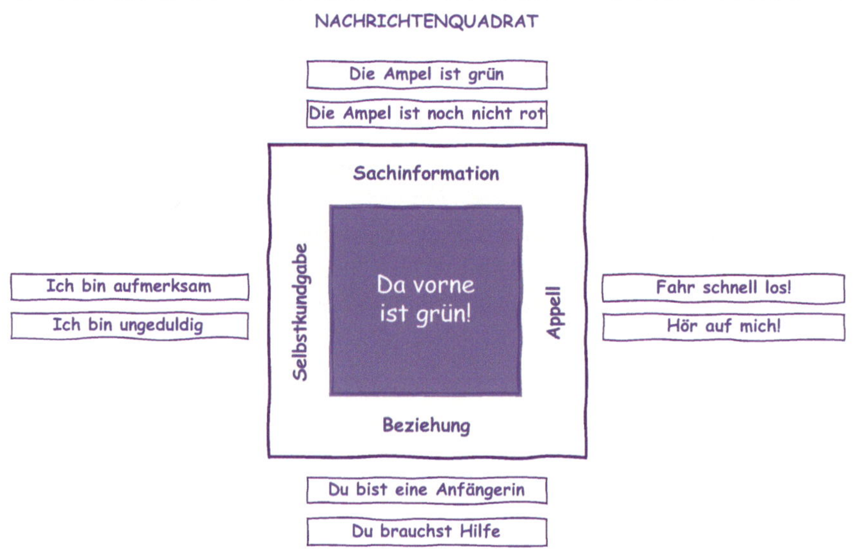

Abb. 13: Nachrichtenquadrat (nach Schulz von Thun)

Diese vier Kommunikationsebenen sind sowohl beim Versenden als auch beim Empfangen von Nachrichten relevant. Sender und Empfänger kommunizieren (und interpretieren) abwechselnd auf allen vier Ebenen, was noch einmal die Komplexität der zwischenmenschlichen Kommunikation verdeutlicht.

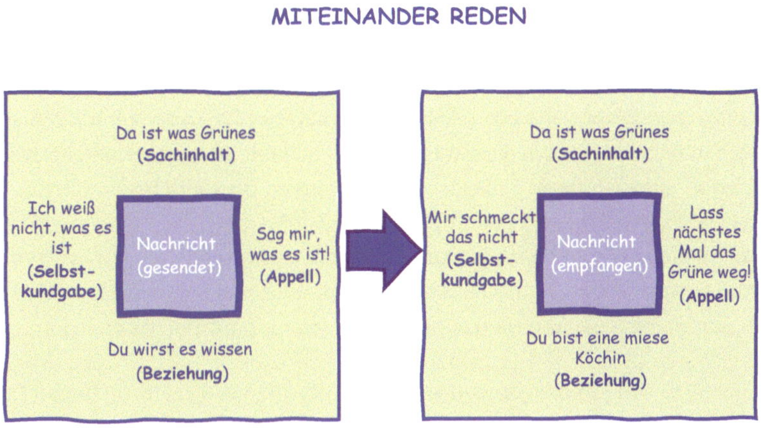

Abb. 14: Miteinander reden (nach Schulz von Thun)

Fasst man die o.g. Kommunikationsmodelle zusammen, ist sehr einfach erkennbar, wie vielschichtig und hochkomplex der Informationsaustausch in Projekten ist. Schlechte Kommunikation ist dadurch eine wesentliche Konfliktursache und kann den Projektverlauf sehr negativ beeinflussen.

2.3.2 Kommunikationskanäle und deren Störung

Der Kontext beeinflusst die Kommunikation wesentlich. Nur ungefähr 25 % der Kommunikation werden verbal ausgetauscht. Der Kontext der Kommunikation sollte deshalb immer mitberücksichtigt werden. Unter Kontext versteht man:

Paraverbale Ebene

- Stimmenklang, Lautstärke, Räuspern ...

Nonverbale Ebene (Körpersprache)

- Raumverhalten
- Körperhaltung
- Kleidung
- Mimik, Gestik, Blickkontakt

Kontextebene

- Räumliche und zeitliche Gegebenheit eines Gesprächs
- Statusverhältnis der Sprecher (Hierarchie, Rolle)
- Andere Beteiligte des Gesprächs (auch Beobachter)
- Zeit vor oder nach dem Gespräch

Die innere Wirklichkeit wird vom eigenen Weltbild, Einstellungen, Glaubenssätzen, Erfahrungen usw. geprägt. In der NLP (Neurolinguistische Programmierung) spricht man davon, dass jeder seine eigene »Innere Landkarte« hat. Aber auch wenn sich der IT-Experte mit einem Ansprechpartner aus der Fachabteilung unterhält, spricht jeder von ihnen in einer anderen Fachsprache; so merken die beiden schnell, dass jeder seine eigene innere Landkarte hat. Diese Landkarte ist nicht die Wirklichkeit, sondern nur ein Abbild der eigenen Wirklichkeit. Und so wie es Straßenkarten, Fahrradkarten oder Wanderkarten gibt, hat jeder Mensch, geprägt durch seine individuellen Erfahrungen, seine eigene Landkarte von der ihn umgebenden Wirklichkeit.

Je stärker sich die »Inneren Landkarten« zweier Partner ähneln, umso besser funktioniert die Kommunikation zwischen ihnen. Bei unterschiedlichen Landkarten kann es hilfreich sein, die Inhalte durch die Brille des Kommunikationspartners zu betrachten!

!

Selektive Wahrnehmung *[engl.: Selective perception]*

»Meist unbewusstes Ausblenden von bestimmten Informationen über eine Person, eine Personengruppe oder einen Sachverhalt. Wenn es für beobachtetes Verhalten keine (positiv besetzten) Stereotype gibt, kann dies, insbesondere im interkulturellen Zusammenhang, zur Bildung von Vorurteilen führen.« (Motzel)

2.3.3 Information erhalten: Aktives Zuhören

Aktives Zuhören fördert das Verständnis zwischen Kommunikationspartnern. Die Prinzipien der Techniken sind:

Verbale Ebene

- Partner ausreden lassen,
- kurze Zusammenfassungen geben und dabei möglichst Schlüsselworte, Schlüsselworte benutzen
- aufgreifen (Kontrolle des Verständnisses möglich),
- Verständnisfragen stellen (Verstandenes schärfen),
- »Spiegeln« oder »Doppeln«.

Nonverbale Ebene

- Offene Körperhaltung,
- angemessener Blickkontakt,
- Mimik und Gestik, die Bestätigungssignale aussenden,
- »Pacing« (Angleichung an Körperhaltung und Stimmlage des Partners).

2.3.4 Fragetechniken

Wer fragt, führt!

Fragetechniken sind ein wichtiger Gesprächsbaustein, bei denen wir zwischen Diskussionen und einem Dialog unterscheiden:

- In einer Diskussion erörtert man ein Thema nicht selten mit dem Ziel, die eigene Position stärker durchzusetzen oder eine Entscheidung herbei führen. Hier sind Meetingregeln, wie z. B. eine entschiedene Moderation, Agenda, Protokoll, Zeitplan, usw. anzuwenden.
- In einem Dialog tauscht man sich auf Augenhöhe aus. Das Verständnis des jeweils anderen steht im Mittelpunkt. Neue Ideen werden gemeinsam entwickelt. Dementsprechend sollten Ort, Fragestellung und Organisation dialogfördernd gestaltet sein: angenehme helle Räumlichkeiten, kein Zeitdruck, keine Ergebnisorientierung.

Fragetechniken unterstützen den kreativen Aspekt eines Dialoges. Sie eröffnen neue Perspektiven, helfen Entscheidungsoptionen zu finden und zu formulieren und unterstützen lösungsorientiertes Handeln.

Abb. 15: Fragetechniken

BZ

2.3.5 Feedback

Feedback ist als Geschenk zu sehen, durch welches der Feedbacknehmer wertvolle Erkenntnisse erlangen und dadurch sein Verhalten anpassen kann. Verhaltensänderungen werden durch Einsicht und Nutzenerkennung einfacher umgesetzt (akzeptiert). Deshalb ist es wichtig, dass der Feedbackgeber das Einverständnis des Feedbacknehmers hat, Feedback geben zu dürfen. Bestenfalls hat der Feedbacknehmer sogar darum gebeten. Andernfalls handelt es sich um eine »aufgezwungene« Rückmeldung, welche meistens nicht wirklich angenommen wird, sondern eher als Kritik aufgefasst wird.

Wichtige Feedbackregeln als Feedbackgeber sind u. a.:

a) Formulierung in der Ich-Form (Ich habe Folgendes beobachtet ...),
b) Beschreibung der Beobachtung (keine Fantasie oder Vermutung) bzw. Reaktion (konkret ggf. mit einem Beispiel),
c) Wirkung auf mich (welche Reaktion oder Gefühl),
d) Verhaltensänderung als Wunsch formulieren,
e) Lediglich veränderbare Verhaltensweisen ansprechen, auf welche der Nehmer auch Einfluss hat,
f) Klar nachvollziehbar, da genau formuliert,
g) Sachlich richtig, da auch von anderen Beobachtern nachvollziehbar,
h) Keine moralische Verurteilung (sonst ggf. Drang zur Verteidigung),
i) Bedürfnisse des Empfängers berücksichtigen (andernfalls ggf. Vertrauensverlust),
j) Möglichst zeitnah bei »Störungen, die Vorrang haben«,
k) Grundsätzlich wertschätzende Kommunikation.

Wichtige Feedbackregeln als Feedbacknehmer sind u. a.:

a) Feedback erbitten.
b) Feedback als Chance zur persönlichen Entwicklung erkennen und nutzen.
c) Anerkennen, dass der Feedbackgeber den Mut hat, das Feedback zu geben.
d) Zuerst ausreden lassen – und dann Unklarheiten durch Nachfragen ausräumen.
e) Grundsätzlich gilt: Zuerst zuhören und nicht sofort in die Verteidigungshaltung gehen.
f) Keine Gegenangriffe starten.
g) Falls unklar: Erwartungen des Feedbackgebers abklären.
h) Sich Bedenkzeit nehmen, wenn man einen Input zuerst »verdauen« muss.
i) Sinnvolle Inputs für sich nützen und im Alltag angehen.
j) Sehr stilvoll ist: Rückmeldung an Feedbackgeber nach gewisser Zeit.

Feedback kann nicht nur an einzelne Personen, sondern auch an ganze Teams erfolgen. Dabei muss das Team die Storming-Phase nach Tuckman (s. 2.6.1) durchschritten haben und in der Lage sein, sich als Team zu reflektieren (erfordert einen hohen Reifegrad). Erfolgt das Feedback in der Teamentwicklung zu früh, können sich Widerstände als Schutzmechanismus ausbilden.

2.3.6 Besprechungen

BZ

Wer kennt sie nicht – zeitraubende, wenig effektive Besprechungen und Meetings, von denen der ein oder andere im Nachhinein denkt: Das hätte ich mir auch sparen können?! Besprechungen sind wertvoll, wenn die Teilnehmer daraus einen Nutzen haben. Deshalb sollten Sie als Leiter und Teilnehmer dazu beitragen, Meetings und Besprechungen effizient und zufriedenstellend zu gestalten.

Elf Regeln für Sie als Leiter/in

1. Prüfen Sie die Notwendigkeit: Könnte die Besprechung durch einige Telefonate, durch ein Memo/einen Aushang oder eine E-Mail ersetzt werden?
2. Informieren Sie die Teilnehmer schriftlich: Worum geht es in der Besprechung? Wann beginnt und endet sie? Wo findet die Besprechung statt?
3. Schränken Sie die Tagesordnung ein: Es ist besser, wenige Themen erfolgreich zu behandeln, als viele Themen ohne Ergebnis.
4. Beginnen Sie pünktlich: Ein verspäteter Beginn führt bei den pünktlichen Teilnehmern zu erheblicher Demotivation.
5. Stellen Sie zu Beginn die Tagesordnung vor: Wenn der Zeitrahmen es erlaubt, können Sie Ergänzungen durch die Teilnehmer zulassen.
6. Priorisieren Sie Themen (ggf. gemeinsam mit den Teilnehmern).
7. Nutzen Sie die Möglichkeit zu visualisieren, wo es nur geht: Wenn Sie laufend das Wichtigste visualisieren, ist der Verlauf der Besprechung am leichtesten nachzuvollziehen. Das Verstehen und Behalten wird erleichtert. Sie haben eine (gleiche) Diskussionsbasis, um Themen klären zu können.
8. Planen Sie Pausen ein: Kürzere, häufige und exakt begrenzte Pausen sind günstiger als seltene, lange oder zeitlich nur vage begrenzte. Berücksichtigen Sie dabei die Bedürfnisse der Teilnehmer (Essen, Bewegung).
9. Fassen Sie zusammen: Halten Sie in regelmäßigen Abständen die Ergebnisse der Diskussion fest. So verhindern Sie Missverständnisse und es kann darauf referenziert werden.
10. Halten Sie das Ergebnis fest: Notieren Sie im Protokoll, was beschlossen wurde und wer was bis wann zu erledigen hat.
11. Schließen Sie pünktlich: Im Idealfall gelingt es Ihnen, sogar vor dem festgesetzten Zeitpunkt die Besprechung zu beenden. Falls ein Folgetermin notwendig ist, vereinbaren Sie ihn jetzt.

Bei Besprechungsprotokollen unterscheidet man zwischen Verlaufs- und Ergebnisprotokollen. Bei Verlaufsprotokollen wird die Besprechung chronologisch protokolliert. Ziel ist eine vollständige Wiedergabe aller Argumente und Gegenargumente, die zu einer Entscheidungsfindung beigetragen haben. Entscheidungsprotokolle sind meist kürzer und beinhalten nur die getroffenen Entscheidungen.

Meist wird jedoch eine Mischung aus unterschiedlichen Protokollarten eingesetzt, sodass auch weitergegebenen Informationen, Vorschläge und/oder vereinbarte Aufgaben im Protokoll schriftlich festgehalten werden. Die Art des Protokolls muss zu Beginn der Besprechung vereinbart werden, wenn sie nicht bereits in der Kommunikationsplanung festgeschrieben ist.

Protokolle bestehen aus verschiedenen Teilen: Protokollkopf, Protokollinhalt, Metainformationen zum Dokument z. B. in der Fußzeile.

Protokollkopf:

Projekt/Thema:	**Projekt XY / Sitzung Steuerkreis zu MS X**
Datum:	TT.MM.YYYY 0x:00 – 0y:00 Uhr
Ort:	…, München, …, Berlin

Teilnehmende:

Name	**Abteilung/ Firma**	**Telefon**	**E-Mail**	**A: Anwesend; E: Entschuldigt; U: Unentschuldigt abwesend**

CC:

Name	**Abteilung/Firma**	**Telefon**	**E-Mail**

Agenda:

TOP	Topic
0	Beschluss der Agenda und Anwesenheit der Teilnehmenden
1	
2	
3	
4	Sonstiges

Tab. 1: Verlaufsprotokoll nach Agendapunkten sortiert

Protokollinhalt:

Information (I) / Entscheidung (E) / Aufgabe (A) / TOP (T) / Empfehlung (R)

Typ	Beschreibung	Info von/ Verantwortlich	Zu erledigen bis
T 0	**Agenda**		
I		All	
D			
T 1	**Top 1**		
I			
A			dd.mm.yyyy
A			

Die hier dargestellte Tabelle entspricht einem Verlaufsprotokoll, in dem der komplette Verlauf der Besprechung mit allen Beiträgen, Entscheidungen, Empfehlungen etc. festgehalten wird. Protokolliert man lediglich die Entscheidungen, spricht man von einem Entscheidungsprotokoll.

Metainformationen in der Fußzeile:

Version: 0.1	**Erstellungsdatum:** 06.10.20	**Seite:** 1/1
Dateiname: PMk_12b_Meeting-Minutes-Formular	**Erstellt von:**	

Gemischte Form von Verlaufs- und Entscheidungsprotokoll mit Empfehlungen und vereinbarten Aufgaben:

Neben Protokollen werden in Besprechungen auch Offene Punkte Listen (LOP) bearbeitet.

Nr.	Aufnahme in Liste	Aufgabe	Bemerkung – Details – Stand	Status	zu erledigen bis	Verantw.	erledigt am
1	10.10.2020	Auflistung aller Datenfelder für Migration	*10.10.: Infos von Abteilung Vertrieb erfragen* *12.10.: Infos erhalten. Einarbeitung offen.* *13.10.: Liste fertig.*	*in Bearbeitung*	13.10.2020	kd	13.10.

Tab. 2: LOP (Liste der offenen Punkte) Tabelle

BZ

2.3.7 Mit virtuellen Teams effektiv kommunizieren

!

***Virtuelles Team** [engl.: Virtual Team]*

»Verteilt arbeitende Gruppe von Personen, die gemeinsame oder voneinander abhängige Aufgaben bearbeiten und dazu interagieren müssen. Im Gegensatz zum konventionellen Team arbeitet ein virtuelles Team über Raum-, Zeit- und Organisationsgrenzen hinweg und benutzt dazu Verbindungsnetze, die durch moderne Kommunikationstechnologien ermöglicht werden. Erfolgsfaktoren virtueller Projektteams sind z. B.:

- *Teamfähigkeit der beteiligten Personen,*
- *klar definierte Ziele, Aufgaben, Ergebnisse,*
- *ich entwickelte, gepflegte Verbindungen,*
- *geklärte Rollen.*

Vor allem in internationalen Projekten kommen dazu noch interkulturelle Kompetenz, ein hohes Maß an Selbststeuerungsfähigkeit und das Managen von Diversity. In der IT-Branche werden virtuelle oder ›entfernt‹ arbeitende Teams auch als ›remote team‹ bezeichnet.« (Motzel)

Besonderheiten der virtuellen Kommunikation

Definiert man »virtuelle Kommunikation« als »Kommunikation in virtuellen Realitäten«, verweist dies zwangsläufig auf die Frage nach der Definition »virtueller Realität«.

Von »virtueller Realität« ist immer wieder im Zusammenhang mit Computern und den Datennetzen die Rede. Häufig wird der Begriff synonym mit »virtuellen Räumen« und »Cyberspace« benutzt. Zudem taucht der Begriff häufig in Zusammenhang mit technischen Komponenten, mit Software und als Firmenname auf. Der Begriff »virtuelle Realität« wird also häufig benutzt, dennoch ist eine klare Definition immer noch schwer.

Die **Asynchrone Kommunikation** beschreibt das zeitlich versetzte Senden und Empfangen von Informationen, wie die E-Mail-Kommunikation, das Senden und Empfangen von SMS und MMS oder die Kommunikation in Newsgroups und/oder Mailinglisten.

Synchrone Kommunikation bedeutet, dass sich die Kommunikationspartner zur gleichen Zeit in die Kommunikationssituation begeben und so unmittelbar auf Beiträge reagieren können.

Kollaborationsplattform *[engl.: Collaboration platform]* !

»Hilft Personen bei der Zusammenarbeit an einem Thema/Projekt. Eine Kollaborationsplattform kann analog (z. B. Pinnwand, Moderationskarten, Klebepunkte) oder digital sein (z. B. web-basiertes Tool, indem simultan mehrere Personen synchron arbeiten können.).« (Motzel)

E-Collaboration *[engl.: Electronic collaboration]*

Steht für die Zusammenarbeit von Personen, die dezentral und computerunterstützt organisiert sind. Sie arbeiten in Teams und Gruppen über E-Mails, webbasierte Tools, abgeglichene Kalender sowohl synchron als auch asynchron. Das verbindende Element ist das Projekt oder die gemeinsame Aufgabe.

*Ein **virtueller Projektraum** bezeichnet eine softwaregestützte Projektumgebung, in der Kommunikation, Prozessmanagement, Wissensmanagement, Entscheidungsfindung stattfindet. Die Teammitglieder sitzen verteilt an unterschiedlichen Orten und simulieren einen gemeinsamen Projektraum auf digitaler Basis.*

*Die **Netiquette** formuliert Regeln für das Verhalten im virtuellen Umfeld, wie z. B. Telefon- oder Videokonferenzen, E-Mails, Chats. Sie kann als »Knigge« im virtuellen Raum verstanden werden.* ! BZ

Bei der Bezeichnung »Netiquette« handelt es sich um ein zusammengesetztes Wort. Die Bedeutung setzt sich zusammen aus den Bestandteilen »Net« (für »Internet«) und Etiquette.

Und hier ein paar allgemeine Verhaltensregeln für **Online-Konferenzen**

Für den Organisator:
- Eine komplette Liste aller Beteiligten vorher verteilen,
- Agenda aufstellen,
- Zeitzonen beachten,
- Versendung der Einladung mit Einwahl, Passwort (ausreichend vorher).

Für den Moderator:
- Der Moderator sollte der erste Teilnehmer der Konferenz sein und alle nacheinander nach dem Einwählen begrüßen.
- Vorstellen aller Teilnehmer. Wenn keine Videoübertragung stattfindet, sollte jeder kurz etwas sagen, damit die Teilnehmer die Stimmen kennenlernen.
- Sitzungsablauf erklären.
- Regelungen für Chat klären, z. B. wer sieht Beiträge, wie werden Beiträge integriert ...
- Teilnehmer mit Namen ansprechen und kurz warten, bis diese sich melden können.

Für die Teilnehmer:
- Bei einem Beitrag erst seinen Namen nennen und dann sprechen, insbesondere, wenn keine Videoübertragung stattfindet.
- Langsam und sehr deutlich reden, damit sprachliche Unterschiede und schlechte Verbindungsqualität ausgeglichen werden können
- Bei »On Hold« keine Warteschleifenmusik laufen lassen.
- Diskussion aufmerksam verfolgen und keine E-Mails lesen.
- Bei ausgeschaltetem Mikrofon sich nicht negativ über andere Teilnehmer äußern.
- Sich einen ruhigen Raum suchen, damit Hintergrundgespräche nicht stören.

Für den **E-Mail-Verkehr** hier ein »Best of« zum Schreiben professioneller Mails:
- Mit dem E-Mail-Verteiler sparsam umgehen, damit nur die Personen Zeit zum Lesen aufbringen müssen, die auch wirklich vom Thema betroffen sind.
- Eine Mail sollte innerhalb von zwei Tagen beantwortet werden. Im Urlaubsfall eine Abwesenheitsnotiz schalten.
- Eine höfliche Anrede wie »Guten Tag«, »Hallo« bei bekannten Personen oder sogar »Liebe Frau ...« sind eine Alternative zu »Sehr geehrte Frau ...«. Bei mehreren angesprochenen Personen sollten diese genannt werden, wie z. B. »Liebes Projektteam« oder »Sehr geehrte Mitglieder des Steuerkreises«.
- Als Schlussformel sollten keine Abkürzungen verwendet werden. Auch wenn es sich um eine E-Mail handelt, sollte man Wertschätzung zeigen, indem man sich Zeit für eine ausgeschriebene Grußformel nimmt. Alternativen zu »Mit freundlichen Grüßen« wie z. B. »Beste Grüße«, »Schöne Grüße« oder »Sonnige Grüße aus ...« vermitteln Verbundenheit und Wertschätzung.

- Ein aussagekräftiger Betreff hilft dem Empfänger bei der Organisation seines Postfaches. Diesen Service sollten wir bieten.
- Worte nur in Großschreibung »shouty capitals« oder nur in Kleinschreibung sind tabu. Ebenso farbig markierte Worte oder Sätze. Hervorhebungen erfolgen mit kursiver Schrift, Anführungszeichen oder sparsam verwendetem Fettdruck.
- Halten Sie Ihre Mail so kurz wie möglich.
- Beachten Sie die Rechtschreibung.

***Kommunikationsregeln** [engl.: Communication Rules]*
*»Verhaltensregeln für die Kommunikation in der gemeinsamen Projektarbeit. Man unterscheidet verschiedene Arten von Kommunikationsregeln, z. B. für die persönliche Kommunikation, für **synchrone (zeitgleiche) und asynchrone (zeitversetzte)** Kommunikation – insbesondere bei virtuellen Teams.« (Motzel)*

Grundsätze der persönlichen Kommunikationsregeln sind beispielsweise:
- Aktiv zuhören,
- Unterschiede zwischen Wahrnehmen, Vermuten und Reagieren beachten,
- verdeckte Kommunikation vermeiden,
- Blickkontakt herstellen,
- in der Ich-Form sprechen,
- Empfindungen statt Schuldzuweisungen äußern,
- nicht verallgemeinern,
- Ausschweifungen vermeiden,
- klare Aussprache pflegen,
- Gehörtes mit eigenen Worten bestätigen,
- Feedback geben und nehmen (wenn vereinbart).

2.4 Beziehungen und Engagement (4.4.4)

Die Beziehungsebene trägt die Sachebene. Dieses Prinzip wird mit dem Eisbergmodell verdeutlicht (s. Persönliche Kommunikation). Es deutet schon darauf hin, dass es sich im Sinn der Konfliktprävention lohnt, der Beziehungsebene in Projekten besondere Bedeutung zukommen zu lassen. Werkzeuge dazu sind:
- Motive anderer erkennen, z.B. anhand der Maslow'schen Bedürfnispyramide (s. Kap. 1.4.3),
- Feedbackregeln einhalten (s. Kap. 2.3.5),
- aktives Zuhören (s. Kap. 2.3.3) einsetzen.

Organisatorisch sind Projektmitarbeiter zu autorisieren. Ungeklärte Rollen sind eine der häufigsten Konfliktursachen in Projekten. Hier kommt das Kongruenzprinzip zum Tragen.

Kongruenzprinzip in der Rollendefinition

Das **Kongruenzprinzip** als einer der bekanntesten und für die Praxis bedeutsamsten Organisationsgrundsätze besagt, dass Übereinstimmung (Kongruenz) zwischen Aufgabe, Kompetenz und Verantwortung (AKVs, s. Kap. 3.2.4.8) verlangt wird und hier keine Widersprüche erkennbar sind. Nur wenn der Rolleninhaber die für die Aufgabendurchführung erforderlichen Durchführungs- und Leitungskompetenzen besitzt, kann er auch für die Ergebnisse seiner Tätigkeit Verantwortung tragen.

Hat er für die Durchführung einer Aufgabe keine Befugnisse (Kompetenzen), kann er die Verantwortung nicht übernehmen. Wird er dennoch dazu gezwungen, dann folgen entweder Frust, innere Kündigung oder Burn-out, da die Person der Anforderung nicht gerecht werden kann. Die Rollenklärung ist ein erster wichtiger Schritt.

Vor dem Hintergrund, dass heutzutage viele Projektmitarbeiter mehrere Rollen parallel bekleiden (Projektrolle(n) und Rolle in der Linie), ist es wichtig, das Kongruenzprinzip hinsichtlich der unterschiedlichen AKVs in Summe zu überprüfen und Überschneidungen und Widersprüche zu bereinigen. Für eine reibungslose Zusammenarbeit reichen Organigramme und bereinigte AKV-Definitionen nicht aus. Sowohl die Projektleitung als auch die Projektmitarbeiter müssen Verantwortung für den eigenen Bereich und das Erreichen der Projektziele übernehmen.

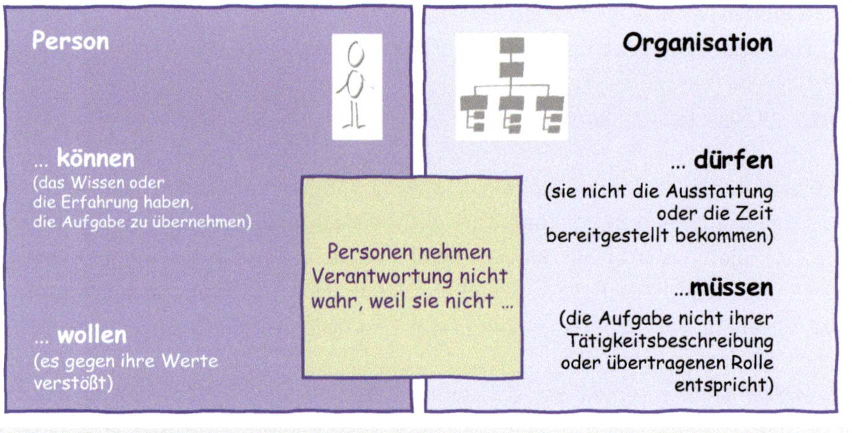

Abb. 16: Die vier Dimensionen der Verantwortung (Bernd Schmid, Arnold Messmer)

Findet diese Verantwortungsübernahme nicht statt, helfen folgende vier Fragen, um Hinweise zu einer Lösungsrichtung zu erhalten.

Können die Personen die Verantwortung nicht wahrnehmen, weil:

1. Sie nicht können?
   Sie besitzen nicht die erforderliche persönliche Kompetenz (Skills),
   sie haben nicht das Erforderliche gelernt oder keine ausreichende Erfahrung.
2. Sie nicht wollen?
   Die Wertevorstellungen der Person entsprechen nicht den Aufgaben.
   Die Lust und Motivation zur Übernahme der Verantwortung ist nicht vorhanden.
3. Sie nicht dürfen?
   Die Ausstattung an Entscheidungskompetenzen ist nicht vorhanden.
4. Sie nicht müssen?
   Sie sind für die Aufgabe nicht zuständig.

Können und Wollen sind in der Person selbst begründet und können bereits zu intrinsischen Konflikten führen (ich kann zwar, aber ich will gar nicht – ich kann nicht, will aber). Dürfen und Müssen werden von der Organisation definiert und stehen deshalb wieder in Zusammenhang mit dem Kongruenzprinzip.

Zur Führungsverantwortung der Projektleitung gehört das Auflösen von Rollenkonflikten.

2.5 CE Führung (4.4.5)

Führung [engl. Leadership]

Bedeutet, die Energien von Menschen zu fördern, zu fordern, zu lenken und im Sinn des Projektes sinnvoll einzusetzen. Je nach Organisationskultur kann Führung eher hierarchisch oder auf Augenhöhe erfolgen.

Projektleiter sind Führungskräfte auf Zeit und sind für die Projektdauer, je nach Projektorganisationsform mit unterschiedlicher Macht ausgestattet. Während in der reinen Projektorganisation durch eine Gleichstellung mit den Linienführungskräften eine hohe Macht erkennbar ist, sinkt diese in der Einflussorganisation auf ein niedriges Niveau.

Als ernannte Führungskraft grenzen sich Projektleiter von sog. Projektkoordinatoren oder Organisatoren ab, die lediglich administrative Tätigkeiten übernehmen. Mit steigender Komplexität des Projektes wird eine professionelle Ausgestaltung der Führungsrolle immer wichtiger. Hier reicht eine bloße Verwaltung des in der Folge komplexen Systems »Projekt« nicht mehr aus.

Zu unterscheiden ist die Rolle als Führungskraft, welche man zugewiesen bekommt und das Führen selbst, welches sich durch eine hohe soziale Kompetenz und dem bewussten und gewollten Wahrnehmen der Führungsrolle, auszeichnet. Auch hier gilt das »Kongruenzprinzip«.

Nimmt die Führungskraft lediglich die Vorteile, die an der Rolle hängen in Anspruch (z. B. Statut, Incentives, Macht, usw.), und wird gleichzeitig der Verantwortung der Führungsrolle nicht gerecht (z. B. Treffen von Entscheidungen, Motivation, Leadership, usw.) sinkt das Vertrauen in die Führungskompetenz und die Führungskraft wird in ihrer Rolle nicht anerkannt.

2.5.1 Führungsstile

!

***Führungsstil** [engl.: Leadership style]*

*»Art und Weise der Führung als **direkte Beziehung** zwischen Führenden und Geführten. Orientiert sich an **Grundmustern menschlichen Verhaltens** innerhalb der polaren Spannungsfelder:*

- *Distanz/Autonomie - Nähe/Geborgenheit*
- *Wandel/Veränderung - Ordnung/Bewahrung« (Motzel)*

Folgende Führungsstile werden unterschieden:

Autoritär:

- Formulieren von Anordnungen
- Deutliche Zielsetzung und strikte Kontrolle
- Vernachlässigung des sozialen Verhaltens der Gruppe

Patriarchalisch:

- Projektleiter übernimmt die Verantwortung für die Entscheidungen.
- Er informiert seine Mitarbeiter über die getroffenen Entscheidungen und erläutert diese ggf.

Laisser-faire:

- Geprägt durch Passivität und Nachgiebigkeit eines formal Führenden
- Führungsaufgaben werden nicht wahrgenommen.
- Die Projektmitarbeiter sind sich selbst überlassen.

Kollegial/Kooperativ:

- Demokratisches Einbeziehen der Gruppe
- Entscheidungsfindung durch Diskussion
- Lenkung durch den Führenden

Karitativ:

- Starke Ausrichtung auf ein gutes soziales Klima
- Oft unter Vernachlässigung der Sachziele

Charismatisch:

- Starke Überzeugungskraft des Führenden
- Starkes Machtbedürfnis
- Hohe Sensibilität gegenüber der Umwelt, was diese zulässt oder nicht

Eine andere Sichtweise auf den Führungsstil erfolgt über den Grad, in dem Mitarbeiter in Entscheidungen mit einbezogen werden:

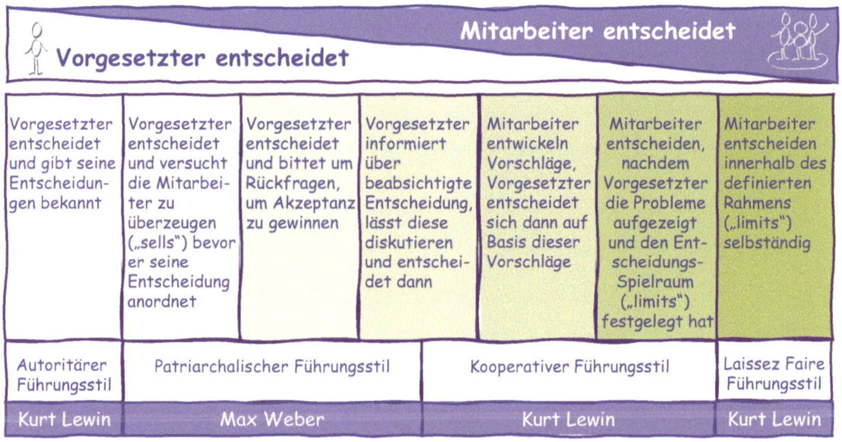

Abb. 17: Führungsstile (nach Tannenbaum, R. & Schmidt, W. H.)

2.5.2 Führungskonzepte

Managementkonzepte (Führungskonzepte) *[engl.: Management techniques]*

»Gesamtheit von Empfehlungen, Regelungen, Formalismen zur Gestaltung der Management- bzw. Führungsprozesse einer Organisation. Inhalte, Umfang und Nutzen der zahlreich existierenden Managementkonzepte und der so genannten ›Management-by-Ansätze‹ (Managementtechniken), deren Entstehen und Verbreitung gelegentlich als inflationär bezeichnet wird, differieren in der Praxis beträchtlich. Manchmal reduzieren sich Managementkonzepte auf bloße Schlagwörter (z. B. Mby Objectives, Mby Delegation), häufig beinhalten sie nur die Vorgabe bestimmter Techniken oder Führungsstile oder es entstehen persiflierende Varianten (z. B. Mby Mushrooms, Mby Helikopter, Mby Nilpferd, Mby Jeans).« (Motzel)

Managementkonzepte beziehen sich auf Aufgabenzuordnung, Handlungssteuerung, Handlungsüberwachung und Partizipation.

Management by Objectives

- Zielvereinbarungen werden mit dem Mitarbeiter verabredet und leiten ihn in seiner Arbeit. Sie dienen auch zur Leistungskontrolle.

Management by Exception

- Leiten nach dem Ausnahmeprinzip. Nur wenn eine Planabweichung eintritt, trifft die Führungskraft korrektive Maßnahmen.
- Die Verantwortung über Entscheidungen, innerhalb des vereinbarten Rahmens, verbleibt grundsätzlich beim Mitarbeiter.

Management by Delegation

- Vollständige Übertragung von Verantwortung einer definierten Aufgabe (z. B. Arbeitspaket) an einen Mitarbeiter. Der Mitarbeiter entscheidet über den Bearbeitungsweg und trifft Entscheidungen selbstständig.
- Hoher Grad an Flexibilität und Eigenverantwortung für den Mitarbeiter.

2.6 CE Teamwork (4.4.6)

Ein Projekt wird als Vorhaben bezeichnet, »... zu dessen Realisierung unterschiedliche Ressourcen (Personen, Arbeitsmittel etc.) herangezogen werden müssen« (s. 1.2.1 Projektdefinition). Betrachtet man die personellen Ressourcen, also die Mitarbeiter und Kollegen, so können diese entweder als Fachexperten das Projekt nach Bedarf unterstützen, oder als feste Projektteammitglieder eingebunden werden. Dies gilt sowohl für unternehmensinterne als auch für unternehmensexterne Projektmitarbeiter.

Diese beiden Arten der Projektintegration und Zusammenarbeit können sich stark unterscheiden. Während Fachexperten sich bestenfalls als Dienstleister sehen, die ihre genau definierten Aufgaben zeitgerecht erledigen, fühlen sich Teammitglieder dem Projekt verbunden und pflegen einen gewissen Grad an Selbst- und Mitorganisation. Doch was genau ist ein Team?

Team *[engl.: Team]*

»Konstruktiv zusammenarbeitende Gruppe von Personen. In einem Team sind Aufgaben und Rollen festgelegt und zugeteilt, Kommunikationsregeln vereinbart, Eskalationsprozesse definiert und Umgangsformen (z. B. für gemeinsame Besprechungen) vereinbart. In Abgrenzung zu einer Gruppe lose zusammen agierender Personen, zeigt ein Team eine gemeinsame Verantwortung gegenüber den gestellten Aufgaben und zieht daraus seine Motivation und Berechtigung.« (Motzel)

Das Ganze ist mehr als die Summe seiner Teile.

Dieses »Mehr« ist im Projekt keine Ansammlung von Personen im Sinne eines Kapazitätszuwachses. Vielmehr ergibt sich das »Mehr« mit seinen Vorteilen aus:

- der Kombination unterschiedlicher Kompetenzen und Erfahrungen.
  → Komplexere Aufgaben können überhaupt und teilweise schneller gelöst werden.
- der Tatsache, dass die Teammitglieder hinsichtlich der fachlichen Expertisen und Erfahrungen voneinander lernen.
  → Organisationales lernen
- dem Austausch und den Diskussionen im Projektteam zur Erreichung eines qualitativ hochwertigen Ergebnisses (Projektziel).
  → Gute Ergebnisse entstehen aufgrund eines internen Reibungsprozesses.
- der wechselseitigen Verpflichtung für den gemeinsamen Erfolg.
- der Abstimmung von Prozeduren, Arbeitsweisen und benutzten Tools.
  → Das Team kann ohne größere Rücksicht auf die Organisation seine eigene optimale Vorgehensweise finden und umsetzen.
- der interkulturellen Vielfalt, welche Lösungsansätze anreichert.
- dem Spaß, welcher in der Zusammenarbeit entstehen kann.

Den überwiegenden Vorteilen stehen jedoch auch Nachteile von Teamarbeit gegenüber, welche die Teamleitung zu kompensieren wissen sollte:

- Das Team benötigt Einarbeitungszeit und es entsteht zusätzlicher Führungsaufwand bei der Teambildung.
- Die Fortschrittsüberwachung in Teams ist schwieriger als bei einzelnen Mitarbeitern.
- Gute Einzelkämpfer werden möglicherweise ausgebremst.

BZ

2.6.1 Teamuhr nach Tuckman

In der Entwicklung von Projektteams gibt es trotz einer großen Variationsbreite menschlichen Verhaltens eine logische Abfolge (Phasen) mit charakteristischen Stadien in seiner Entwicklung.

Im Laufe ihrer Entwicklung durchlaufen Teams laut Bruce Tuckman folgende Phasen:

Forming (Formierungsphase)– Storming (Konfliktphase) – Norming (Regelphase) – Performing (Arbeitsphase) – Adjourning (Auflösungsphase)

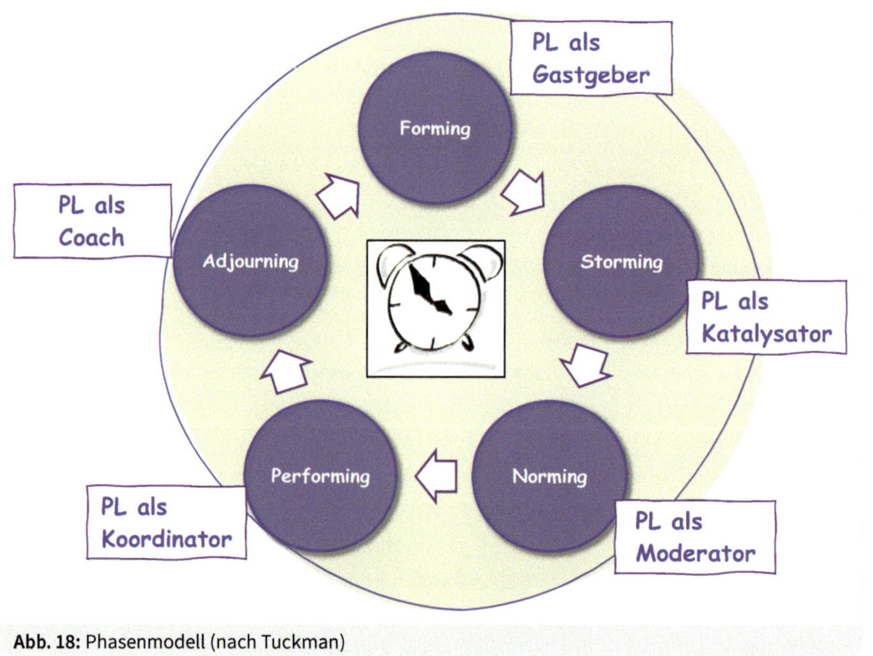

Abb. 18: Phasenmodell (nach Tuckman)

Die Teambildung beginnt mit der »**Formierungsphase**« (Forming). Die Teammitglieder bringen unterschiedliche Erwartungen mit in das Projekt, lernen sich gegenseitig kennen. Sie verhalten sich höflich und dem anderen gegenüber abwartend. Jeder versucht, sich erst einmal zu positionieren und sich von seiner besten Seite zu präsentieren.

Der Projektleiter agiert hier als **Gastgeber**, indem er die Teammitglieder einlädt, vorstellt und ihnen eine Plattform gibt, sich kennenzulernen. Typisches Werkzeug in dieser Phase ist das konstitutive Projektmeeting.

Die sogenannte »**Konfliktphase**« (Storming) beginnt, wenn die Teammitglieder sich untereinander positionieren. Sie überlegen, wie sie zusammenarbeiten können. Es bildet sich eine informelle Rangfolge aus (»Hackordnung«). Diskussionen um Ressourcen, Strategien, Arbeitsweisen aber auch um (informelle) Macht finden statt. Die Konflikte können offen oder verdeckt ausgetragen werden oder aber auf der Beziehungsebene weiter vorhanden sein.

In dieser Phase agiert die Projektleitung als »**Katalysator**«, der dem Team beisteht und hilft, seine informelle Rangordnung zu finden, aber wenn möglich nicht eingreift. Schafft er es nicht, diese Phase nachhaltig abzuschließen, bleibt das Projektteam ggf. teilweise in dieser stecken. Die Folge sind Performanceverluste, da immer wieder die gleichen Diskussionen geführt werden.

Durch die »**Regelphase**« (Norming) verbessert sich die eigene (Projekt-)Organisation: Die Konflikte sind ausgetragen und gelöst, die Rollen etabliert und akzeptiert, dabei werden Teamregeln erstellt und Prozesse definiert.

Der Projektleiter **moderiert** den Prozess.

In der »**Arbeitsphase**« (Performing) hat sich eine starke Identität des Teams entwickelt. Die Teammitglieder unterstützen sich gegenseitig und arbeiten in konzentrierter Weise zusammen. Lieferobjekte werden erstellt und das Team ist auf sich selbst bezogen. Es entsteht ein Zusammenhalt und man steht gegenseitig füreinander ein.

Die Projektleitung **koordiniert** nur noch von außen. Erst wenn ein Team in die Arbeitsphase kommt, kann es wirklich produktiv und performant arbeiten.

Am Ende des Projektes tritt das Team in die »**Auflösungsphase**« (Adjourning) ein. Es löst seine Strukturen auf, Aufgaben werden weitestgehend abgeschlossen, Rollen und Verantwortung zurückgegeben. Man nimmt Abschied von den anderen Teammitgliedern oder hat die Möglichkeit in Folgeprojekten wieder gemeinsame Aufgaben zu übernehmen.

In dieser Phase sollte der Projektleiter als **Coach** fungieren und den Teammitgliedern helfen, das Projekt sachlich, aber auch mental abzuschließen. Neue Ziele sind aufzuzeigen, obwohl einer vorzeitigen Auflösung des Teams entgegenzuwirken ist. Sind einzelne Teammitglieder bereit, können gemeinsam höherwertige Aufgaben für die Zukunft gesucht werden.

Die Stadien laufen nicht automatisiert ab, sondern müssen von der Projektleitung und dem Team erarbeitet werden. Bei jedem Wechsel der Teamzusammensetzung (Forming) muss das Team alle fünf Phasen erneut durchlaufen und dabei begleitet werden (deswegen »Teamuhr«, welche wieder »von null« beginnt).

BZ

2.6.2 Teamregeln

Zu Beginn der Zusammenarbeit im Projektteam werden gerne Teamregeln aufgestellt und dann im Teamraum aufgehängt. Dadurch können die Teammitglieder bei Bedarf darauf referenzieren.

Typische Teamregeln können sein:
- Während der Meetings werden mobile Geräte ausgeschaltet.
- Wir lassen einander ausreden.
- Wir kommen pünktlich zu unseren Besprechungen.
- Wir beteiligen uns aktiv an Besprechungen.
- Verzögerungen bei der Bearbeitung von Arbeitspaketen werden rechtzeitig und proaktiv kommuniziert.
- Jeder erkennt den anderen als gleichwertigen Partner an.
- Jeder übernimmt die Aufgabe eines anderen, wenn dies erforderlich ist.
- Konflikte werden nicht verschleiert, sondern aufgedeckt.
- Meinungsverschiedenheiten sind keine Störfaktoren, sondern der Anstoß für eine Konfliktklärung oder eine Verbesserung.
- ...

Auf solchen Listen mit Teamregeln finden sich oft viele Punkte, die dann in der weiteren Zusammenarbeit wenig Beachtung finden. Gründe hierfür können sein, dass sie sich als nicht so wichtig herausstellen, oder sie so abstrakt formuliert sind, dass sie nicht verstanden werden. Sind es zu viele, kann der Überblick verloren gehen. In der Praxis hat es sich als praktikabler herausgestellt, nur 2–3 Regeln aufzustellen und diese dann gegenseitig im Team einzufordern. In den Retrospektiven kann die Teamzusammenarbeit kontinuierlich weiterentwickelt und in den zu ergänzenden Teamregeln festgehalten werden.

2.6.3 Rollenmodell nach Belbin

Auf empirischen Untersuchungen von Teams basierend kam Meredith Belbin zu folgenden Schlüssen:
- Das Verhalten von Teammitgliedern lässt sich in neun verschiedene Rollen einteilen.
- Das Verhalten ist einigermaßen konsequent.
- Das Rollenverhalten im Team ist aufgrund von Testergebnissen vorhersehbar.
- Die bewusste Kombination von Teamrollen macht Teams schlagkräftiger.
- Eine informelle Teamrolle muss nicht unbedingt der formalen Rolle entsprechen.

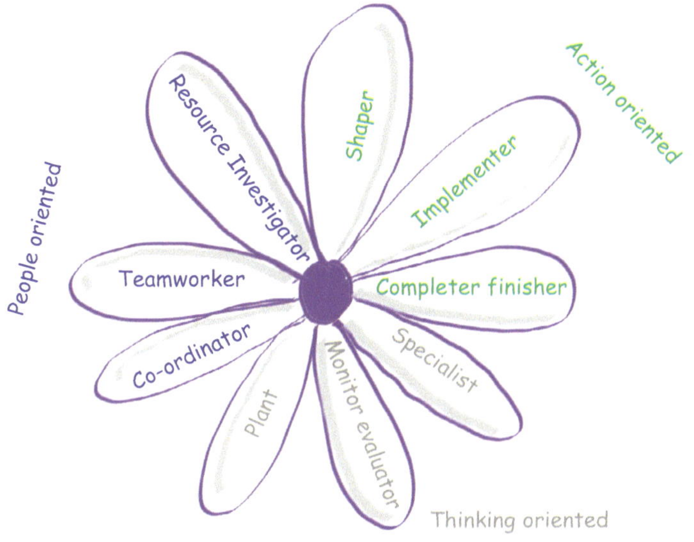

Abb. 19: Rollenmodell nach Belbin

Die neun von Belbin identifizierten Rollen ergeben sich aus den Verhaltensmustern und Persönlichkeiten der Teammitglieder. In der Praxis konnte festgestellt werden, dass Teams, die alle neun Rollen besetzen, erfolgreicher zusammenarbeiten. Bleiben einzelne Rollen aufgrund der Teamzusammenstellung erst einmal unbesetzt, kann die Projektleitung eingreifen, indem sie gezielt Mitarbeiter ins Team holt, die diese übernehmen können. Ist es leistbar, füllt sie oder ein anderes Teammitglied eine Zweitrolle zusätzlich aus.

Werden manche Rollen, wie z. B. der Macher doppelt besetzt, kann es zu Störungen in der Zusammenarbeit kommen. Zwei »Macher« könnten um die inoffizielle Projektleitung konkurrieren.

Bei weniger als neun Teammitgliedern müssen einzelne Teammitglieder mehr als eine Rolle besetzen. Effektive Teams können bereits ab vier Mitgliedern gebildet werden.

Belbin unterscheidet zwischen handlungsorientierten, teamorientierten und wissensorientierten Rollen, welche jeweils drei Rollen beinhalten und positive Eigenschaften bzw. zulässige Schwächen aufweisen.

Handlungsorientierte Rollen:

Shaper **der Macher, der Entscheider** Fordert das Team heraus, sich stetig zu verbessern. Spornt dazu an, Hindernisse zu überwinden.	
Positive Eigenschaften	Zulässige Schwächen
• Bringt Dinge vorwärts. • Ist produktiv unter Stress und unter hohem Tempo. • Scheut sich nicht, andere Meinungen einzunehmen. • Übernimmt Verantwortung. • Hat eine gute Auffassungsgabe.	• Wird gelegentlich als drängelnd, manchmal autoritär oder ungeduldig empfunden. • Ist oft diskutierfreudig und hat gerne recht. • Fühlt sich in einem Team von Gleichgestellten am wohlsten. • Als Führungsperson braucht er ein hohes Maß an Selbstdisziplin.
Implementor **der Umsetzer, der Realist** Agiert strukturiert und organisiert. Sorgt dafür, dass Ideen und Pläne in die Tat umgesetzt werden.	
Positive Eigenschaften	Zulässige Schwächen
• Praxisbezogener Organisator, der Entscheidungen in konkrete Aktivitäten überführt. • Hat starken Bedarf an klar formulierten Zielen, klaren Strukturen und Controlling. • Fokussiert auf Dinge, die realistisch und erreichbar sind.	• Hat manchmal Schwierigkeiten mit offenen komplexen Situationen. • Kann unflexibel wirken.
Completor **Der Perfektionist** Arbeitet gewissenhaft, sorgt dafür, dass Termine eingehalten werden.	
Positive Eigenschaften	Zulässige Schwächen
• Achtet darauf, den Plan einzuhalten. • Arbeitet sehr sorgfältig. • Achtet darauf, dass nichts vergessen wird und dass Standards und Spezifikationen eingehalten werden. • Sehr aufgabenbezogen.	• Behindert manchmal den Projektfortschritt aus der Sorge, dass Dinge nicht 100 % ausgeführt wurden. • Hat Hang zum Perfektionismus.

Teamorientierte Rollen:

<table>
<tr><td colspan="2">Teamworker
Teamarbeiter
Achtet auf gute Zusammenarbeit im Team.</td></tr>
<tr><td>Positive Eigenschaften</td><td>Zulässige Schwächen</td></tr>
<tr><td>• Stimuliert und unterstützt die Teammitglieder.
• Fördert Kommunikation und Teamgeist.
• Integriert Leute.
• Hat ein offenes Wesen.
• Hat eine feine Antenne für Atmosphärisches.</td><td>• Scheut Konflikte.
• Kann sich in schwierigen Situationen nur schwer entscheiden.</td></tr>
<tr><td colspan="2">Ressource Investigator
der Wegbereiter, der Netzwerker
Entdeckertyp. Sieht sich nach Chancen und Kontakten im Projektumfeld um.</td></tr>
<tr><td>Positive Eigenschaften</td><td>Zulässige Schwächen</td></tr>
<tr><td>• Bewegt sich oft außerhalb des Teams und hält Ausschau nach neuen Ideen, Entwicklungen.
• Hat vielfältige Kontakte, ist gesellig.
• Fängt Ideen anderer leicht auf.
• Ist schnell in Diskussionen involviert.
• Die Lösung steht für ihn im Vordergrund seiner Tätigkeiten.
• Nutzt verschiedene Ressourcen.</td><td>• Braucht Input von außen.
• Ist oft zu optimistisch.
• Verliert schnell das Interesse an einer Sache, wenn die anfängliche Euphorie vorbei ist.</td></tr>
<tr><td colspan="2">Co-Ordinator
der Koordinator, der Moderator
Tritt als Entscheidungsträger auf, koordiniert das Team und sorgt dafür, dass die Ziele erreicht werden.</td></tr>
<tr><td>Positive Eigenschaften</td><td>Zulässige Schwächen</td></tr>
<tr><td>• Fördert Entscheidungsprozesse.
• Delegiert Aufgaben.
• Achtet auf Zeit- und Zielvorgaben.
• Kennt Schwächen und Stärken seiner Teammitglieder und weiß sie einzusetzen.</td><td>• Läuft Gefahr, Entscheidungen zu treffen, bevor eine Sache gründlich geklärt ist.
• Kann manchmal als manipulierend empfunden werden.</td></tr>
</table>

Wissensorientierte Rollen:

<table>
<tr><td colspan="2">Plant
der Erfinder, der Kreative
Kreativ und originell. Bringt neue Ideen und Lösungen hervor.</td></tr>
<tr><td>Positive Eigenschaften</td><td>Zulässige Schwächen</td></tr>
<tr><td>• Kann Lösungen für schwierige Probleme finden.
• Ist originell.
• Inspiriert sein Umfeld, ist der kreative Kopf des Teams.
• Eröffnet neue Sichtweisen.</td><td>• Hat die Tendenz, dass seine Ideen »mit ihm durchgehen«.
• Verliert manchmal den Kontakt zur Realität.
• Erzeugt manchmal Widerstände in der Gruppe durch Mangel an Realität und Praxisbezogenheit.</td></tr>
<tr><td colspan="2">Monitor Evaluator
der Beobachter, der Analytiker
Kluger Denker und Analytiker. Bewertet Optionen auf Machbarkeit.</td></tr>
<tr><td>Positive Eigenschaften</td><td>Zulässige Schwächen</td></tr>
<tr><td>• Wägt Ideen kritisch und sorgfältig ab.
• Ist seriös, sorgfältig und misstrauisch gegen Euphorie.
• Behält einen kühlen Kopf, bewahrt sich seine Objektivität.
• Mag fachliche Diskussionen und bringt die Suche nach alternativen Vorgehensweisen voran.</td><td>Ihm fehlen oft die Energie und Fähigkeit zur Inspiration.</td></tr>
<tr><td colspan="2">Specialist
der Spezialist, der Fachmann
Professionell. Stellt Expertenwissen und Spezialisten-Know-how zur Verfügung.</td></tr>
<tr><td>Positive Eigenschaften</td><td>Zulässige Schwächen</td></tr>
<tr><td>• Ist der Fachexperte im Team.
• Kennt und verwendet korrekte Begriffe und Fachtermini.
• Tauscht sich gerne mit anderen Fachleuten aus.
• Ist überzeugt, dass er fachliche Probleme selbst lösen kann.</td><td>• Verliert sich manchmal in fachlichen Details.
• Löst fachliche Probleme gerne im Alleingang.</td></tr>
</table>

2.7 CE Konflikte und Krisen (4.4.7)

2.7.1 Konflikte und Krisen

In der Zusammenarbeit von Menschen sind Konflikte unvermeidbar. Es treffen unterschiedliche Meinungen, Erwartungen, Interessen, etc. aufeinander und es kommt zu Missverständnissen und Meinungsverschiedenheiten.

Krisen gefährden das Projekt ernsthaft und sind in der jeweiligen Situation durch eine gewisse Ausweglosigkeit gekennzeichnet. Es handelt sich meistens um verhärtete Konflikte, die nicht rechtzeitig erkannt, abgemildert oder gelöst wurden.

Konflikte und Krisen erfordern eine hohe Aufmerksamkeit für das Umfeld und den darin befindlichen Personen. Sie erfordern die Fähigkeit, Abhilfe für Meinungsverschiedenheiten zu erkennen und anzubieten.

***Konflikt** [engl.: Conflict]*

*»Spannungssituation, die entsteht, wenn unterschiedliche Meinungen, Interessen und Erwartungen aufeinandertreffen. Zumindest eine Partei fühlt sich dann unwohl, in ihren Handlungen und der Erreichung von Zielen eingeschränkt oder massiv behindert. Konflikte können nach der Ebene der Forderungen und Positionen unterschieden werden. Man spricht dann von **Konfliktausprägungen**, z. B. als:*

- *Ziel- und Richtungskonflikte,*
- *Beurteilungs- und Wahrnehmungskonflikte,*
- *Rollen- und Erwartungskonflikte,*
- *Besitz- und Verteilungskonflikte,*
- *Veränderungs- und Sicherheitskonflikte,*
- *Beziehungs- und Verhaltenskonflikte.*

Eine besondere Erscheinungsform des Konflikts ist die Krise.« (Motzel)

***Krise** [engl.: Crisis], Synonym: Projektkrise*

»Situation, bei der sich Beteiligte und/oder Betroffene in einem Gefühl der Ausweglosigkeit befinden. Die Krise ist gekennzeichnet durch ein Ohnmachtsgefühl, der Situation hilflos ausgeliefert zu sein. Sie ist eine besondere Erscheinungsform des Konflikts, die zu Rückzug, Blockade oder Lähmung führt. Projektkrisen sind extreme Projektsituationen, die eine gravierende Abweichung des Projektablaufs vom Plan bewirken und als existenzbedrohend für das Projekt und die Projektorganisation angesehen werden. Krisen entstehen aus einer zunehmenden Diskrepanz zwischen der Entwicklung des Projektumfelds und dem Projektgeschehen.

Krisen haben immer zwei Aspekte:
(a) einen sachlichen Aspekt (messbare Gefahr für den Projekterfolg) und
(b) einen menschlich-persönlichen Aspekt (Druck, Stress, Angst, Unsicherheit).
Krisen können das Projekt insgesamt oder Projektteilbereiche (be-)treffen. Bei Projektteams unterscheidet man als typische Krisenformen die sogenannte ›sich selbst blockierende Gruppe‹ und die ›von außen blockierte Gruppe‹, die auch als ›Kalter Konflikt‹ bezeichnet wird.« (Motzel)

! ***Konfliktmanagement** [engl.: Conflict management]*

»Aufgabe des Konfliktmanagements ist es, Konflikte im Projekt durch geeignete Vorsorgemaßnahmen zu vermeiden, Symptome und Warnzeichen von Konfliktpotenzialen im Projektverlauf zu erkennen und angemessen darauf zu reagieren sowie entstandene Konflikte kreativ und kooperativ zu lösen.« (Motzel)

Zielsetzung von Konfliktmanagement

Konfliktmanagement im Projekt verfolgt somit folgende Ziele:

- Ressourcen- und Ergebnissicherung
- Wiederherstellen von Handlungsfähigkeit
- Freisetzen von konfliktgebundener Energie für die Projektbearbeitung

2.7.2 Symptome und Ursachen von Konflikten

Vorhandene Konflikte können oft an einem oder mehreren der folgenden Symptome erkannt werden:

- Die Kommunikation wird steifer und förmlicher.
- Bei Problemen entwickeln sich zunehmend unterschiedliche verfestigte Ansichten.
- Sachliche Diskussionen nehmen ab, es kommt zu Polemik.
- Die Beteiligten zeigen offen ihre Frustration.
- Es wird über Kleinigkeiten gestritten.
- Es wird mehr nach Schuldigen statt nach Lösungen gesucht.
- Die Beteiligten berufen sich verstärkt auf Arbeitsplatzbeschreibungen, Chefentscheidungen und Protokolle.
- Teammitglieder gehen sich aus dem Weg oder bleiben Projektsitzungen fern.
- In der Projektarbeit und den Meetings kommt es zur Bildung von Grüppchen.

Die Projektleitung und das Team müssen diese Symptome bewusst wahrnehmen und haben dann die Aufgabe, die Themen anzusprechen und zu klären. Dabei ist es wichtig zu erkennen, welche Art von Ursache der Konflikt hat.

2.7.3 Konfliktursachen

Ziel und Richtungskonflikte
Die Konfliktparteien haben unterschiedliche Ziele, bezogen auf ein und dieselbe Sache, die sich widersprechen.

Beispiel: Typische Zielkonflikte in Projekten sind die klassischen Projektzielkonflikte: bestmögliche Qualität mit geringstmöglichen Kosten

Beurteilungs- und Wahrnehmungskonflikte
Die Konfliktparteien beurteilen ein und dieselbe Sache verschieden.

Beispiel: Der Einsatz von verschiedenen Entwicklungswerkzeugen in einem IT-Projekt wird von Auftraggeber und Auftragnehmer unterschiedlich beurteilt. Das Ziel ist klar, über den Weg wird gestritten.

Rollen- und Erwartungskonflikte
Die Konfliktparteien haben verschiedenen eigenen und fremden Ansprüchen zu genügen. Wenn sie das zeitlich oder inhaltlich nicht schaffen, geraten sie in einen Rollen- oder Erwartungskonflikt.

Beispiel: Zwei Freunde aus verschiedenen Abteilungen kommen in einem Projekt zusammen. Der eine wird zum Projektleiter ernannt und der andere ist Teammitglied. Daraus entsteht ein Rollenkonflikt (Freund und Vorgesetzter) beim Projektleiter.

Besitz- und Verteilungskonflikte
Die Konfliktparteien streiten sich um verschiedene Arbeits- und Betriebsmittel, Mitarbeiter oder Ressourcen, wie Geld und Zeit.

Beispiel: Ein typischer Verteilungskonflikt ist die Urlaubsregelung zur Ferienzeit. Auch bei der Durchführung mehrerer Projekte gleichzeitig kommt es bei knappen Ressourcen zu Konflikten.

Veränderungs- und Sicherheitskonflikte
Die Konfliktparteien scheuen den Aufwand und/oder das Risiko von Veränderungen. Sie sind in einem Sicherheits- oder Veränderungskonflikt gefangen.

Beispiel: Das Projekt wird nicht beendet, weil keine Nachfolgearbeitsplätze garantiert sind.

Beziehungs- und Verhaltenskonflikte
Die Konfliktparteien erleben die Person oder das Verhalten eines anderen als übergriffig, anmaßend, unehrlich oder Ähnliches.

Beispiel: Ein Teammitglied macht unpassende Witze. Zwei Teammitglieder verbünden sich gegen ein anderes Teammitglied.

2.7.4 Konflikt-Grid nach Virginia Satir

Für den Umgang mit und im besten Fall die Lösung von Konflikten gibt es verschiedene Grundmuster, die sich historisch entwickelt haben. Diese Konfliktmuster gelten auch heute noch. Sie sind überall beobachtbar und somit »up to date«.

Alle diese Grundmuster haben auch im Unternehmensalltag ihren Sinn und Zweck und sind abhängig von der jeweils aktuellen Konfliktsituation in ihrer Anwendung nützlich.

- Wie reagiere ich im Konfliktfall?
- Wie wird mein Gegenüber reagieren?
- Wie kann ich mich angemessen auf den Konfliktstil meines Gegenübers einstellen?
- Welche Verhandlungsstrategie ist sinnvoll?
- Auf welchen Umgang mit dem Konflikt arbeite ich hin?

Für die Konfliktbewältigung entwickelt jeder Mensch im Laufe seiner Geschichte seinen eigenen Stil. Dabei ist es für die Analyse und Auseinandersetzung hilfreich, mehr über sich und den anderen zu wissen. Nur so kann im Konfliktfall adäquater und bewusster (re-)agiert werden.

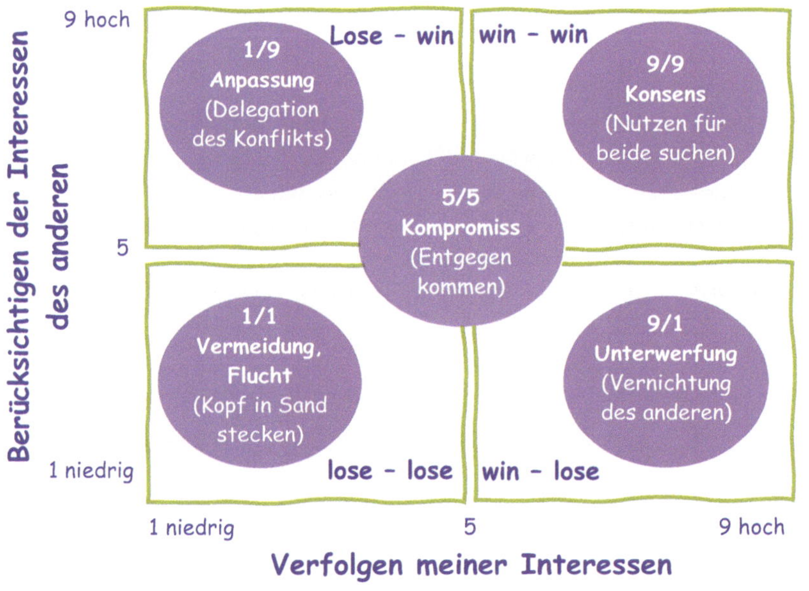

Abb. 20: Persönliche Konfliktstile nach Virginia Satir

Keiner der Konfliktstile kann als der einzig optimale gelten. In den verschiedenen Situationen kann jeweils ein anderer Stil angemessen sein und für die Konfliktentwicklung zum Tragen kommen. Ein Konflikt wird eher bewältigt, wenn die Beteiligten flexibel zwischen diesen Stilen variieren können.

- Jeder Mensch entwickelt eine für ihn charakteristische Abfolge von Konfliktstilen. Er lernt, mit welchem Konfliktstil er zuerst einen Konflikt angeht und auf welchen er dann in der Verhandlung wechselt, wenn der vorherige erfolglos bleibt.
- Die Stile Konsens (Gemeinsames Problemlösen) und Kompromiss können als kulturell akzeptierte Stile gelten. Wenn Menschen gefragt werden, wie Konflikte am besten bewältigt werden sollten, dann sagen die meisten: indem die Parteien miteinander sprechen und eine beiderseitige Kooperation (befriedigende Lösung) oder zumindest einen Kompromiss (akzeptierte Lösung) suchen und finden.
- Kommt keine Lösung zustande, fallen die Konfliktparteien auf einen der drei grundlegenden biologischen Stile zurück: Flucht (Anpassung), Unterwerfung (Durchsetzung), Kampf (Rückzug).

Die meisten Menschen haben einen »Grundstil« für den Umgang mit Konflikten und verfallen in einen »Ersatz Stil«, wenn es »eng wird«.

2.8 CE Vielseitigkeit (4.4.8)

***Vielseitigkeit** [engl.: Resourcefulness]*

*»Die Kompetenz **Vielseitigkeit** definiert die Fähigkeit, verschiedene **Techniken und Denkweisen** für die Definition, Analyse, Priorisierung, die Suche nach Alternativen für den Umgang mit oder die Lösung von Herausforderungen und Problemen anzuwenden. Das erfordert häufig **originelles** und **einfallsreiches Denken und Handeln** und regt die Kreativität von Einzelnen und die kollektive Kreativität des Teams an. Vielseitigkeit und Einfallsreichtum sind nützlich, wenn **Risiken, Chancen, Probleme und Schwierigkeiten** auftreten.« (ICB4)*

2.8.1 Moderationstechniken zur Schaffung eines offenen und kreativen Umfelds

BZ

Oft wird in Meetings viel Zeit verschwendet. Treffen sich acht Teammitglieder zu einer einstündigen Besprechung, entsteht in Summe ein Arbeitsaufwand von 1 PT (Personentag). Zur effizienten und effektiven Gestaltung von Meetings helfen folgende Moderationstechniken:

Selbst-Präsentation
Dabei spricht jeder Teilnehmer kurz in drei Sätzen nach Vorgabe über sich selbst. Er nennt z. B. den eigenen Namen, Laufbahn, Ausbildung, Verantwortlichkeit und die Abteilung oder Projektrolle. Diese Technik wird gerne zum Kennenlernen und den Einstieg in Meetings verwendet.

Paar-Interview
Bei dieser Fragetechnik interviewen sich gegenseitig zwei ausgewählte Teilnehmer. Der Vorteil dabei ist, dass die Fragen nicht vorgegeben werden und dadurch frei gestaltet werden können. Die Beteiligten bauen somit bereits am Anfang der Zusammenarbeit eine persönliche Beziehung zueinander auf. Begrenzt man das Paar-Interview nicht mit einer Timebox, kann diese Technik ziemlich zeitaufwendig sein.

Blitzlicht
Jeder Teilnehmer bekommt die Möglichkeit, in Worten oder kurzen Sätzen die eigenen Erwartungen und Gefühle zum Thema des Meetings mitzuteilen. Auch am Ende des Meetings hilft diese Technik kurz abzufragen, ob die Erwartungen erfüllt wurden. Folgende grundsätzliche Regeln sind hier zu beachten: Die jeweiligen Teilnehmer reden nur in der »Ichform« und es gibt keine Diskussionen oder Stellungnahmen zu den Aussagen der anderen Teilnehmer.

Erwartungsabfrage
Jeder Beteiligte bekommt eine Karte, auf der er seine Erwartung notiert. Diese betreffen den Meetingverlauf oder Ergebnisse zum Ende des Meetings. Die erstellten Karten werden auf eine Metaplanwand gepinnt und bei Bedarf durch den Moderator auch als Gegenüberstellung gestaltet. Der Moderator hat die Möglichkeit, im Laufe des Meetings, auf die einzelnen Punkte Bezug zu nehmen, sie neu zu priorisieren oder auch als Kontrollmedium zu nutzen.

Ein-Punkt-Abfrage
Für diese Technik muss der Moderator im Vorfeld eine Pinnwand vorbereiten, auf der entweder eine gleitende Skala, eine gestufte Skala oder ein Koordinatenfeld abgebildet ist. Bei z. B. der Konferenz werden die Teilnehmer aufgefordert jenes Thema, an welchem man das größte Interesse hat, zur markieren. Entweder mit einem »Klebepunkt« oder mit einem farbigen Stift. Dabei kann der Moderator auch um eine Erläuterung/Erklärung bitten, welche neben dem jeweiligen Stichpunkt notiert wird. Durch diese Auswahl findet eine Priorisierung statt und hilft den Teilnehmern, sich auf die wichtigsten Themen, ggf. nach Reihenfolge, zu fokussieren.

Mehrpunktabfrage

Die Festlegung der Priorität wird mit dieser Methode gemeinsam entschieden. Dabei kleben die Teilnehmer Punkte an die jeweilige Aufgabenstellung aus dem Themenspeicher und identifizieren dadurch die Hauptthemen. Jeder Teilnehmer hat hierbei nur halb so viele Punkte, wie es Themen gibt. Als Ergebnis wird die Punktzahl festgestellt und die Themen werden in absteigender Reihenfolge aufgeschrieben.

Reizwortplakate

Im Konferenzraum werden Themenstichpunkte oder passende Sätze auf Plakaten gut sichtbar befestigt. Die Teilnehmer gehen von Plakat zu Plakat und notieren sich jeweils Stichpunkte zu den visualisierten Sätzen. Die Notizen können im Anschluss gesammelt, strukturiert und für die weitere Diskussion verwendet werden.

Themenspeicher

Der Moderator sammelt relevante Themen, die zur Konferenz gehören. Diese werden in einen Themenspeicher aufgenommen und ggf. priorisiert. Idealerweise ergeben sich Diskussionen, die eine Steuerung benötigen. Dabei werden sich alle Teilnehmer des Themas bewusst und nehmen sich auf eigene Faust die Themenschwerpunkte vor. Der Vorteil daran ist, dass die Aspekte aus der Gruppe kommen sich, einzelne Teilnehmer damit identifizieren und somit gleichzeitig Verantwortung übernehmen. Für den Moderator ist es wichtig, alle Anwesenden mit einzubinden, die Informationen geeignet festzuhalten und dabei zu visualisieren (z. B. Flipchart oder Whiteboard).

Zuruf-Frage

Der Moderator fordert die Teilnehmer auf, schnell und ungeordnet themenspezifische Stichpunkte in den Raum zu rufen. Diese werden dann möglichst mit einer sichtbaren Zuordnung notiert und visualisiert (z. B. Flipchart oder Whiteboard). Durch diese Moderationstechnik wird die Kreativität der Gruppe stark gefördert, da auch spontane Beiträge notiert werden. Sie hat einen Brainstorming-Effekt und es gelten auch dieselben Regeln, eignet sich aber nur, wenn keine Anonymität gefordert wird.

Karten-Abfrage

Die Teilnehmer schreiben auf Karten einen Satz oder Stichpunkte zur gestellten Frage oder zum anstehenden Thema. Die Karten werden vom Moderator gesammelt und an einer Pinnwand geordnet. Die Anzahl der Karten ist grundsätzlich beliebig. Variationen sind die Vorgabe eines Zeitlimits oder die maximale Anzahl der Karten. Auch die Einteilung in Kleingruppen ist möglich. Dabei darf der Moderator keine Karte außer Acht lassen, sie müssen alle gut sichtbar angepinnt werden. Gleiche oder ähnliche Aussagen können gerne gruppiert werden, wobei »Cluster« entstehen. Bei erforderlicher Anonymität, länger erforderlicher Bedenkzeit oder bei nötiger Visualisierung der Häufigkeit ist diese Technik gut anwendbar.

Clustern

»Cluster« bedeutet auch »Klumpen«. Hierbei werden die Karten der Abfrage auf verschiedene Arten gruppiert und angeordnet. Dabei gibt es zwei Möglichkeiten:

a) Der Moderator kann sie hart clustern, das heißt, ähnliche Aussagen werden übereinander in eine Spalte gepinnt.
b) Der Moderator kann sie weich clustern, das heißt, vergleichbare Aspekte werden zusammen oder je nach Ähnlichkeit weit voneinander befestigt.

Die Zuordnung der Karten nehmen die Konferenzteilnehmer gemeinsam vor. Sie arbeiten so Aspekte heraus und legen dafür einen Oberbegriff, eine Überschrift oder einen Titel fest.

Maßnahmenplan

Sind die einzelnen Themen diskutiert und dadurch priorisiert worden, kann im Anschluss ein Maßnahmenplan erstellt werden. Zur besseren Übersicht eignet sich auch hier der Aufbau einer Tabelle:

In der ersten Spalte stehen die jeweiligen Maßnahmen. Die weiteren Spaltenüberschriften werden nach Tätigkeit (was), Verantwortlichkeit (wer), Zuordnung (mit wem) und Termin (bis wann) aufgeteilt. Auch für Bemerkungen sollte sich Platz finden lassen. Das Befüllen kann eine kritische Phase sein, weil die Teilnehmer nun Farbe bekennen müssen. Vor allem hier sind vom Moderator Ruhe und Übersicht gefordert. Er darf nicht zulassen, dass Aufgaben von dominanten Teilnehmern zugeschoben oder eingenommen werden. Er muss die Kompetenzen, Erfahrungen und Wünsche der Teilnehmer berücksichtigen, ohne jemanden zu kompromittieren.

Zielscheibe

Eine oder bei Bedarf mehrere Zielscheiben werden auf ein Flipchart oder ein Plakat visualisiert. Die Teilnehmer kennzeichnen die Zufriedenheit, den Sinn der Konferenz oder ihre Ergebnisse auf der/den Zielscheiben. Dabei bedeutet die Mitte: ins Schwarze getroffen, Punkte außerhalb der Scheibe bedeuten Zeitverschwendung oder Thema verfehlt. Die Technik kann anonym oder aber auch (viel wertvoller) durch den jeweiligen Teilnehmer kommentiert angewandt werden.

2.8.2 Analytische Techniken anwenden, um Situationen zu analysieren

BZ

!

Pareto-Analyse*[engl.: Pareto Analysis]*

** Nach dem italienischen Ökonomen und Soziologen Vilfredo Pareto*

»Methode zur Ermittlung von Verteilungsverhältnissen quantifizierbarer Daten für beliebige Betrachtungseinheiten (z. B. Objekte, Sachverhalte) mit dem Ziel der Schwerpunktbildung, Prioritätensetzung und ›Konzentration auf das Wesentliche‹. Dabei werden die Betrachtungseinheiten oder verschiedene Alternativen von Betrachtungseinheiten nach zuvor definierten Kriterien (ggf. gewichtet) bewertet und die ermittelten Werte nach ihrer Ausprägung geordnet und gruppiert (A, B, C, ...). Die Darstellung der Verteilungsverhältnisse kann tabellarisch und/oder grafisch, z. B. als Histogramm mit Säulen A, B, C etc., ggf. mit Einzeichnung einer so genannten Lorenzkurve erfolgen. Die Gruppierung der Ergebnisse wird in der Praxis häufig nach dem Pareto-Prinzip (›80-20-Regel‹) vorgenommen, indem der Anteil der A-Elemente auf 20 % begrenzt wird. Bei der grafischen Darstellung spricht man dann auch von einem Pareto-Diagramm.« (Motzel)

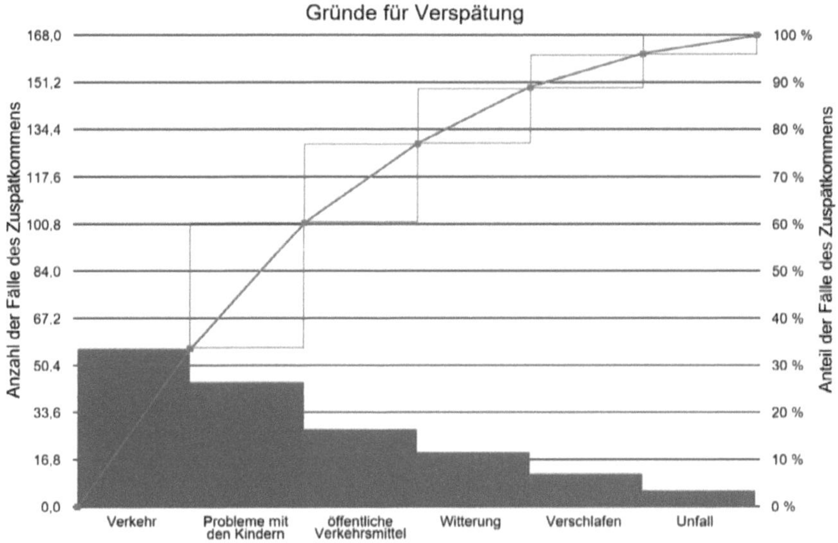

Abb. 21: Gründe für Verspätung

Anwendungsbeispiele **der ABC-Analyse** im Projektmanagement sind:

(a) Projektklassifizierung nach bestimmten Projektmerkmalen, z. B. Komplexität oder Budget, in A = Großprojekte, B = mittlere Projekte, C = Kleinprojekte,

(b) Priorisierung von Projektaufgaben nach Dringlichkeit, z. B. A = äußerst dringend, B = dringend, C = weniger dringend,

(c) Klassifizierung von Projektrisiken, z. B. nach Handlungsbedarf,

(d) Priorisierung von Arbeitspaketen, z. B. nach Budgetanteil,

(e) Schwerpunktbildung bei Ursachen- und/oder Kostenbetrachtungen für Leistungs- oder Terminänderungen.

Im Projektalltag hat die Pareto-Analyse auch unter der 80-20-Regel Einzug gehalten. Sie wird so angewendet, dass 80 % der Ergebnisse als ausreichend angesehen werden, weil das Erreichen der letzten 20 % (und damit insgesamt 100 %) ein unangemessen hohes Arbeitsvolumen nach sich ziehen würden.

! BZ

Ursache-Wirkungs-Analyse *[engl.: Cause and Effects Analysis]*
(auch bekannt als ***Ishikawa-Diagramm*** *oder* ***Fischgräten-Diagramm****)*
»Formalisierte Vorgehensweise zur Problemanalyse und Problemlösung – mit umfassender Problembetrachtung und Visualisierung von Wirkung und möglichen Ursachen des Problems – insbesondere zur Anwendung im Team. Alle Aspekte und Ergebnisse des Untersuchungsprozesses werden in einem sogenannten ***Ursache-Wirkungs-Diagramm*** *protokolliert. Zur Vorstrukturierung möglicher Ursachenfelder wird meist die so genannte ›5-M-Methode‹ eingesetzt:*

- *Maschine [engl.: Means], z. B. Mittel, Werkzeug, Gerät, Anlage,*
- *Methode [engl.: Method], z. B. Arbeitsweise, Verfahren, Prozess,*
- *Material [engl.: Matter], z. B. Werkstoff, Vormaterial, Beistellungen,*
- *Mensch [engl.: Man-Power], z. B. beteiligte Personen, Qualifikation, Einarbeitungsstand,*
- *Mitwelt [engl.: Milieu], z. B. Umfeld, Arbeitsumgebung, Motivation.« (Motzel)*

Es gibt auch die Varianten 6-M- oder 7-M-Methode.

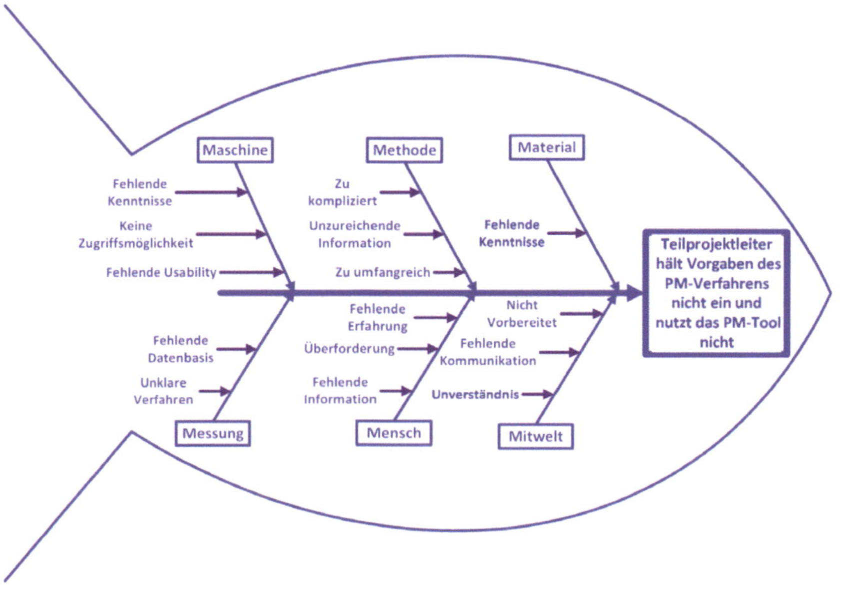

Abb. 22: Beispiel Ursache-Wirkungs-Diagramm

2.8.3 Kreativitätstechniken zur Problemlösung

Kreativität *[engl.: Creativity, (Resourcefulness)]* !

»Fähigkeit, produktiv zu denken und aus mehr oder weniger bekannten Informationen neue Kombinationen zu bilden. Das wichtigste Merkmal einer kreativen Persönlichkeit ist die Unabhängigkeit von überkommenen Vorstellungen und Meinungen anderer. Neben der Definition von Kreativität als individuelle Fähigkeit ist es im Projektmanagement wichtig, Kreativität auch als Ideen generierenden Prozess (in einem kreativen Prozessumfeld) und als kreatives Produkt zu verstehen.« (Motzel)

Seit der ICB 4.0 ist »Resourcefulness« ein Kompetenzelement (People 4.4.8), übersetzt in die NCB 4.0 mit »Vielseitigkeit«. Dieses Kompetenzelement definiert »Resourcefulness« als die Fähigkeit, verschiedene Wege und Techniken anzuwenden, um Herausforderungen und Probleme zu definieren, analysieren, priorisieren, Alternativen zu finden und mit ihnen umzugehen.

Man unterscheidet zwischen kreativer (künstlerischer) und operationaler (z. B. Probleme lösen) Kreativität. Im Projektgeschäft hat die operationale Kreativität eine besondere Bedeutung.

Im Projektmanagement spielt Kreativität sowohl bei Einzelpersonen als auch bei Gruppen eine große Rolle. Die Projektleitung ist gefordert, ein Umfeld schaffen, in dem die Kreativität der am Projekt beteiligten Menschen zur Lösungsfindung aufkommender Probleme genutzt werden kann.

Die Schaffung eines kreativitätsfördernden Umfelds bezieht sich sowohl darauf, den kompletten Ablauf eines Kreativitätsprozesses sicherzustellen, als auch auf die Anregung und Anwendung geeigneter Kreativitätstechniken.

2.8.3.1 Kreativitätstechniken

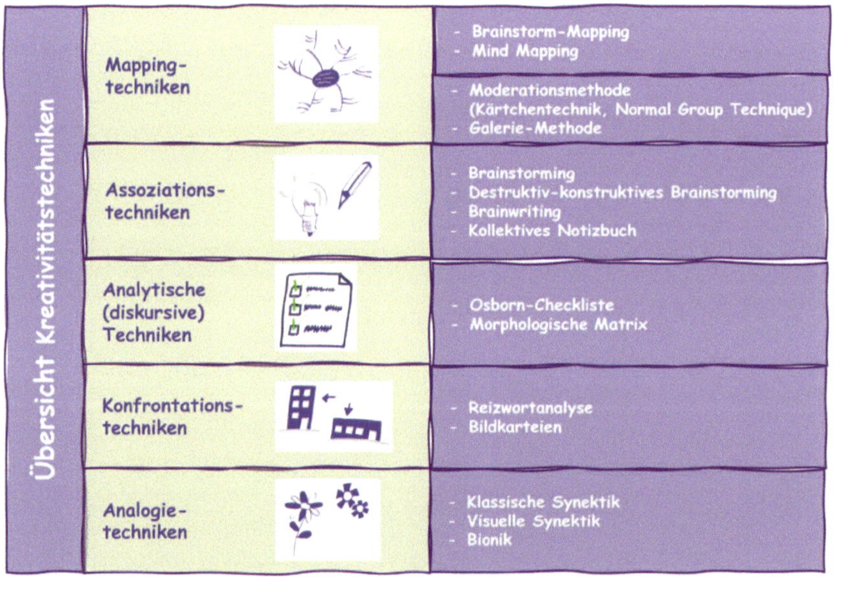

Abb. 23: Kreativitätstechniken

Folgende Techniken werden näher erläutert:

Methode 6.3.5

6-3-5-Methode, bei der sechs Personen (jede für sich) je drei Lösungsvorschläge auf ein Blatt Papier aufschreiben, das dann fünfmal reihum weitergereicht wird, und jeder jeweils (auf der Basis der Vorgängervorschläge) drei weiterentwickelte Ideen hinzufügt, sodass am Ende des Rundlaufs insgesamt bis zu 108 Lösungsideen entstehen.

Problem: Wie können wir unseren Absatz für Schokopudding steigern?			
Teilnehmer: Herr L, Frau S, Frau G, Herr K, Frau E, Herr M			
Name	Idee	Idee	Idee
Herr L	Neue Verpackung	Treuepunkte	Weniger Zucker
Frau S	In Schokobohnenform	Treuepasse	Gesundheitsaspekt betonen
Frau G	Pudding in Schokobohnen	Treuepunkte und Treuepass für ganze Produktlinie von Puddings	Gesundheit steigert Wohlbefinden, Schoko macht glücklich
Herr K	Schockobohnen müssen nicht gekühlt werden --> Verkauf am Kassenregal	Prämien, wenn Punktemengen erreicht werden	Aufklärungskampagne über Gesundheitsaspekte von Schokolade
Frau E	Sammelalbum zu Schockopudding-Bohnen an Kasse den Kindern mitgeben	Über Punkte können Sammelsticker erworben werden	Ausgeglichene glückliche und gesunde Familien durch Konsum von Schokopudding
Herr M	Ausgefülltes Sammelalbum gibt freien Eintritt in Zoo, Museum, etc.	Die ersten Fünf, die tausend Punkte erreichen, werden ins Werk eingeladen	Familienausflüge in die Natur, ermöglicht durch unseren Schokopudding

Abb. 24: Beispiel Formular 6-3-5-Methode

BZ

Brainstorming *[engl.: Brainstorming]*

»Innerhalb der Kreativitätstechniken eine intuitive Methode, bei der aus einer Gruppe von (idealerweise 5 bis 10) Personen durch das Prinzip der Assoziation möglichst viele Ideen, z. B. für eine Problemlösung, gewonnen werden. Brainstorming ist die bekannteste und eine der am häufigsten angewandten Methode zur Ideenfindung (Erfinder F. A. Osborne). Die Grundregeln des Brainstormings sind:

- *Kritik (Bewertung von Ideen) ist in der Ideenfindungsphase grundsätzlich verboten.*
- *Jede Idee ist erlaubt, je fantastischer, desto besser.*
- *Jeder soll so viele Ideen wie möglich entwickeln.*
- *Jeder darf Ideen der anderen aufgreifen und weiterentwickeln.*
- *Jede Idee ist als Leistung des Teams, nicht als die eines Einzelnen, zu betrachten.« (Motzel)*

Mit Anwendung der oben beschriebenen Kopfstandmethode kann das Brainstorming auch als **Brainstorming paradox** angewendet werden, um absichtlich nach Ideen für das Gegenteil der eigentlich gesuchten Lösung zu fragen.

! ***Morphologischer Kasten*** *[engl.: Morphological Analysis]*

»Innerhalb der Kreativitätstechniken eine analytische oder diskursive Methode zur Ideenfindung und Problemlösung auf der Basis von Gestalt und Aufbau (›Morphologie‹) des Betrachtungsobjekts, z. B. Produkt, Problemstellung oder Sachverhalt.« (Motzel)

Die grundsätzliche Vorgehensweise besteht darin, durch die Analyse der derzeitigen Erscheinungsformen oder Ausprägungen die entscheidenden Aspekte des Betrachtungsobjekts (logisch und vollständig) zu bestimmen, darzustellen und durch beliebige Kombinationen der Einzelaspekte mögliche neue Lösungen zu finden. Die Visualisierung morphologischer Analysen erfolgt z. B. als dreidimensionaler morphologischer Kasten oder vereinfacht als morphologische Matrix aus den Parametern und Ausprägungen des Betrachtungsobjekts oder als hierarchische Aufgliederung des Betrachtungsobjekts in einer Baumstruktur oder als Mindmap.

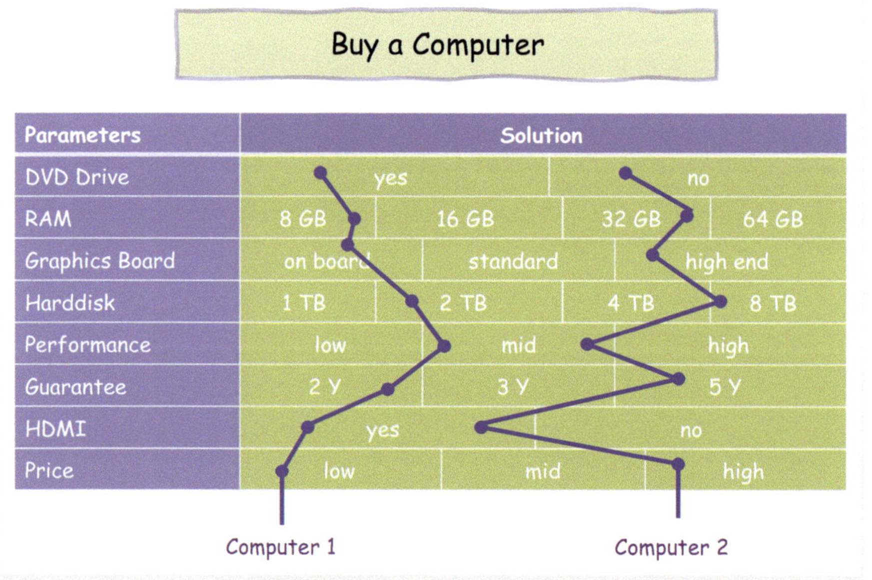

Abb. 25: Beispiel morphologischer Kasten

! ***Kopfstandmethode*** *[engl.: Paradox-, upside-down]*

Bei der Kopfstandmethode sammelt man paradoxe Ideen, also Ideen, wie etwas noch verschlimmert werden kann. Vielen Menschen fällt es leichter, zu kritisieren und negativ zu denken, als konstruktive und positive Lösungen zu entwickeln. Beispiel: Was müssen wir machen, dass das Projekt komplett gegen die Wand fährt?

2.8.3.2 Prozess der Problemlösung

Der Prozess der Problemlösung unterscheidet drei klar voneinander zu trennende Phasen:

- **Klärungsphase:** Ziel der Phase ist es, das Problem eindeutig zu beschreiben, zu verstehen und Ursachen für das Auftreten zu finden.
- **Lösungsphase:** Ziel ist es, Lösungen zu finden, zu beschreiben und über ihre Umsetzung zu entscheiden, z. B. mit Kreativitätstechniken (Brainstorming, Methode 6-3-5, Mindmapping, Ishikawa-Diagramm).
- **Umsetzungsphase:** Ziel ist die wirkungsvolle Umsetzung der ausgearbeiteten Lösungen.

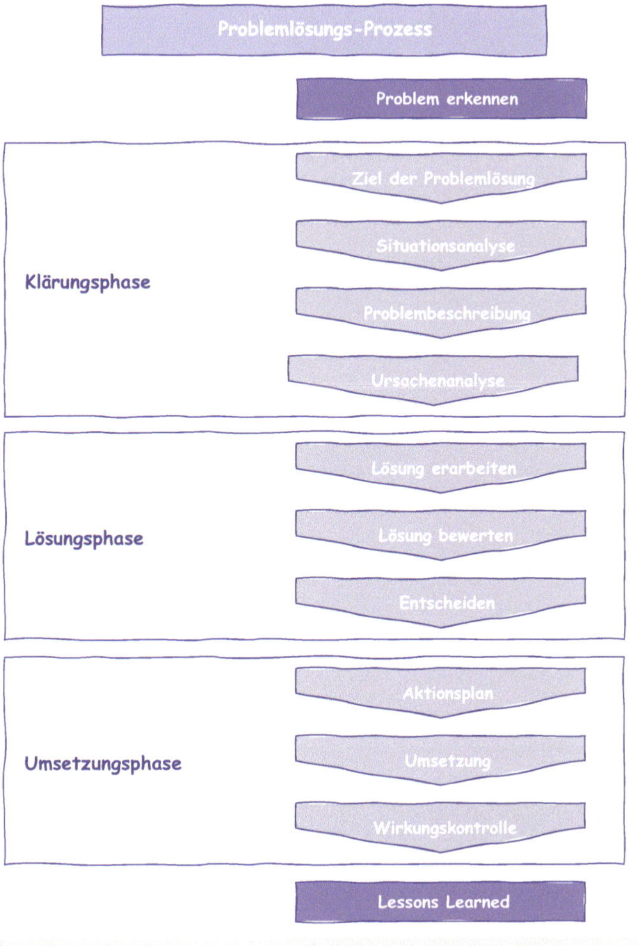

Abb. 26: Problemlösungsprozess

2.8.3.3 Problemlösungsstrategien

Allgemein wird zur Problemlösung Kreativität benötigt. Im Projekt kommen folgende **Kreativitätstechniken** zum Einsatz:

- Brainstorming
- Methode 6-3-5
- Mindmapping
- Morphologischer Kasten
- Kollektives Notizbuch
- Ursache-Wirkungs-Diagramm (auch Fischgräten- oder Ishikawa-Diagramm genannt)

Es werden drei Herangehensweisen zur Problemlösung unterschieden:

Systemischer Ansatz der Problemlösung:
Im Vordergrund steht die Suche nach einer Lösung und nicht die Ursachenforschung:

- Vor allem bei komplexen Problemen zielführender.
- Vermeidet die sog. Problemhypnose.
- Ist nicht darauf aus, Schuldige zu finden.

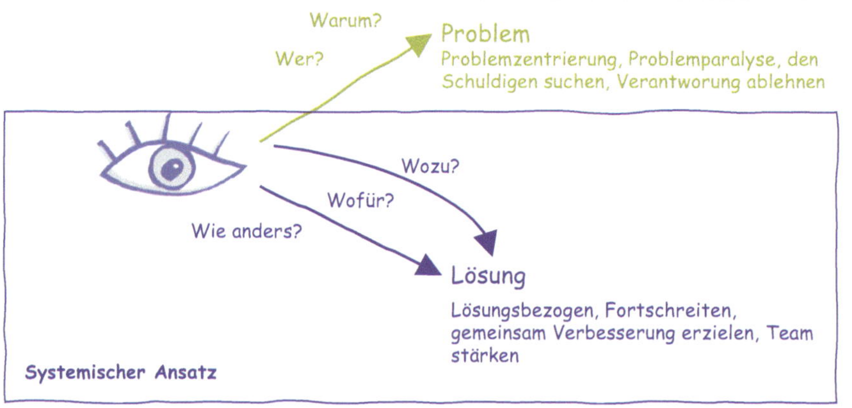

Abb. 27: Systemische Problemlösung

Strategie Scheinlösungen:

- **Kopf in den Sand:** Das Problem wird ignoriert, unter den Teppich gekehrt und wenn möglich nicht mehr angesprochen.
- **Umgehen des Problems:** Alternativer Lösungsweg wird versucht, der vielleicht zum Ziel führt, das ursprüngliche Problem jedoch nicht löst (workaround).
- **Wegdelegieren des Problems:** Damit man sich selbst nicht mehr mit dem Problem befassen muss, werden andere beauftragt, sich darum zu kümmern, wie z. B. externe Berater, Fachexperten oder andere Abteilungen.

Strategie vorbeugende Problemlösung
Probleme, die regelmäßig auftreten, werden proaktiv bearbeitet, um den Problemlösungsaufwand zu reduzieren. Klassische Projektmanagement-Methoden, die sich vorbeugend auswirken, sind z. B. Umfeld- und Stakeholder-Analyse oder die Risikoanalyse. Auch das Qualitätsmanagement kann hierzu gezählt werden.

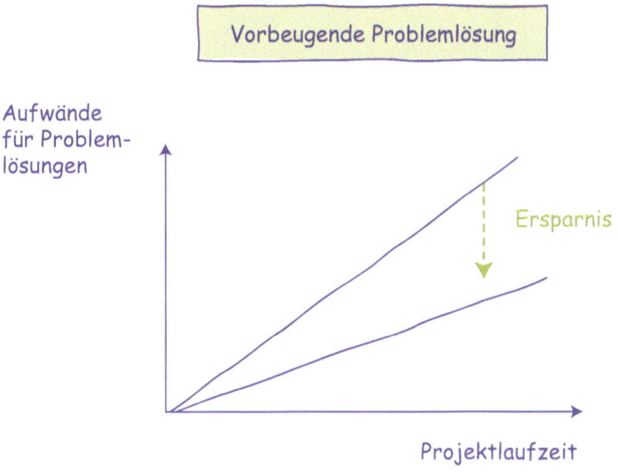

Abb. 28: Vorbeugende Problemlösung

2.9 CE Verhandlung (4.4.9)

Verhandlung *[engl.: Negotiation]*

»Hinweis: In der ICB 4.0 ist ›Verhandlung‹ ein Kompetenzelement (People 9) des Projektmanagers und definiert als Prozess zwischen zwei oder mehr Parteien, mit dem Ziel unterschiedliche Interessen, Anforderungen und Erwartungen zu glätten und eine gemeinsame Vereinbarung zu treffen.« (Motzel)

Verhandlungen gehören zum Tagesgeschäft in der Projektarbeit. Neben offenen bzw. offensichtlichen Verhandlungssituationen begegnet man auch oft sogenannten verdeckten Verhandlungssituationen.

Offene Verhandlungssituationen sind gekennzeichnet durch einen offiziellen Termin, eine Vorbereitung und das Dokumentieren der erzielten Vereinbarungen. Beispiele sind Vertragsverhandlungen, Verhandlungen über die Abgrenzung des Projektinhaltes oder Verhandlungen über Ressourcenzusagen.

Zu den verdeckten Verhandlungssituationen gehören:
- Flurgespräch, bei dem eine Zusage abgerungen wird,
- E-Mail mit impliziter Bitte um Vereinbarung,
- Einleitung eines Gesprächs mit einer Bitte,
- »schleichende« komplexe Kommunikationsprozesse über viele unterschiedliche Kanäle.

Verdeckte Verhandlungen gilt es aufzudecken und als Verhandlung mit den entsprechenden Verhaltensweisen und Techniken zu bearbeiten.

Obwohl die Projektleitung oft nicht in offenen Verhandlungssituationen wie Einkauf oder Vertragsgestaltung einbezogen ist, sind folgende Verhandlungssituationen selbst zu führen:
- Verhandlungen mit (Projekt-)Mitarbeitern,
- Verhandlungen mit dem Auftraggeber in Detailfragen oder Änderungsanträgen,
- Verhandlungen mit wichtigen Stakeholdern (mächtige Opponenten oder mächtige Promotoren).

2.10 CE Ergebnisorientierung (4.4.10)

Nach der ICB 3.0 wird der Projektleiter …

»… für die Erzielung der Projektergebnisse bezahlt. Zur Erzielung der von den maßgeblichen Interessierten Parteien geforderten Ergebnisse muss der Projektmanager herausfinden, was ***die verschiedenen am Projekt beteiligten Parteien*** *für sich selbst aus diesem Projekt herausholen wollen.«*

Synonyme für ***Ergebnis*** *nach PM3: Zielerreichung, Erfolge, Gewinne, Ertrag, Nutzen für den Kunden, Zufriedenheit, Vertragsabnahme, Arbeitsergebnisse, Abschluss/Abnahme.*

»Demzufolge können Ergebnisse in ***Projektergebnisse, Kundenergebnisse, Mitarbeiterergebnisse*** *und auf andere betroffene interessierte Parteien bezogene Ergebnisse unterteilt werden. […] Pragmatisch gesehen gilt also: Ergebnisorientierung ist die* ***Kunst***, die Schwerpunkte individuell so zu dosieren, dass mit minimalem Einsatz das optimale Ergebnis erzielt werden kann.« (PM3)

Anmerkung der Autoren: Die Projektleitung wird also nicht für das Erstellen von sinnlosen Statusreports, wirkungslosen Planungen oder langwierigen schlecht moderierten Besprechungen bezahlt – jedenfalls nicht im Sinn der Ergebnisorientierung.

2.10.1 Verbindung zu Teilgebieten des Projektmanagements

Ergebnisorientierung ist mit vielen Teilgebieten des Projektmanagements verbunden:

- **Qualitätsmanagement,** wenn Qualität als Ergebnis aus messbaren Parametern abgeleitet wird, welche zu einer subjektiven Zufriedenheit der Stakeholder führen soll. Qualitätskriterien sind oft mit der Leistung (Projektergebnisse) verbunden.
- **Zeit- und Selbstmanagement** als Grundvoraussetzung für ein effizientes, effektives und damit reflektiert zielgerichtetes Vorgehen. Es dient zur Termintreue der Meilensteine und somit des Gesamtprojektes.
- **Kostenmanagement** zur Einhaltung der geplanten Kostenteile und des Projektbudgets.
- **Planung** als Grundlage für den strukturierten und adäquaten, also sinnvollen Einsatz von Ressourcen. Sie schafft die Möglichkeit, steuernd eingreifen zu können.
- **Teamarbeit**, da Ergebnisorientierung im Projekt nur unter Einbeziehung des Teams funktioniert. Es ist hilfreich, wenn das Team interdisziplinär mit unterschiedlichen Skills zusammengesetzt ist.
- **Führung**, welche ein Team zu ergebnisorientiertem Handeln leiten und motivieren kann und dabei einen Handlungsrahmen schafft, in dem dies möglich ist.
- **Stakeholdermanagement**, da die Beurteilung der Ergebnisorientierung maßgeblich von der Zufriedenheit der Stakeholder abhängt.

Ergebnisorientierung kann nicht isoliert herbeigeführt werden. Sie ist abhängig von der sinnvollen Verknüpfung des Projektkontextes mit den verschiedenen Disziplinen des Projektmanagements und führt zum Erreichen der Projektziele.

2.10.2 Anforderungen an den Projektleiter

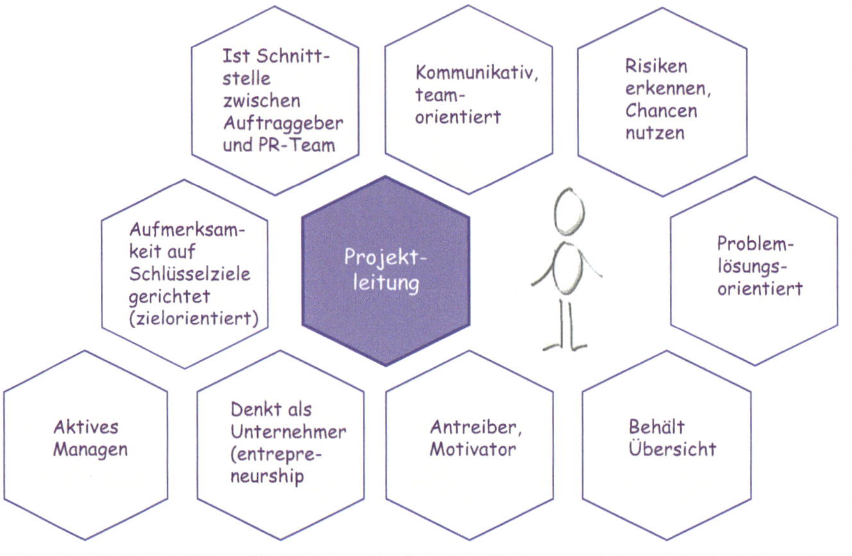

Abb. 29: Anforderung an die Projektleitung

2.10.3 Leitfaden für die Ergebnisorientierung

Wichtige Leitfragen der Ergebnisorientierung, die sich die Projektleitung stellen sollte:

- **Wer** möchte es?
- **Was** soll erreicht werden?
- **Wann** soll die Umsetzung erfolgen (zu einem bestimmten Zeitpunkt oder kontinuierlich)?
- **Wie oft** ist die Handlung zu wiederholen?
- **Worauf** ist besonders zu achten?
- **Was** macht das zu erzielende Ergebnis besonders?
- **Wie viel** darf es kosten?
- **Welche** Qualitätsmerkmale sind gefordert?
- **Wo** soll eine Umsetzung stattfinden?

2.10.4 Ergebnisorientierung in der Praxis

Folgende Aspekte der Projektpraxis, unter dem Blickwinkel der Ergebnisorientierung, sind zu betrachten.

Ergebnisorientierung findet sowohl auf der Ebene der Wertschöpfung (**Objektebene**) als auch auf der Management- und Beziehungsebene (**Handlungsebene**) statt. Die Projektleitung ist dabei vorwiegend auf der Handlungsebene tätig, indem sie die für das Projekt passenden Management-Methoden auswählt und einsetzt. Ergänzend werden die Teammitglieder aktiv geführt. Mit fortschreitendem Projektverlauf und unter Zunahme des Zeitdrucks gerät die Ergebnisorientierung auf Handlungsebene oft ins Hintertreffen:

- Das Aktualisieren der Planung wird vernachlässigt und reduziert dadurch die Steuerfähigkeit des Projektes.
- Alltägliche und dringliche Probleme verdrängen im Bewusstsein wichtige Aufgabenstellungen und man läuft dadurch Gefahr, das große Ganze aus dem Blick zu verlieren.
- Die Kommunikation wird reduziert, um dadurch mehr Zeit für Aufgaben auf der Wertschöpfungsebene zu haben. Als Folge können Missverständnisse entstehen und sich Konflikte aufbauen. Die Konfliktlösung bindet jedoch weit mehr Ressourcen als eine regelmäßige Kommunikation.

Die Projektleitung hat also darauf zu achten, dass die Ergebnisorientierung sowohl auf der Objekt- als auch auf der Handlungsebene bewusst durchgeführt und beibehalten wird.

Ohne eine **Zieldefinition** (s. Kap. 3.2.8) mit konkreten Messkriterien kann keine **Erfolgsmessung** (s. Kap. 3.2.8.8) stattfinden. Es kann somit auch nicht beurteilt werden, ob das anvisierte Projektergebnis erreicht wurde. Wie soll eine Bewertung stattfinden, wenn die zu erreichenden Ergebnisse/Ziele nicht bekannt sind?

Folglich steht im PM3: »Der Projektmanager wird nicht dafür gezahlt, dass er hart arbeitet, auch nicht für die Pläne oder Berichte, die er erstellt, oder für die Tatsache, dass alle hart arbeiten. Er wird für die Erzielung der Projektergebnisse bezahlt.«

Wohl dem, der zu Projektbeginn einen Konsens über die zu erreichenden Ziele festschreiben konnte, sodass zum Projektende sein Erfolg auch gemessen und gewürdigt werden kann.

Im Sinne einer Ergebnisorientierung kennt die Projektleitung die **Nutzungsziele** (s. Kap. 3.2.8.7) eines Projektes und ist sich derer bewusst. Sie ist nicht für deren Erreichung verantwortlich (da diese i. d. R. erst nach Projektende bewertet werden), denn die Nutzungsziele werden dem Auftraggeber zugesprochen. Die Kenntnis der Nutzungsziele hilft der Projektleitung jedoch, ihr Projekt ergebnisorientiert auszurichten und im Projektverlauf darauf hinzuarbeiten, dass der Auftraggeber diese Projektergebnisse in Zukunft nutzen kann. Sinnvollerweise werden die Nutzungsziele deshalb auch in der Zieldefinition beschrieben.

3 Kompetenzbereich Practice (methodisch-technisch)

Das Kapitel Practice folgt dem allgemeinen Phasenmodell für die Durchführung von Projekten und ist nicht nach Kompetenzelementen (CE) sortiert. In einzelnen Kapiteln, bei denen eine Zuordnung zu einem einzelnen CE möglich war, ist die CE-Nummer vermerkt.

Das **CE 4.5.10 »Planung und Steuerung«** verteilt sich auf mehrere Kapitel, wie z. B. Phasenplanung, Projektstart, Berichte, Projektlernen oder Projektänderungen. Es ist somit aus didaktischen Gründen in anderen Kapiteln beinhaltet und wird deswegen nicht explizit erwähnt.

Die typischen Projektmanagementmethoden werden, wie in dieser Übersicht, in den jeweiligen Phasen angewandt, in das sich der Kompetenzbereich Practice aufteilt. Ergänzt werden diese Methoden durch Prozesse und Best Practice.

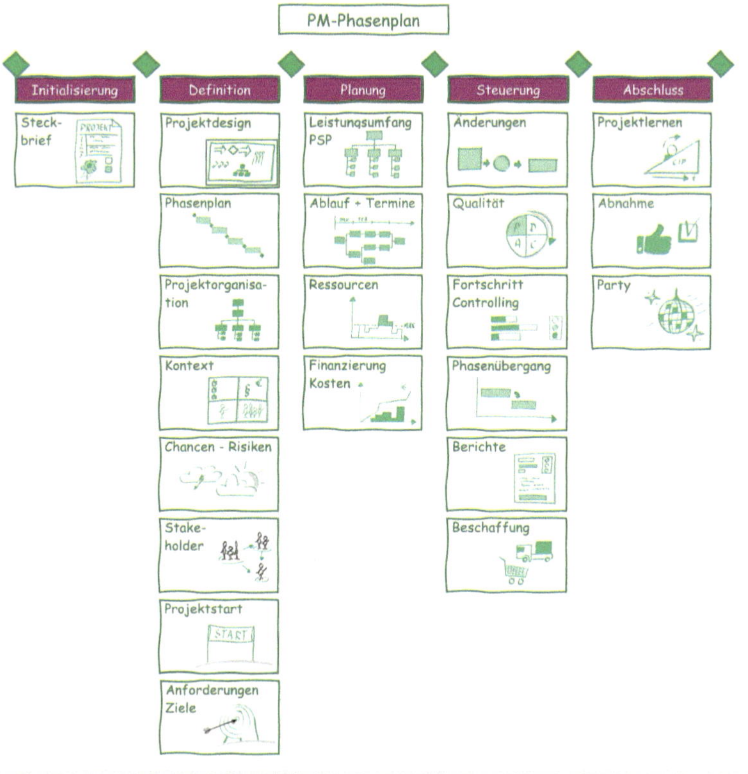

Abb. 30: Projektmanagement-Phasenplan – Übersicht typischer Methoden pro Phase

3.1 Initialisierung

BZ

Start:
- Erste Gedanken zu einem Vorhaben werden formuliert und es findet ein erster Austausch, statt, um das Vorhaben zu schärfen.
- Es entsteht die Notwendigkeit, etwas auf Grundlage eines Beschlusses (Gesetz, strategische Entscheidung, etc.) zu tun.

Fokus:
- Informationen sammeln, diskutieren und bewerten, um zu entscheiden, ob ein Projekt gestartet werden soll oder nicht.
- Den Projektcharakter einschätzen. Vielleicht ist es auch nur eine Aufgabe …
- Den Auftraggeber bzw. einen ersten Verantwortlichen suchen, welcher die bekannten Eckdaten des Projektes zusammenstellt (ggf. spätere Projektleitung).
- Erste wichtige Informationen zum Projekt dokumentieren (Projektsteckbrief) um auf dessen Basis ein Kommittent mit dem Sponsor erzielen zu können.

Ergebnisse:
- Es liegt eine Entscheidung, ggf. auf Basis eines Business Case vor, das Projekt zu starten.
- Erste Mittel sind freigegeben, um in der nachfolgenden Definitionsphase eine Grobplanung zu erstellen.
- Zur Konkretisierung des Projektauftrags kann eine Machbarkeitsstudie beauftragt werden, die vor der Grobplanung zu Beginn der Definitionsphase erstellt wird.
- Das Vorhaben wird abgebrochen, weil es vom Auftraggeber/Sponsor als nicht bearbeitungswürdig eingestuft wird.

3.1.1 Dokumente in der Initialisierungsphase und Definitionsphase

Am Anfang des Projektes stehen nur wenige Informationen über Inhalt und Umfeld zur Verfügung. Vieles liegt noch im Ungenauen und wird erst durch Diskussionen und Arbeitsergebnisse geschärft. Aus diesem Grund erstellen die Initiatoren des Vorhabens nur Dokumente mit einem geringen Detaillierungsgrad, die erste Gedanken festhalten und dadurch die Basis für weitere Entscheidungen bieten. (s. Kap. 3.2.3)

!

BZ

***Projektsteckbrief** [engl.: Project profile]:*

»Zusammenfassung der Projektdefinition auf einer Seite. Er kann neben Angaben zum Leistungsumfang auch erste Budgetschätzungen, Auflistung der Team-Mitglieder oder Angaben zum Projektumfeld enthalten.
Er enthält die wichtigsten Eckdaten zum Projekt und wird während der Initialisierungsphase fortlaufend ergänzt und überarbeitet. Mit dem Projektsteckbrief können erste Mittel für Initialisierung und Definition des Projektes freigegeben werden, auch wenn zum Start der Initialisie-

rungsphase kaum Projektdaten bekannt sind. Am Ende der Definitionsphase kann daraus ein Projektantrag und mit Genehmigung ein Projektauftrag entstehen (ggf. Unterschriftenblock erforderlich). In den folgenden Projektmanagementphasen wird dieses Dokument fortlaufend mit neuen Eckdaten des Projekts, welche aufgrund von Änderungsanträgen (Kosten-Termine-Leistung, Risiken, etc.) entstehen, aktualisiert.« (Motzel)

<table>
<tr><td>Projektbezeichnung:</td><td>P-Nr./Kürzel:
Projektleitung:</td></tr>
<tr><td colspan="2">Projektauftraggeber:
Kunde (wenn abweichend):
Projektauftragnehmer:</td></tr>
<tr><td colspan="2">Projektart:
Projektumfeld (Historie, Motivation):</td></tr>
<tr><td colspan="2">Projektinhalt (Lieferobjekte):</td></tr>
<tr><td>Projektziele (die 1-2 wichtigsten Ziele in Reihenfolge nach Prio):

Nicht Ziele:</td><td>Gewichtung Zieldreieck:
• Budget
• Zeit
• Leistung/Qualität</td></tr>
<tr><td>Plan-Termine:
Start:</td><td>Ende:</td></tr>
<tr><td>Zwischentermine:
Ereignis/Meilensteine:</td><td>Termin:</td></tr>
<tr><td>Projektaufwand (in PT und Geldwert):
Intern:
extern:</td><td>Davon Projektmgnt.:</td></tr>
<tr><td colspan="2">Projektbeteiligte (AG, AN, PL, wichtige MA, wichtige Fachpartner…):</td></tr>
<tr><td colspan="2">Risiken (die 2-3 wichtigsten nennen):</td></tr>
<tr><td>Unterschriften
Projektleitung:</td><td>Auftraggeber:</td></tr>
</table>

Tab. 3: Beispiel Projektauftrag | Projektsteckbrief

! ***Projektauftrag*** *[engl.: Project order, project charter]*

BZ *»(1) Bei externen Kundenprojekten die Gesamtheit der Vertragsdokumente (Vertragswerk).*
(2) Bei internen Projekten der genehmigte, durch die Unterschrift des Projektauftraggebers freigegebene Projektantrag oder ein anderes, inhaltlich definiertes Dokument als Ergebnis der Projektdefinition mit der Genehmigung (Projektfreigabe) durch den Projektauftraggeber.
(3) Im angelsächsischen Projektmanagement das als ›Project Charter‹ bezeichnete ›Projektbasisdokument‹, in dem die Anforderungen, Ziele und Randbedingungen des Projekts niedergelegt sind und das zwischen dem Projektauftraggeber und dem Projektteam als verbindliche Arbeitsgrundlage deklariert wird.
(4) Dokument, das vom Initiator oder Sponsor des Projekts herausgegeben wird, die Existenz eines Projekts formell genehmigt und den Projektmanager berechtigt, organisatorische Ressourcen für Projektaktivitäten einzusetzen.« (Motzel)

! ***Business Case*** *[engl.: Business case]*

»Geschäftsvorgang mit Nachweis über die Berechtigung, die Ziele, den Nutzen und die Wirtschaftlichkeit bzw. Rentabilität eines Projekts. Dieser Nachweis wird üblicherweise bei der Projektdefinition entwickelt, während der Projektselektion kontinuierlich überprüft und am Projektende ausgewertet. Der Business Case wird auf der Basis von Unternehmens- bzw. Geschäftsfeldstrategie und Projektselektion gebildet und bezieht den Anwendungserfolg eines Projekts bzw. die Projektfolgen mit ein.« (Motzel)

Project Name			
Project Sponsor		Project Manager	
Date of Project Approval		Last Revision Date	
Contribution to Business Strategy of Company			
Options considered	☐ Make decision ☐ Buy decision Explanatory statement:		
Benefits for Sponsor/ Company			
Possible Timeline	Start Project: Important Events during Project: End Project:		
Expected Costs	Personel: Material: Others: Total:		
Expected Return on Invest	Year 1: Year 2: Year 3: Year…: Break-even in year:		
Main Risks			

Tab. 4: Beispiel Business Case

3.2 Definition

BZ

Start:
- Der Auftraggeber erkennt den Projektcharakter des Vorhabens an und beauftragt die Feinplanung auf der Basis des Projektsteckbriefs.
- Das erste formale Projektbudget wird bewilligt und steht zu Verfügung.

Fokus:
- Eine konkrete fachliche Vorstellung vom Projekt und dessen Möglichkeit der Durchführung wird entwickelt.
- Die Grobplanung der Projektdurchführung wird erarbeitet, inklusive eines ersten Zeitplans (Phasenplan), einer Aufwandsschätzung und der Zieldefinition.
- Umfeld-, Stakeholder-, Risikoanalyse als Basis für das folgende iterative Vorgehen werden entwickelt.

Ergebnisse:
- Erste Umfeld-, Stakeholder-, Risikoanalyse ist dem Lenkungskreis kommuniziert und ein initiales Risikobudget ist ggf. freigegeben.
- Die Phasenplanung mit den wichtigsten Meilensteinen ist mit Auftraggeber abgestimmt.
- Eine Übereinkunft über die Projektziele, deren Prioritäten und Abnahmekriterien wurde erzielt.
- Team und Projektleiter stehen zur Verfügung (Projektorganisationsform) und der Teambildungsprozess wurde initiiert (siehe Tuckman Kap. 2.6.1).

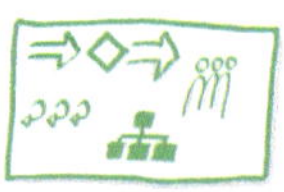

3.2.1 Projektdesign (4.5.1)

!

*»Anhand des **Projektdesigns** werden alle Elemente in einem ausgewogenen Plan zusammengeführt, dessen Ausführung überwacht wird. Basierend auf den Änderungen, die sich im Laufe des Projekts bzw. im Projektkontext ergeben, sollte der Plan regelmäßig aktualisiert werden. Die Steuerung wird ebenfalls regelmäßig angepasst und verbessert, so dass der Einzelne die Kontrolle behält.« (ICB4)*

*»Die Kompetenz **Projektdesign** definiert, wie die Bedürfnisse, Wünsche und Einflüsse der Organisation(en) vom Einzelnen interpretiert und gewichtet werden und auf das höchste Level des Projektdesigns übertragen werden, um die höchste Erfolgswahrscheinlichkeit sicherzustellen.« (ICB4)*

Das Projektdesign legt fest, wie das Projekt geplant und umgesetzt werden soll, und ist abhängig von:
- Komplexität des Vorhabens (z. B. nach den Komplexitätsstufen der IPMA Level D, C, B gem. »Leitfaden für Zertifikanten Allgemein« der PMZert),
- Standard-Vorgehensmodell der Organisation für unterschiedliche Projektarten und/oder der Produktentstehung,

- Reifegrad der Projektmanagementstandards in der Organisation (Governance, Strukturen, Prozesse),
- Zielgewichtung im Magischen Dreieck des Projektmanagements Kosten – Termine – Leistung,
- Branche,
- Entwicklungsgrad und PM-Kenntnisse des Teams und einzelner Teammitglieder,
- Lessons Learned aus anderen Projekten,
- ...

3.2.1.1 Generelle Projektmanagementansätze auswählen und anpassen

Welche Projektphasen erforderlich sind, hängt von folgenden Fragen ab:
- Liegen in einem Unternehmen oder einer Organisation standardisierte Phasen (oder auch Quality Gates) vor, die verwendet werden sollen (z. B. Produktentstehungsprozess)?
- Welches Vorgehensmodell passt zu meinem Projekt?
- Will ich mein Projekt nach Phasen der Wertschöpfungsebene oder der Managementebene unterteilen?

Timeboxing

Als Timebox bezeichnet man eine feste Vorgabe des Zeitrahmens für ein Projekt. Timeboxing benennt die Vorgehensweise, dass der Endtermin für den Abschluss eines Projektes vorgegeben und bis zu diesem Termin so viel Leistung, wie möglich, erbracht wird.

Im agilen Projektmanagement stellt ein Entwicklungsdurchgang (z. B. Sprint) eine Timebox dar. Anhand von Prioritäten der einzelnen in einer Timebox zu realisierenden Aufgaben wird die Bearbeitung gesteuert. Der Begriff Timebox kann somit auch auf einzelne Teile des Projektes oder sogar noch feingranularer auf die Gestaltung von Meetings bezogen werden.

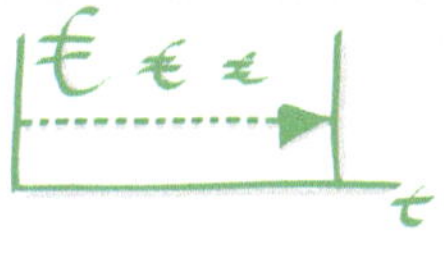

Design to cost

Arbeitet man nach dem Prinzip »Design to cost«, wird das zur Verfügung stehende Budget festgelegt und so lange am Projekt gearbeitet, bis dieses aufgebraucht wurde.

Typisches Beispiel eines Projektes nach »Design to cost« ist der Bau des Eigenheims: Der Familie steht ein bestimmtes Budget für die Projektrealisierung zur Verfügung. Steigen die Kosten unerwartet an oder erhalten zusätzliche Wünsche (offener Kamin) eine höhere Priorität, dann werden Leistungen mit niedrigerer Priorität erst einmal zurückgestellt (z. B. Dachausbau oder Gartengestaltung).

Linear/sequenziell

Unter einem linearen oder sequenziellen Projektmanagementansatz versteht man Vorgehensweisen, bei denen ein Abschnitt (Projektphase) des Projektes komplett abgeschlossen werden muss, bevor man den nächsten beginnt. Beim Wechsel von einer abgeschlossenen Phase in die nächste wird ein Meilenstein durchlaufen, welche eine Überprüfung des Projektfortschritts zulässt. Ein Rücksprung auf den vorherigen Projektabschnitt ist nicht möglich. Beispiel für ein lineares Modell ist das sog. Wasserfallmodell.

Iterativ

Der Begriff kommt vom lateinischen »iterare« = wiederholen. Iteratives Vorgehen wendet man in Vorgehensmodellen der ständigen Verbesserung an. Der Problemlösungszyklus wird mehrfach durchlaufen, sodass das Team bei jeder Iteration lernen und das neu erworbene Wissen in die nächste Iteration mitnehmen kann. Beispiele: Scrum, Spiralmodell

Inkrementell

Entwickelt man ein definiertes Produkt schrittweise, dann entwickelt man es inkrementell. Ein Inkrement ist eine Version des Produktes, welche in sich geschlossen und prinzipiell für einen bestimmten Funktionsumfang eingesetzt werden kann.

Inkrementell geht man in der Produkterstellung z. B. bei Scrum vor, wenn nach jedem Sprint ein »potentially shippable increment« oder »Build« erstellt wird.

Das Gegenstück zur inkrementellen Vorgehensweise ist die »Big Bang«-Vorgehensweise, wenn das Produkt mit komplettem Funktionsumfang »auf einen Schlag« erstellt und ausgeliefert wird.

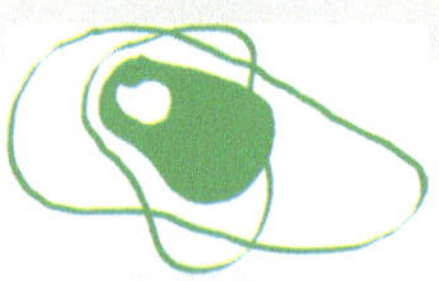

Evolutionär

Wird ein Produkt in immer neuen Versionen, je nach gelernten Anforderungen und Verständnis entwickelt, so nennt man diese Vorgehensweise evolutionär. Dabei geht man von einer ersten Idee aus und lässt das Produkt im Laufe der Zeit reifen.

Im Gegensatz zur inkrementellen Vorgehensweise hat man am Anfang der Produktentwicklung nur eine vage Zielvorstellung und man erzeugt nicht zu jeder Etappe ein funktionsfähiges Inkrement. Auch besteht bei evolutionärer Vorgehensweise die Gefahr, dass bestimmte Vorbedingungen z. B. in der Software Architektur am Anfang der Produkterstellung noch nicht bedacht wurden, sodass eine erste Version verworfen werden muss und man wieder von vorne anfängt.

Sowohl die inkrementelle als auch die evolutionäre Produktentwicklung sind **iterativ**. Das heißt, sie schreitet in Zyklen voran, in denen immer wieder das Zwischenergebnis evaluiert und nachjustiert wird.

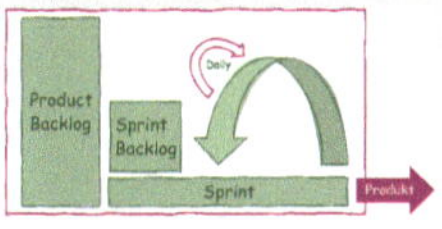

Agil !

BZ

Agile Ansätze setzen auf ein dynamisches und flexibles Prozessdesign. Man arbeitet in kurzen Iterationen (timeboxes), um sich ständig den neuen Anforderungen und Erkenntnissen anpassen zu können anstelle eines fest definierten Plans zu folgen (value driven). Die Mitarbeiter arbeiten in selbst organisierten Teams unter einem Servant Leader.
Im Magischen Dreieck sind die Größen »Budget - Zeit« und »Zeit - Kosten« festgeschrieben. Der Fokus des Projektes liegt auf dem Grad der Zielerreichung. Dabei ist die Qualität des zu entwickelnden Produktes ein weiterer wichtiger Faktor (s. Kap. 3.2.1.3*)*

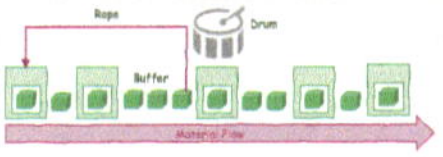

Engpassorientiert !

Einem engpassorientierten Produktentwicklungsansatz folgt z. B. CCPM (Critical Chain Project Management). Der Prozess der Produktentstehung wird optimiert, indem Engpassressourcen identifiziert und unterstützt werden. Durch die Vermeidung von »Flaschenhälsen« kann der Entwicklungsprozess beschleunigt werden. Die Projektplanung fokussiert sich hier auf dem Erkennen von Engpässen und deren Beseitigung durch Prozessoptimierung oder »Verbreiterung«.

Hybrid !

Im hybriden Projektmanagement werden mehrere Vorgehensweisen für das Projekt kombiniert. So kann z. B. die Designphase eines Projektes agil durchgeführt werden, während der weitere Verlauf des Projekts dem Wasserfallmodell folgt.

3.2.1.2 Vorgehensmodelle

Der Bau eines Krankenhauses oder eines Bahnhofs, die Entwicklung eines neuen Medikamentes, die Umstrukturierung einer Abteilung – diese sehr unterschiedlichen Vorhaben werden alle in Form eines Projektes organisiert und realisiert. Die Anpassung der Projektmanagementmethoden und Vorgehensweisen an das konkrete Projekt erlauben ein zielgerichtetes und effizientes Management.

Um diesen Besonderheiten in Projekten Rechnung zu tragen, wurden unterschiedliche Vorgehensmodelle entwickelt.

!

Vorgehensmodell [engl.: Process model]

»Beschreibung einer systematischen und koordinierten Vorgehensweise bei der Abwicklung eines Vorhabens, beispielsweise eines Projekts. …

Im Allgemeinen beinhalten Vorgehensmodelle:

- *eine schematische (modellhafte) Abbildung des Gesamtablaufs,*
- *die Darlegung der Einzelaufgaben in Form von Phasen und/oder Prozessen mit Input und Output,*
- *Die Vorgabe von Meilensteinen und Anforderungen an Meilensteinergebnisse*
- *Die Festlegung von Rollen und notwendigen Qualifikationen der Beteiligten bis hin zu detaillierten Arbeitsanweisungen für die einzelnen Vorgehensschritte.« (Motzel)*

Vordefinierte Vorgehensmodelle ermöglichen eine effiziente Projektgestaltung, weil viele Prozesse und Planungsarten bereits definiert sind und dadurch wiederverwendet werden können. Viele Unternehmen haben deshalb eigene Vorgehensmodelle entwickelt, die speziell auf ihre Organisation und Produkte abgestimmt sind. Das ermöglicht oft eine Kombination von Produktentwicklung und Projektarbeit.

Je nach Projektgröße, Komplexität, Regelmäßigkeit der Kundenanpassungen etc. empfiehlt es sich, unterschiedliche Vorgehensmodelle oder Kombinationen einzusetzen.

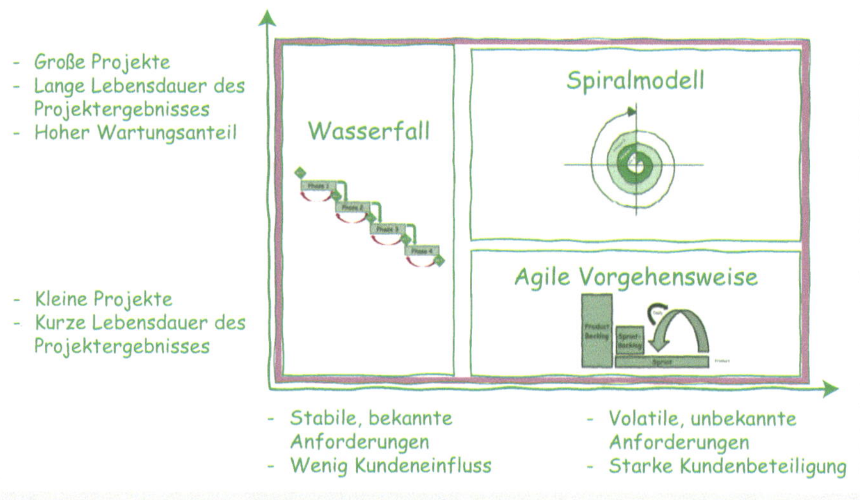

Abb. 31: Zusammenhang Vorgehensmodell und Projektausprägung

Der im Folgenden dargestellte Phasenplan bezieht sich auf die Wertschöpfungsebene und folgt dem Vorgehensmodell »Wasserfall«.

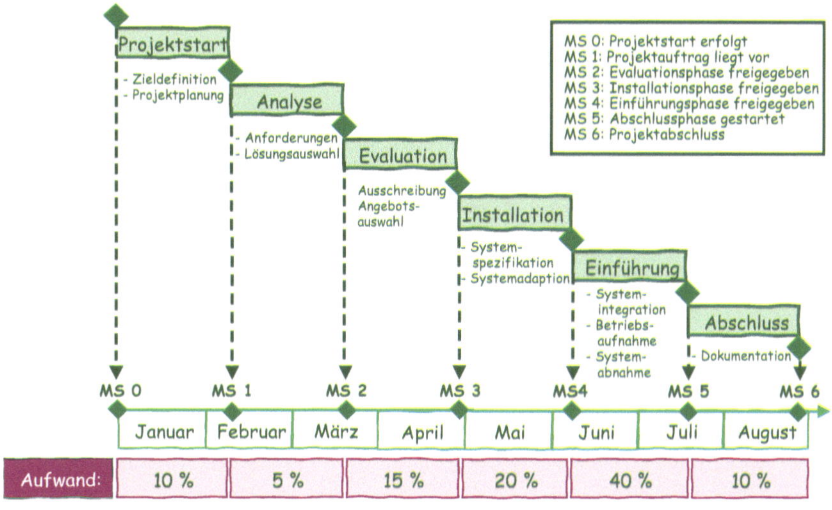

Abb. 32: Beispiel Phasenplan

Sind die Projektphasen definiert, können jeder Phase erste Aufgaben und Inhalte zugeordnet werden. Auf dieser Basis können Aufwände und Zeitbedarfe geschätzt werden. Diese erste Grobplanung ermöglicht im nächsten Schritt die weitere Detailplanung.

Wasserfallmodell (linear/sequenziell) BZ

Bei Projekten, die nach dem Wasserfallmodell aufgebaut sind, wird eine Projektphase nach der anderen durchlaufen. Jede Projektphase beginnt und endet mit einem Meilenstein. An diesen wichtigen Zeitpunkten entscheidet der Lenkungskreis (s. Kap. 3.2.4.2), ob alle Meilensteinkriterien der vergangenen Phase erfüllt sind und das Projekt in die nächste Phase fortschreiten kann. In manchen Projekten setzt der Qualitätssicherungsprozess zusätzlich noch Quality Gates (s. Kap. 3.2.2.1) ein, die über ein Fortschreiten in die nächste Phase entscheiden.

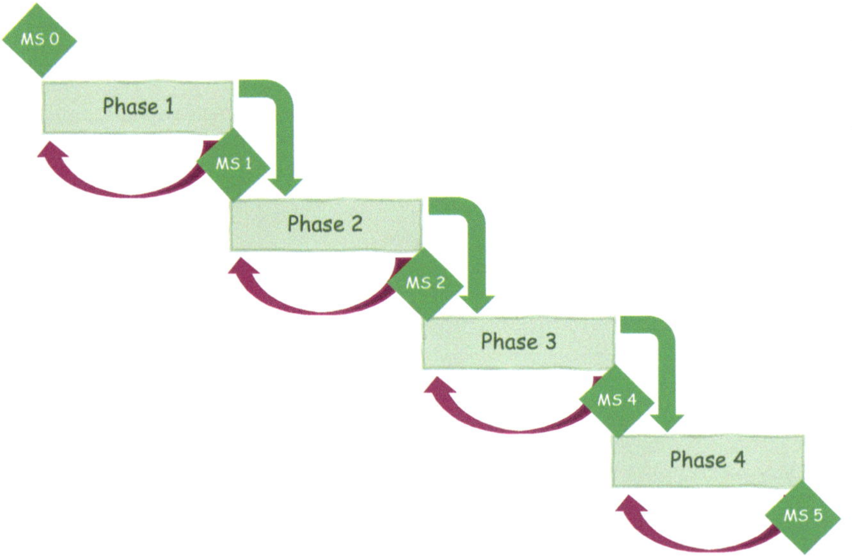

Abb. 33: Wasserfallmodell

Vorteile

- leicht verständlich und erklärbar, da am häufigsten eingesetzt,
- bei stabilen Anforderungen, hohe Planungssicherheit,
- Einfache Basis für Aufwands- und Zeitschätzung.

Nachteile

- Das Modell ist vorwiegend auf Projekte mit stabilen Anforderungen anwendbar.
- Unflexibel gegenüber häufigen Änderungen (nur unter aufwendigem Änderungsmanagement möglich).
- Frühes Festschreiben der Anforderung bei langen Projektlaufzeiten kann problematisch sein. Das erwartete Projektergebnis gibt die Anforderungen zu Projektbeginn, aber nicht notwendigerweise zu Projektende wieder!
- Fehler werden unter Umständen erst sehr spät erkannt, da die Auslieferung und Abnahme des Projektergebnisses erst zum Ende des Projektes vorgesehen sind.

Spiralmodell (iterativ und evolutionär)

Das Spiralmodell ist ein iteratives Vorgehensmodell, das besonders oft in IT-Projekten (insbesondere zur Software-Entwicklung) eingesetzt wird.

Bei der Entwicklung nach dem Spiralmodell wird mit den wichtigsten Geschäftsobjekten und Geschäftsvorfällen begonnen. Das Zentrum der Spirale soll im fachlichen Kern des neuen IT-Systems angesetzt sein. Nach Analyse der wichtigsten Geschäftsvorfälle (in Form sogenannter »Use Cases«) werden durch das OO-Design (objektorientiert) die zugehörigen Fachobjekte definiert.

Die Konstruktionsphase umfasst das Programmieren der entsprechenden Klassen, die schließlich in der Testphase einem ausführlichen Anwendungstest unterzogen werden.

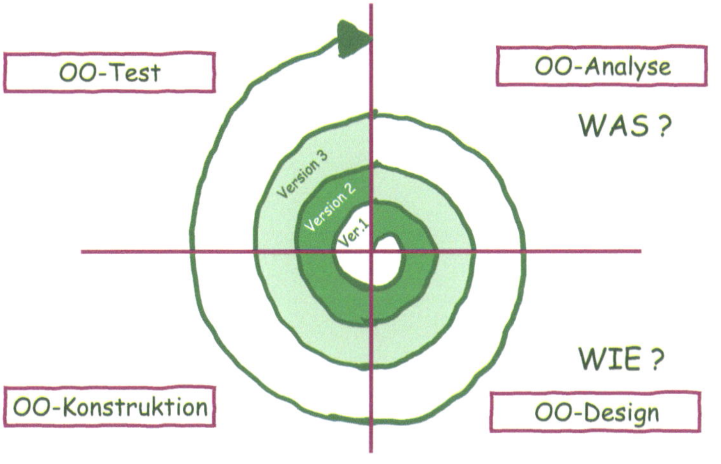

Abb. 34: Spiralmodell, es passt besonders gut zur objektorientierten Vorgehensweise in IT-Projekten

Auf diese Weise entsteht mit der ersten Version eine »kleine Ausgabe« des neuen IT-Systems, und die Fachabteilung und die zukünftigen Anwender können durch diese Version einen frühen Eindruck dessen gewinnen, was das fertige System in etwa zu bieten hat. Die Entwicklungsschritte werden mehrfach so lange durchlaufen, bis Auftraggeber und Auftragnehmer beschließen, das System in der dann aktuellen Version einzusetzen.

Vorteile

- Die iterative Vorgehensweise erlaubt einfache Anforderungsanpassungen während der Projektdurchführung.
- Der Auftraggeber behält den Überblick über Kosten und Termine, da er jede neue Iteration freigeben muss.

Nachteile

- Eingeschränkte Kostenschätzung bei Auftragserteilung möglich.
- Die zu Beginn des Projektes ausgewählte Software-Architektur kann sich im Verlauf des Projektes als unpassend herausstellen. Im Ergebnis muss dann wieder ganz von vorne angefangen werden.

BZ

3.2.1.3 Agile Software-Entwicklung (inkrementell)

!

***Agiles Projektmanagement** bezeichnet eine Vorgehensweise, bei der die Verantwortung über den Produkterfolg eines Projektes auf mehreren Schultern gleich verteilt ist:*

- *des Teams,*
- *der Projektleitung (oder Äquivalent: Product Owner, Scrum Master o. ä.),*
- *des Auftraggebers/Kunden.*

Charakteristisch für agiles Projektmanagement ist die Fokussierung auf das zu liefernde Werk und die angestrebte hohe Akzeptanz durch die Anwender. Hingegen treten geschäftliche Anforderungen, wie z. B. die Termintreue, Kostentreue oder Erfüllung eines spezifizierten Leistungsumfangs in den Hintergrund.

Agiles Projektmanagement ist weder ein Vorgehensmodell noch ein einheitliches Konzept. Es sind eher Handlungsrahmen, die den Prinzipien des agilen Manifests folgen, auf ganz unterschiedliche Weise.

Oft wird agiles Projektmanagement auch als Gegenpunkt zum klassischen, plangetriebenen und tayloristisch organisierten Projektmanagement verwendet, um es davon abzugrenzen.

Der Oberbegriff »agiles Projektmanagement« umfasst viele unterschiedliche Frameworks (Handlungsrahmen) und geht weit über ein »Vorgehensmodell« hinaus. Neben der agilen Ablauf- und Aufbauorganisation definieren die Handlungsrahmen vor allem die grundsätzlichen Einstellungen und Zusammenarbeit der Projektmitglieder. Führungsverantwortung wird vom klassischen hierarchischen Führungsmodell auf Teamebene übertragen und durch einen »Servant Leader« (dienende Führungskraft, z. B. Scrum Master) ergänzt. Selbst organisierte, interdisziplinär arbeitende, selbst geführte Teams werden hierarchisch aufgestellten Teams vorgezogen.

Trotzdem soll hier lediglich der prozessuale Ablauf im Vordergrund stehen und am Beispiel des in der Software-Entwicklung weit verbreiteten agilen Frameworks »Scrum« dargelegt werden.

Scrum

Das Scrum Team besteht aus drei Teamrollen:

- Product Owner,
- Scrum Master,
- Entwicklungsteammitglieder.

Geht man von mindestens drei Entwicklungsmitgliedern aus, besteht ein Team aus mindestens fünf Personen.

Folgende Rollen werden in Scrum vergeben:

Abb. 35: Agile Rollen nach Scrum

Der **Product Owner (PO)** ist die einzige Person, die für das Management des Product Backlogs verantwortlich ist. Dabei handelt es sich immer nur um eine Person. Er sorgt für die Wertmaximierung des Produktes. Der Product Owner entscheidet als Einziger, welche Anforderungen im Backlog aufgenommen werden, obwohl auch andere Personen (z. B. Teammitglieder) Anforderungen formulieren können. Er ist für das »Was« zuständig.

Das **Entwicklungsteam** besteht aus Spezialisten (im englischen »Professionals«), welche Produktbestandteile (Inkremente) erstellen. Dabei arbeitet das Team selbst organisiert und interdisziplinär. Idealerweise besteht das Entwicklungsteam aus drei bis neun Mitgliedern. Das Team ist für das »Wie« auf der fachlichen Ebene zuständig.

Der **Scrum Master (SM)** ist für das WIE auf prozessualer Ebene zuständig. Er agiert in der Führungsrolle eines Servant Leader (dienende Führungskraft, da keine disziplinarische Führungsverantwortung) und ist somit der »Coach« für das Gesamtteam (inkl. PO). Durch die Optimierung der Zusammenarbeit hilft er, die Wertemaximierung des Produktes zu erreichen. Seine Aufgabe ist, das Team von äußeren negativen Einflüssen zu beschützen (z. B. nicht eingeplante Zusatzaufgaben während des Sprints) und beseitigt Impediments (Hindernisse), die das Team am Projektfortschritt hindern.

Scrum Events

Alle im Scrum-Prozess beschriebenen Elemente sind zeitlich begrenzt (»timeboxed«). Durch die feste Abfolge der definierten Events werden Iterationen geschaffen und eine Regelmäßigkeit (Kadenz, Rhythmus) erzeugt, welche die Arbeit in Kooperation mit allen Beteiligten erleichtert.

- **Sprint**: Timebox von max. vier Wochen, innerhalb derer ein fertiges (»done«) Produktinkrement erzeugt wird.
- **Sprint Planning**: Hier wird der Arbeitsinhalt eines Sprints geplant. Am Planning ist das gesamte Team (PO, SM, Team) beteiligt. Maßgeblich beim Planning ist das »Pull-Prinzip«, bei welchem das Team bestimmt, wie viel Komplexität im kommenden Sprint geliefert werden soll. Der PO steuert lediglich über die Priorisierung der Anforderungen im Backlog, hat aber kein Mitspracherecht bei der Bestückung des Sprint Backlogs.
- **Daily Scrum**: ist eine Timebox von max. 15 min und dient zur Kommunikation des Arbeitsfortschritts. Jedes Teammitglied beantwortet die Fragen: Was habe ich gestern erreicht? Was werde ich heute erledigen? Welche Hindernisse sehe ich? Der SM sorgt dafür, dass das Daily stattfindet und organisiert dieses Event. Die Verantwortung für die Durchführung obliegt dem Entwicklungsteam.
- **Sprint Review**: das Scrum Team und die Stakeholder (Kunde) bewerten die Sprintergebnisse (Inkremente). Dabei steht im Vordergrund, dass beauftragende und entwickelnde Partei mehr und mehr ein Verständnis des zu erstellenden Projektgegenstandes entwickeln. Es grenzt sich klar von der Produktabnahme des klassischen Projektmanagements ab, da es keinen formal bindenden und rechtlich relevanten Charakter hat. Das Review ist Bestandteil einer jeden Iteration und schließt diese ab. Der SM lädt ein und moderiert das Meeting. Gewünschte Verbesserungen und Änderungen werden diskutiert und ins Product Backlog eingebracht.
- **Sprint Retrospektive**: Teilnehmer sind nur das komplette Scrum Team (Stakeholder sind hier ausgeschlossen). Durch Reflexion der Abstimmung, Organisation, Kommunikation, etc. werden Verbesserungspotenziale in der Zusammenarbeit identifiziert. Der SM lädt ein und moderiert, ist zugleich aber gleichberechtigtes Teammitglied. Die Dauer bei einem vierwöchigen Sprint beträgt mind. 3 h. Werden mehrere Verbesserungsvorschläge identifiziert, liegt der Fokus im kommenden Sprint auf den 1–2 am höchsten priorisierten Maßnahmen.

Scrum-Artefakte

Laut Scrum Guide werden Artefakte (von Menschen erzeugte Gegenstände) erzeugt, um allen Beteiligten einen Überblick und ein gemeinsames Verständnis über den erarbeiteten Wert bzw. die Ergebnisse eines Produktes zu geben. Die somit geschaffene Transparenz kann in der Folge inspiziert (begutachtet) und identifizierte Verbesserungen adaptiert (umgesetzt) werden.

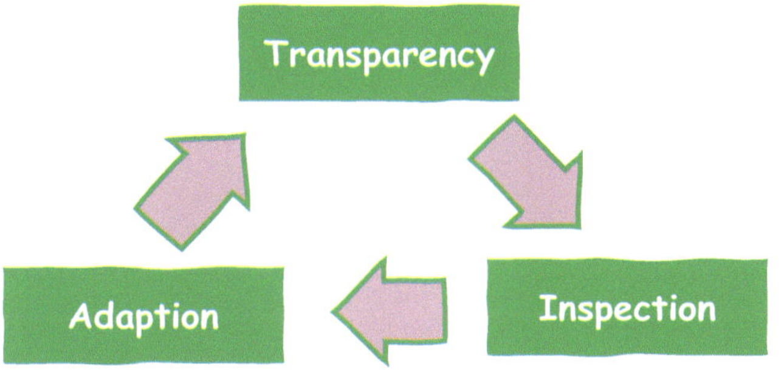

Abb. 36: Darstellung Regelkreis Transparency – Inspect – Adapt

Im Scrum Guide werden folgende Artefakte genannt:

- **Product Backlog** als allein gültige Liste der formulierten und von den Stakeholdern akzeptierten Anforderungen. Der PO nimmt eine Priorisierung vor, um dem E-Team zu ermöglichen nach Priorität Arbeitsinhalte in den Sprint zu »ziehen« (Pull-Prinzip). Das Formulieren der Anforderungen funktioniert nach dem Prinzip »good enough for now«.
- **Sprint Backlog** ist die Liste der ausgewählten und vom Entwicklungsteam »gepullten« Items für einen Sprint.
- Als das **Product Increment** bezeichnet man alle gelieferten (»done«) Backlog Items, die während des aktuellen oder aller vorherigen Sprints fertiggestellt wurden.

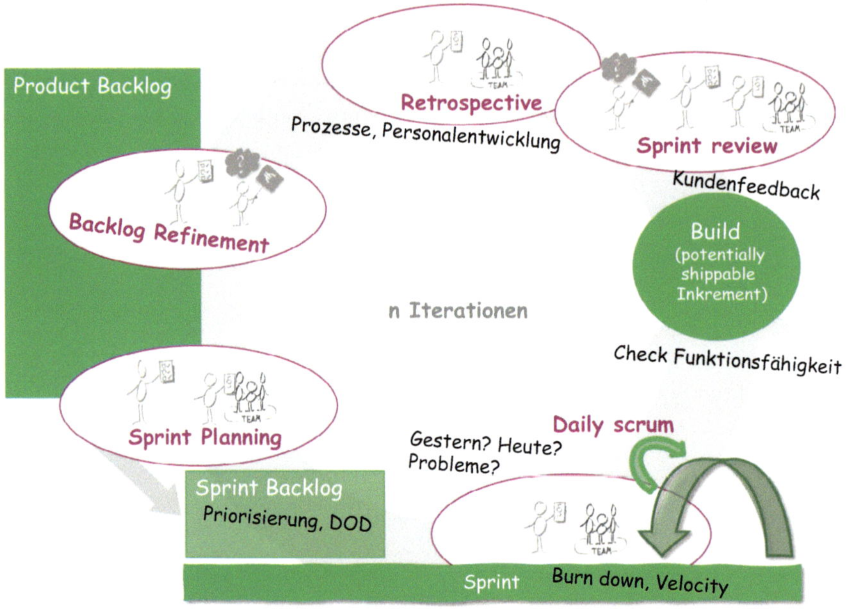

Abb. 37: Prozessmodell der agilen Software-Entwicklung

Bei Scrum werden folgende Schritte immer wieder iterativ durchlaufen:

- Alle Anforderungen werden im sog. **Product Backlog** gesammelt, nach Business Value bewertet, (vor-)geschätzt und priorisiert (Refinement). Hier ist das »Was« beschrieben.
- **Sprintplanung**: Das Entwicklungsteam entscheidet, welche User Stories aus dem priorisierten Product Backlog im nächsten Sprint bearbeitet werden. Diese werden »gepullt«, im Sprint Backlog disponiert und mit Tasks (Einzelaufgaben) für den kommenden Sprint geplant. Das Entwicklungsteam bestimmt das »Wie«.
- **Entwicklung des Inkrements**: Ziel eines Sprints ist es immer, eine lauffähige Version der Software oder ein Produkt(-bestandteil) zu erstellen. Höher priorisierte Anforderungen haben Vorrang. Die Timebox des Sprints ist einzuhalten.
  Während des Sprints wird in den Dailies der Projektfortschritt transparent.
- **Review:** Den Kunden (Stakeholdern) und dem PO wird das Inkrement präsentiert. Der PO nimmt in Abstimmung mit den Stakeholdern das Inkrement formal ab (»done«). Anhand des gelieferten Inkrements können Verbesserungen formuliert und ins Backlog aufgenommen werden (inspect & adapt).
- **Retrospektive:** Das Team analysiert seine Zusammenarbeit und beschließt Punkte zur Verbesserung im Sinn eines »Kontinuierlichen Verbesserungsprozess« (s. Kap. 3.4.2.2) auch KVP genannt (inspect & adapt).

Vorteile

- Schlanke Vorgehensweise, geringer Planungsaufwand
- Einfaches Framework mit drei Teamrollen und fünf Meetings
- Meist hohe Kundenzufriedenheit mit dem entwickelten Produkt, da die Wertemaximierung (Business Value) im Vordergrund steht
- Stark motivierend auf selbstständig arbeitende Mitarbeiter durch das Prinzip der Selbstorganisation und Selbstführung in den Teams
- Ständige Anpassung des Lieferumfangs über ein MVP (»minimal viable product«) möglich.

Nachteile

- Produktumfang/Kosten sind zu Projektbeginn ungenau
- Dadurch ist ein hohes Vertrauen zwischen Auftraggeber und Auftragnehmer erforderlich
- Kunde muss bereit sein, aktiv an der Gestaltung des Produkts mitwirken zu wollen (Review)
- Dokumentation wird oft vernachlässigt
- Hoher persönlicher Reifegrad der Teammitglieder erforderlich, die selbst organisiert arbeiten sollen
- Funktioniert nur bei reiner Projektorganisation und genügend Interdisziplinarität des Entwicklungsteams (»cross-functional team«).
- Zur Einführung des Frameworks ist ein Change-Projekt erforderlich.

3.2.2 Phasenplanung

Unser menschlicher Lebensweg unterteilt sich, biologisch vorgegeben, in Phasen: Kindheit, Jugend, Familienphase, etc. Die Vorgehensweise, Phasen zu erkennen und zu formulieren, entspricht unserer menschlichen Neigung, Komplexität im Zeitablauf zu reduzieren. Diese Art der Strukturierung sorgt somit für Transparenz und hilft dabei, einen Überblick über den Projektablauf zu gewinnen.

Die erste Grobplanung eines Projektes beginnt mit der Phasenplanung. Sie besteht aus den Elementen Projektphase, Meilenstein und Kriterien, die der jeweiligen Phase zugeordnet werden. Der Meilenstein repräsentiert jeden Anfang und jedes Ende einer Phase. Er ist Prüfzeitpunkt, zu dem das erfolgreiche Erreichen der Phasenergebnisse validiert wird. Mit dem Meilenstein ist häufig eine Freigabeentscheidung für die nächste Phase durch den Auftraggeber oder ein gemeinsames Steuergremium verbunden. Ein entsprechender Bericht zu diesem Zeitpunkt soll dabei unterstützen, diese Entscheidung fundiert und bewusst zu treffen.

3.2.2.1 Elemente der Phasenplanung

! BZ

Phase

»Zeitlicher Abschnitt des Projektablaufs, der sachlich gegenüber anderen Abschnitten abgegrenzt ist.« (Motzel)

So finden z. B. so in der Planungsphase andere Tätigkeiten statt und werden andere Lieferobjekte erzeugt als in der Steuerungsphase.

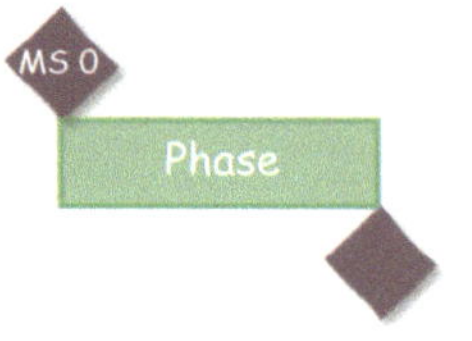

Platzierung und Darstellung:

- Phasen werden als waagerechte Balken dargestellt.
- Die Länge des Balkens steht dabei in Relation der jeweils dargestellten Dauer.

! BZ

Meilensteine

»Sind Ereignisse von besonderer Bedeutung.« (Motzel)

Sie markieren die Erreichung bestimmter (Zwischen-)Ergebnisse z. B. »Fertigstellung des Konzepts« (= Abschluss der Konzeptphase), oder z. B. Freigabe Realisierung (nach Zustimmung durch Kunden) oder stellen Entscheidungszeitpunkte (Variante A oder B, Freigabe, etc.) dar.

Meilensteine werden in der Planung i. d. R. mit Terminen verknüpft. Die Meilensteinerreichung bedeutet jedoch, dass inhaltliche Ergebnisse – nicht das Datum – erreicht wurden.

Platzierung und Darstellung:

- Meilensteine stehen mindestens am Ende einer Phase (z. B. Labor-/Testphase).
- Es können auch Zwischenmeilensteine vorgesehen werden, um innerhalb einer Phase zusätzliche Prüf- oder Entscheidungszeitpunkte zu berücksichtigen.
- Darstellung üblicherweise als Raute/Diamant.

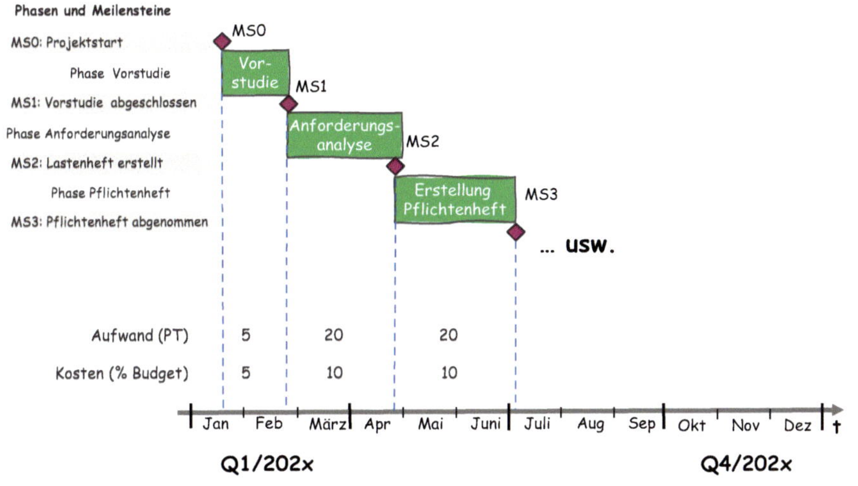

Abb. 38: Phasenplan

Quality Gates

Quality Gates *sind standardisierte und somit von der Organisation vorgegebene Meilensteine. Diese müssen im Sinne des firmeninternen Qualitätsmanagements in einem Projekt eingeplant werden.*

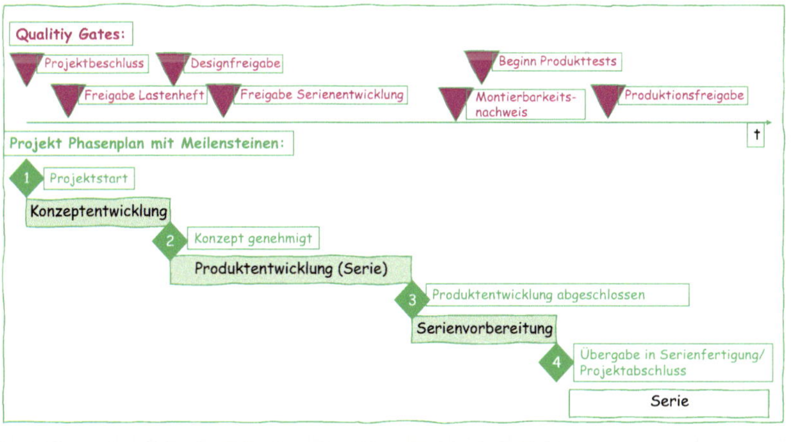

Abb. 39: Phasenmodell in der Fahrzeugentwicklung mit Quality Gates

Quality Gates werden oft für die Produktentwicklung innerhalb eines Standard-PEP (Produktentstehungsprozess) festgelegt. Typische Beispiele sind:

- Projektbeschluss
- Freigabe Lastenheft
- Freigabe Pflichtenheft

- Freigabe Serienentwicklung
- Review Prototype
- Montierbarkeitsnachweis
- Beginn Produkttests
- Produktionsfreigabe
- Kundenfahrzeuge

3.2.2.2 Ebenen der Phasenplanung

Jedes Projekt kann in zwei Handlungsebenen unterteilt werden: die Managementebene und die Wertschöpfungsebene. Entsprechend wird die Phasenplanung entweder auf der einen oder der anderen Ebene durchgeführt.

Die **Projektmanagementphasen** sind in Abgrenzung zu den Projektphasen immer fünf.

Nach DIN 69901-2:2009 werden die fünf Phasen auf der Managementebene wie folgt unterschieden:

- Initialisierungsphase
- Definitionsphase
- Projektplanungsphase
- Steuerungsphase
- Abschlussphase

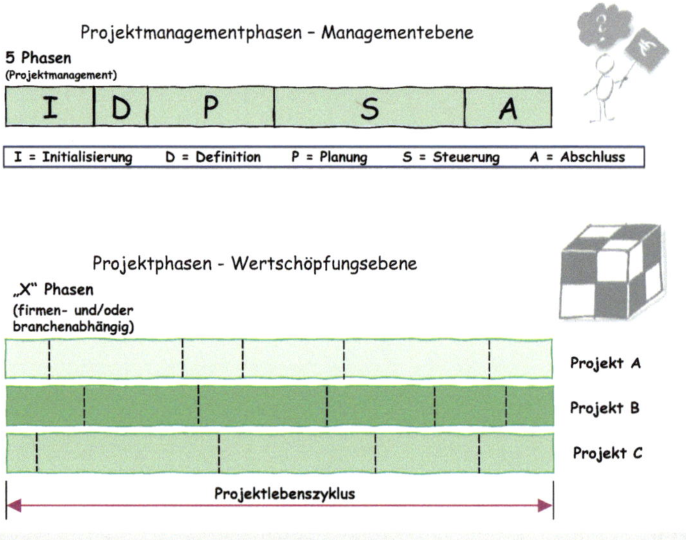

Abb. 40: Phasen auf unterschiedlichen Managementebenen

3.2.3 Projekt starten und Zustimmung einholen

BZ

***Projektstart** [engl.: Project Start]*

»Hinweis: Die Benennung ›Projektstart‹ wird in der Projektmanagement-Praxis in unterschiedlicher Bedeutung verwendet. Einerseits wird der ›Projektstart‹ als ein dezidierter Termin oder Zeitpunkt (Projektbeginn) betrachtet und andererseits als ein bestimmter Zeitraum (Projektphase oder Projektprozess) mit unterschiedlicher Dauer und Ausprägung.

(1) ›Nahtstelle‹ zwischen den beiden Projektphasen Projektvorbereitung und Projektrealisierung, im Kern die unternehmerische Entscheidung, dass eine Projektidee als Projekt realisiert werden soll, unter den Prämissen:

- *Projektleiter und Projektteam sind benannt, die Projektziele sind bestätigt,*
- *das Projektbudget ist bewilligt,*
- *das Projekthandbuch ist angelegt und wird zügig vervollständigt,*
- *alle Projektdateien sind angelegt.*

(2) Frühe Projektphase, in der die Voraussetzungen für eine erfolgreiche Projektabwicklung geschaffen werden und die häufig durch undefinierte Erwartungen, Unsicherheiten und großen Zeitdruck gekennzeichnet ist.

(3) Projektprozess, in dem vom Projektmanagement insbesondere folgende grundlegenden Aufgaben zu erledigen sind:

- *Projektmitarbeiter zusammenbringen,*
- *Projektziele und Projektinhalt festlegen, festhalten und vermitteln,*
- *Rahmenbedingungen klären und gestalten,*
- *Ausrüstung und Einrichtungen sicherstellen,*
- *Projektorganisation festlegen und aufbauen,*
- *Zusammenarbeit regeln,*
- *erste Projektplanungen anstellen,*
- *Projektauftrag auslösen.*

Zu einem ›geordneten‹ Projektstart gehören üblicherweise eine Projektstart-Besprechung, ein Kick-Off(-Meeting) und/oder ein Projektstart Workshop. Damit wird u. a. auch der ›offizielle‹ Projektbeginn allgemein kommuniziert.« (Motzel)

!

»Sag mir, wie ein Projekt beginnt und ich sage Dir, wie es endet.«

(Projektmanagement Weisheit)

Der Reifegrad und somit die Qualität des Projektmanagements und der Umgang der Organisation mit Projekten zeigen sich bereits in dieser sehr frühen Phase des Projektes. Eine in sich schlüssige und auf mehreren Ebenen abgestimmte Planung trägt das Projekt bis zum Ende, da am Anfang wichtige und oft nicht mehr korrigierbare Entscheidungen getroffen werden.

3.2.3.1 Ziele des Projektstarts

Ziel des **Projektstarts** ist, einen Projektmanagementplan zu entwickeln, diesen zu validieren und die Zustimmung zur Projektumsetzung oder zumindest bis zum nächsten Meilenstein (z. B. Make or Buy) einzuholen. Dies geschieht oft in einem Projektstart Workshop und/oder in einem Kick-off.

- Im **Projektstart-Workshop** trifft sich das Team, um eine erste Iteration des Projektplanungszyklus zur durchlaufen und dadurch eine erste Version des Projekthandbuchs zu erstellen. Hier werden die wichtigsten Eckpunkte für das Projekt erarbeitet. Je nach Projektumfang kann der Workshop von einigen Stunden bis zu mehreren Tagen dauern, um die benötigten Ergebnisse zu erzielen.
- Im **Kick-off** sollen die wichtigsten Stakeholder das Projekt näher kennenlernen und mit ins Boot geholt werden. Betroffene Bereiche sollen erkennen können, wann eine Zuarbeit oder Ressourcenbereitstellung gewünscht ist. Ebenso wird die Zustimmung des Auftraggebers für Vorgehensweise, Hauptzielsetzung, Zeitbedarf und Budget eingeholt. Dabei folgt der Kick-off dem Projektstart-Workshop, denn es werden erste Inhalte benötigt, die im Kick-off kommuniziert werden. Der Kick-off selbst dient dabei als Kommunikationsveranstaltung, in der die wichtigsten Fragen beantwortet werden.

3.2.3.2 Projektmanagementplan

Der **Projektmanagementplan** (oder Projektplan) wird in einem **Projekthandbuch** festgehalten. Er stellt die Gesamtheit aller im Projekt vorhandenen Pläne und wichtigen Dokumente (z. B. Projektsteckbrief) dar.

Das **Projekthandbuch** wird zu Beginn des Projektes angelegt. Es wird auf der Basis des Projektmanagement-Handbuchs des PMO (Projektmanagement-Office) erstellt. Je nach Organisation enthält es grundlegende Informationen, wie z. B. Projektdesign mit gewähltem Vorgehensmodell, Kontaktdaten der Projektmitglieder, Teamregeln und dem Steckbrief, oder auch Teile der Grobplanung (z. B. Phasenplan mit Meilensteinen) sowie den Verweis auf ein möglicherweise zugrunde liegendes Pflichtenheft.

Das Projekthandbuch ist ein Dokument, welches einem speziellen Projekt zugeordnet ist (im Gegensatz zum Projektmanagement-Handbuch). Umfang und Inhalt sind projektabhängig und werden deshalb unterschiedlich gehandhabt. Das Projekthandbuch kann grundsätzlich auch in elektronischer Form existieren.

! ***Projekthandbuch** [engl.: Project manual, project file]*

»Zusammenstellung von Informationen, Regelungen, Standards und Arbeitsmitteln für die Planung und Durchführung sowie die Überwachung und Steuerung eines bestimmten Projekts. Die Festlegungen und Vereinbarungen für ein konkretes Projekt werden i. d. R. auf der Grundlage des Projektmanagement-Handbuchs der Trägerorganisation getroffen. Das Projekthandbuch

wird üblicherweise zum Projektstart erstellt und kontinuierlich fortgeschrieben. Es enthält im Allgemeinen Abschnitte zu:

- *Projektdefinition und Leistungsplanung, z. B. Leistungsbeschreibungen, Verträge, Projektstrukturpläne, Arbeitspaketbeschreibungen, Schnittstellen, Abnahmeprozeduren,*
- *Projektorganisation, z. B. Rollen, Verantwortlichkeiten, Ansprechpartner, Adressen, Projektumfeld,*
- *Projektinformationswesen und Kommunikation, z. B. Regeln, Besprechungsplanung, Berichtswesen, Dokumentation, Ablage,*
- *Projektplanung, z. B. Ablauf und Termine, Einsatzmittel, Kosten, Risiken,*
- *Projektüberwachung und -steuerung, z. B. Änderungen, Fortschrittsmessung, Rückmeldung, Stichtagsauswertung,*
- *Projektabschluss, z. B. Übergabe, End-Dokumentation, Erfahrungssicherung«* (Motzel)

Projekthandbuch	
1. Projektdefinition und Leistungsplanung	
1.1	Abgrenzung, Ziele (Projektdefinition)
1.2	Objektgliederung (Pflichtenheft und Leistungsspezifikation)
1.3	Aufgabengliederung (Projektphasen, Projektstrukturplan)
1.4	Aufgabenspezifikation
1.5	Schnittstellen im Projekt
1.6	Definition der Abnahmeprozedur
1.7	Verträge
2. Projektumfeld	
3. Projektorganisation	
3.1	Beschreibung der Rollen und Teams
3.2	Grafische Darstellung der Projektorganisation
3.3	Aufgaben- und Verantwortlichkeitsverteilung
3.4	Ansprechpartner und Kontaktdaten
4. Projektplanung	
4.1	Ablauf- und Terminplanung
4.2	Ressourcenplanung
4.3	Kostenplanung
4.4	Risikoplanung
5. Qualitätsmanagement	
5.1	Definition von Qualitätskriterien
5.2	Organisatorische Regelungen
5.3	Laufende Qualitätssicherung
6. Projektinformationswesen und -kommunikation	
6.1	Sitzungsplanung
6.2	Fortschrittsberichte
6.3	Sitzungsprotokolle
6.4	Ablagestrukturen
7. Projektcontrolling	
8. Projektabschluss	

Abb. 41: Gliederung Projekthandbuch (Patzak, Rattay)

In vielen Organisationen wird zusätzlich zum Projektmanagementplan ein **Projektauftrag** abgeschlossen. Dies kann bei einem externen Auftrag zwischen Kunde und Dienstleister geschehen, oder bei internen Projekten auch zwischen internem Auftraggeber und Projektleitung vorgenommen werden. Der Projektauftrag entspricht dabei oft dem Projektsteckbrief, welcher durch die erforderlichen Unterschriften ergänzt wird.

3.2.4 Projektorganisation (4.5.5)

Eine Projektorganisation ist eine:
- befristete Gestaltung der für ein Projekt angemessenen Aufbaustruktur.
- Die Projektorganisation wird für das Projekt aufgebaut und bei Abschluss des Projektes wieder aufgelöst. Während des Projektverlaufs wird sie den Anforderungen und Gegebenheiten entsprechend angepasst.
- Sie beinhaltet: die Identifikation und Benennung der Organisationseinheiten, die Definition der Rollen und Schnittstellen, die Klärung der Verantwortlichkeiten, die Zuordnung der Projektbeteiligten und der zugehörigen aufbau- und ablauforganisatorischen Regelungen

Mit dem Projektdesign wird auch die passende Projektorganisationsform für das spezifische Projekt bestimmt und eingerichtet. Dabei werden folgende Formen der Projektorganisation unterschieden:
- Stabs-Projektorganisation/Einfluss-Projektorganisation,
- Autonome (reine) Projektorganisation,
- Matrix-Projektorganisation.

Dargestellt werden die Projektorganisationen in einem Organisationsstrukturplan (Organigramm).

!

***Aufbauorganisation** [engl.: Project Organizational Structure]*

»Synonym: Projektaufbauorganisation
Gesamtheit der festgelegten Verantwortungsträger und der zugehörigen verbindlichen Regelungen für Zuständigkeiten, Befugnisse, Weisungsrechte und Berichtspflichten in einer Organisation, in der Regel dargestellt in einem Organigramm. Die Projektaufbauorganisation ist das Ergebnis der Organisationsgestaltung im Projekt in Bezug auf die ›statischen‹ Aspekte der Projektorganisation – im Gegensatz zur Projektablauforganisation in Bezug auf die ›dynamischen‹ Aspekte.« (Motzel)

! ***Ablauforganisation***
Gesamtheit der Regelungen für die Durchführung der Arbeitsabläufe (Projektprozesse) bei der Durchführung eines Projekts. Die Projektablauforganisation ergibt sich aus der Organisationsgestaltung im Projekt in Bezug auf die dynamischen Aspekte der Projektorganisation.

3.2.4.1 Stammorganisation

BZ

! ***Stammorganisation** [engl.: Permanent or Parent Organization]*
»Synonyme: Basis-, Betriebsorganisation
Ständige (projektunabhängige) Organisation, z. B. eines Unternehmens, Betriebs oder einer Behörde, im Gegensatz zur (temporären) Projektorganisation. Grundsätzlich sind darunter sowohl die Aufbauorganisation als auch die Ablauforganisation und alle diesbezüglichen, auf Dauer angelegten Regelungen zu verstehen. Der Begriff wird in der Praxis aber oft ›nur‹ für Organisation im institutionellen Sinne verwendet.« (Motzel)

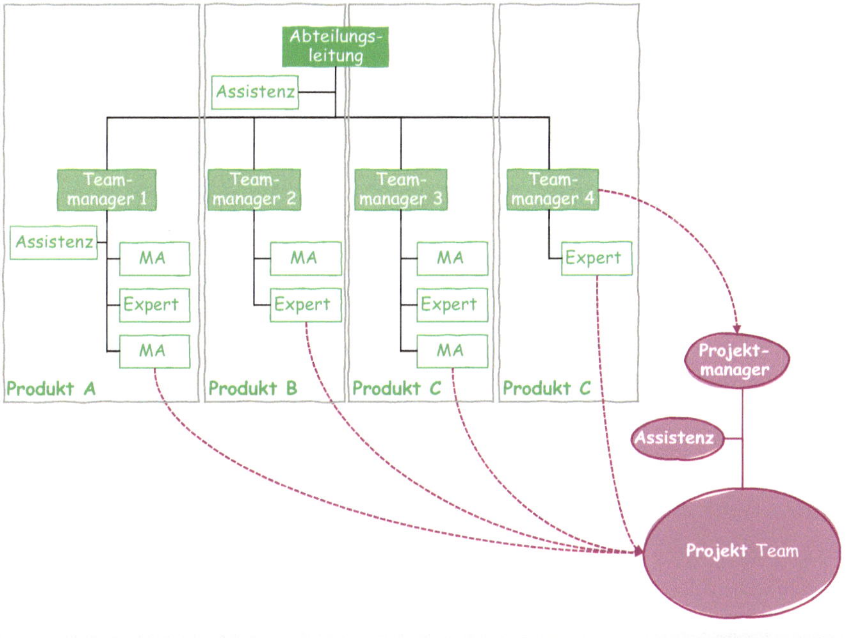

Abb. 42: Beispiel Stammorganisation mit Projektmatrixorganisation

Im Gegensatz zur Projektorganisation haben Stammorganisationen eine längere Existenzberechtigung und behaupten sich in ihrem Umfeld. Projektbeteiligte können aus der Stammorganisation oder von externen Stellen kommen und nach Projektende wieder dorthin zurückkehren.

Die Grundregeln der Stammorganisation müssen von den Projektbeteiligten (Projektmanager, Teammitglieder, etc.) gekannt werden, damit in diesem Umfeld erfolgreich Projekte durchgeführt werden können. Wichtig dabei ist auch, die jeweiligen AKV (Aufgaben-Kompetenzen-Verantwortung) der Stammorganisation und der Projektorganisation klar definiert zu haben. Nur so können Kompetenzüberschneidungen und Widersprüche der Rollen von Teammitgliedern erkannt werden, welche gleichzeitig oder befristet in Projekt und Linie mitarbeiten.

3.2.4.2 Lenkungsausschuss

!

***Lenkungsausschuss** [engl.: Steering Committee]*

»Synonym: Steuerungsgremium, Steuerungsausschuss, Steuerkreis, Lenkungskreis Übergeordnetes Entscheidungsgremium, z. B. für ein einzelnes Projekt oder Programm oder für eine Gruppe von Projekten und/oder Programmen (Projektportfolio). Für ein einzelnes Projekt kann der Lenkungsausschuss ein internes Gremium des Projektträgers aus bevollmächtigten Vertretern des Auftraggebers/Investors sein, ggf. aber auch externe Projektbeteiligte miteinbeziehen. Der Projekt-Lenkungsausschuss sollte so klein wie möglich gehalten werden; er dient dem Projektleiter als Berichts-, Entscheidungs- und Eskalationsgremium.« (Motzel)

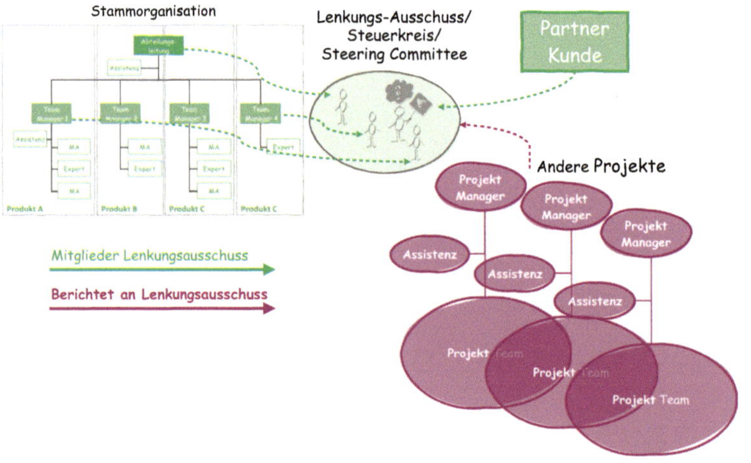

Abb. 43: Stammorganisation und Projektorganisation

In kleineren unternehmensinternen Projekten kann ein Lenkungsausschuss auch nur aus dem Teamleiter des Projektleiters und evtl. einer zusätzlichen Führungskraft, wie z. B. einem Produktmanager oder Abteilungsleiter, bestehen.

3.2.4.3 Projektmanagement-Büro

!

***Projektmanagement-Büro** [engl.: Project Management Office (PMO)]*

»Hinweis: Die Benennungen ›Projektbüro‹ und ›Projektmanagement-Büro‹ werden in der Praxis häufig synonym benutzt, obwohl Unterschiedliches darunter verstanden wird. Die Unterschiede betreffen sowohl die institutionelle Einrichtung als auch die damit verbundenen Aufgabenstellungen. In der Praxis findet sich – je nach Sichtweise und Projekt(e)situation – das folgende Spektrum an Interpretationen:

(1) Zentrale Verwaltungsstelle für ein einzelnes Projekt – oft auch physisch als ›Büro‹ gemeint (→ Projektsekretariat, Projektassistenz).

(2) Projektexterne Projektcontrolling-Stelle für ein einzelnes Projekt oder ggf. für mehrere Projekte.

(3) Servicestelle für das Projektmanagement einer Organisation oder Organisationseinheit mit der Aufgabe, Mitarbeiter im Projektmanagement auszubilden, Prozesse zu vereinheitlichen, Standards zu entwickeln und/oder einen Pool von Projektleitern bereitzustellen.« (Motzel)

Der Begriff Projektmanagementbüro (PMO) steht für ein Linienteam, welches die Projektorganisation und Projektprozesse projektübergreifend verantwortet. Das PMO ist verantwortlich für:

- Definition von Projektmanagementstandards für alle Projekte einer Organisationseinheit,
- Personalentwicklung der Projektleiter und Projektmitarbeiter,
- Projektportfolio-Arbeit (Gesamtübersicht, Gesamt-Controlling, Priorisierung),
- Verankerung von professionellem Projektmanagement in der jeweiligen Organisation (»Projekt-Lobby-Arbeit«),
- Qualitätsmanagement (QM) hinsichtlich PM-Tätigkeiten,
- Auswahl einer geeigneten Projektmanagement-Software inkl. Einsatz & Pflege in Kombination mit den geltenden unternehmensinternen PM-Standards (Dokumentiert im Projekthandbuch).

In manchen Organisationen wird der Begriff Projektbüro (PO) synonym mit dem Begriff Projektmanagementbüro (PMO) verwendet. Dies ist jedoch nicht korrekt, da das PO für ein einzelnes Projekt, das PMO jedoch für alle Projekte einer Organisation zuständig ist.

Das PMO erstellt auch das sogenannte **Projektmanagement-Handbuch**. Dieses Dokument definiert, wie Projekte in einem Unternehmen/einer Organisation durchgeführt werden. Es enthält:

- Prozessbeschreibungen für das Projektmanagement,
- Vorgaben für Projektkategorien (klein/mittel/groß) oder Projektklassen (strategisch/gesetzlich/wirtschaftlich bedeutsam, etc.),
- Vorlagen für Dokumente, wie z. B. Steckbrief, Risikomanagement, etc.,
- Standard Projektpläne mit Meilensteinen und/oder Quality Gates,
- Beschreibungen der AKV (Aufgaben, Kompetenzen und Verantwortungen) für die jeweiligen Projektrollen.

Das Projektmanagement-Handbuch grenzt sich vom Projekthandbuch ab, welches sich auf ein spezifisches Projekt bezieht. Das Projekthandbuch basiert jedoch auf dem Projektmanagement-Handbuch und benutzt es als »Blaupause«, um sämtliche unternehmensinternen Vorgaben für die Projektdurchführung einzuhalten.

BZ 3.2.4.4 Einfluss-Projektorganisation

Rolle der Projektleitung (PL):

- Der PL hat eine Stabsfunktion (Stabsstelle), besitzt keine disziplinarische Weisungsbefugnis, sondern lediglich Koordinationsbefugnis. Damit trifft er keine Projektentscheidungen, sondern bereitet diese lediglich vor. Er kann keine Verantwortung für Termine, Kosten oder Ergebnis übernehmen.
- Der PL ist Informationssammler und -verteiler, spricht Empfehlungen aus, macht auf Verzögerungen aufmerksam, etc.
- Je höher die Autorität und Managementunterstützung des PL, desto höher die Erfolgschancen für das Projekt
- Die PL hat kein Team, somit gibt es keine Teammeetings, sondern lediglich Projektmeetings.

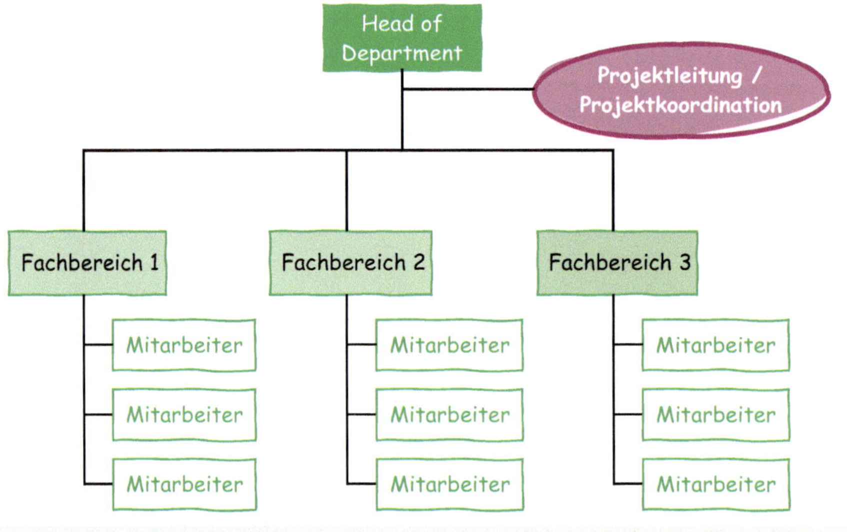

Abb. 44: Projekteinflussorganisation

Organisationsform, Vor- und Nachteile:

+ Geringer Eingriff in die Stammorganisation und somit geringe Widerstände aus der Linie. MA verbleiben in ihren Abteilungen
+ Schnelle Installation der Projektorganisation, da geringer organisatorischer Aufwand
+ Fachwissen aus der Linie steht direkt dem Projekt zur Verfügung
- Schnelle Entscheidungen sind schwer durchzusetzen, da PL nur informelle Entscheidungsbefugnis hat
- Entscheidungsbefugnisse sind oft auf der Ebene der Unternehmensleitung angesiedelt: Überlastung droht. Konsequenz: PL eignet sich informelle Entscheidungsbefugnis an
- Erhöhter Kommunikationsaufwand, da für die Projekttätigkeiten immer eine Abstimmung zwischen Projektmitarbeiter und seinem Vorgesetzten erfolgen muss

3.2.4.5 Reine oder Autonome Projektorganisation

BZ

Rolle der Projektleitung (PL):

- alleinige Entscheidungsbefugnis, Zuständigkeit und Verantwortung für das Projekte,
- hohe Ressourcenautonomie, da alle Mitarbeiter zu 100% dem Projekt zugeordnet sind,
- alleinige Weisungsbefugnis, da fachlicher und disziplinarischer Vorgesetzter der Projektmitarbeiter,
- Beispiele: Projektgesellschaft, ARGE (Arbeitsgemeinschaft für große Bauvorhaben),
- Beispiel: PI (Principle Investigator) in der Forschung. Die Gruppenleitung ist gleichzeitig PI und für die Durchführung des Forschungsprojektes zuständig.

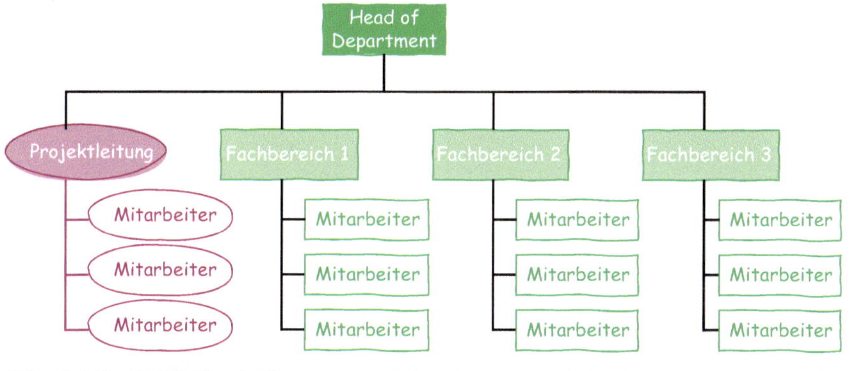

Abb. 45: Reine Projektorganisation

Organisationsform, Vor- und Nachteile

+ Alle Einsatzmittel sind auf die Projektaufgabe ausgerichtet
+ Geringe Konflikte zwischen Projekt und Linie, da keine Kompetenzüberschneidungen
+ Schnelle Reaktionsmöglichkeiten durch direkte Weisungsbefugnis des PL
- Unflexibel auf Schwankungen in der Auslastung, da bei Unterlast nicht mit Linienaufgaben kompensiert werden kann
- Schwierigkeiten nach Projektende beim Wiedereingliedern von MA in die Linie
- Hoher organisatorischer Aufwand für zu schaffende Arbeitsplätze (Räumlichkeiten, Arbeitsverträge)

BZ

3.2.4.6 Matrix-Projektorganisation

Die Mitarbeiter führen parallel Tätigkeiten der Linienorganisation und des Projektes aus. Man unterscheidet **drei Formen:**

- Dominanz bei der Stammorganisation
- Ausgewogene Matrix-Projektorganisation (balancierte Matrix-Projektorganisation)
- Dominanz bei der Projektorganisation

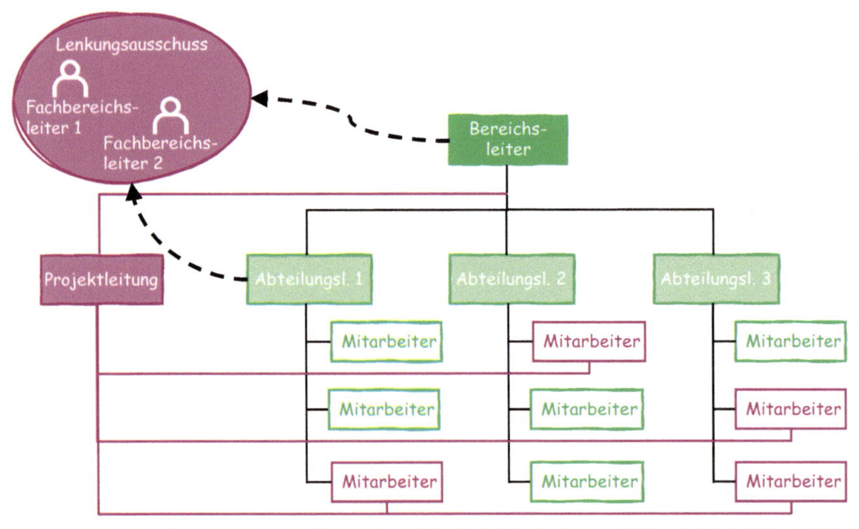

Abb. 46: Matrix-Projektorganisation mit Lenkungsausschuss

Rolle der Projektleitung (PL):

- Befugnisse werden zwischen Stamm- und Projektorganisation aufgeteilt.
- Der Projektleiter bestimmt das »Was und Wann«, die Linienvorgesetzten das »Wie und Wer«. Eine stetige Absprache und eine Priorisierung der Aufgaben und Mitarbeiterressourcen ist notwendig und erwünscht.
- Die Projektleitung muss zwischen Projektinteressen und Linieninteressen vermitteln und sich ggf. gegen die Linie im Interesse des Projektes durchsetzen.

Organisationsform, Vor- und Nachteile:

+ Konstruktiver Konflikt zwischen Projekt- und Linienorganisation um Ressourcen, Inhalte und Priorisierung der Themen
+ Weiterqualifikation Projektmanagement von Mitarbeitern der Linienorganisation im Rahmen der Projektarbeit möglich
+ Flexible Ressourcendisposition zwischen Linien- und Projektaufgaben. Somit können Überlast- und Unterlastsituationen ausgeglichen werden
+ Fachwissen aus der Linienorganisation steht direkt dem Projekt zur Verfügung und umgekehrt (Organisationales Lernen)
- Kommunikationsintensive Organisationsform. Befugnisse und Aufgaben müssen korrekt abgegrenzt sein, damit der Projekterfolg nicht gefährdet wird
- Direkter Zusammenhang zwischen fachlicher Entscheidungsbefugnis des PL und dem Projekterfolg
- Die Teambildungsphase für das Projekt dauert länger
- Die Verteilung der Kapazitäten der einzelnen Projektmitarbeiter ist nicht klar abgrenzbar, was zur Überlastung der Mitarbeiter führen kann
- Projektmitarbeiter hat einen Linien- und einen Projektvorgesetzten (Dual Command System), zwischen denen ggf. vermittelt werden muss

3.2.4.7 Projektorganisationsformen im Vergleich

Bei der Projektorganisationsform gibt es keine »gute« oder »schlechte« Wahl. Vielmehr unterstützen die unterschiedlichen Organisationsarten die Projekte »passende« oder »weniger passende«. Die nachfolgende Tabelle führt einige Kriterien auf, welche eine Auswahl der passenderen Form unterstützen.

Kriterien	Organisationsform				
	Einfluss-Projektorganisat	Matrix-Projektorganisation			Autonome Projektorganis
		Schwach	Standard	Stark	
Strategische Bedeutung	gering	gering	mittel	groß	sehr groß
Projektumfang	gering	gering	mittel	groß	sehr groß
Zeitdruck	gering	gering	gering / mittel	groß	hoch
Komplexität	gering	gering	gering / mittel	groß	sehr groß
Bedürfnis der/ Bereitschaft zur Machtausstattung der Projektleitung	gering	gering	mittel	groß	sehr groß
Mitarbeitereinsatz	Teilzeit	Teilzeit	Teilzeit	Vollzeit	Vollzeit
Projektleitungseinsatz	Gering, Nebentätigkeit	Gering, Teilzeit	Ca. 50% der Arbeitszeit	Ca. 80% der Arbeitszeit	100% der Arbeitszeit

Abb. 47: Projektorganisationsformen und deren typische Einsatzmöglichkeiten in Abhängigkeit ausgewählter Projektkriterien

3.2.4.8 Projektrollen im Team

Die bewusste Klärung der Rollen im Projekt ist ein zentraler Erfolgsfaktor für Projekte. Die Rollenklärung beschreibt den Aufgaben- und Handlungsrahmen und sorgt für Klarheit bei den Projektbeteiligten.

!

***Rolle** [engl.: Project role]*

»Synonym: Rolle im Projekt, Teamrolle
Summe der Erwartungen, die an den Inhaber einer Position, z. B. innerhalb eines Projekts, gerichtet werden. Mithilfe von Rollen werden primär personenunabhängige Erwartungen und Handlungen festgelegt (verbal, nonverbal, schriftlich). Erwartungen von Bezugsgruppen an Rollen können differenziert werden in Erwartungen an:

- *die Funktion und Aufgabe sowie*
- *den Prozess der Funktionserfüllung (Verhaltensweise, Auftreten).«* (Motzel)

Rollen in Projekten können wie folgt unterschieden werden:

- Formale Rollen, z. B. Projektauftraggeber, Projektleiter, Teilprojektleiter, Projektteammitglied, Aufgabenverantwortlicher
  und
- Informelle Rollen, z. B. der »Arbeiter im Team«, der »Administrator«, der »Integrator«.

Formale Rollen sind meist in der Aufbauorganisation fest definiert und beschrieben. Sie lassen sich auch mit den Begriffen »AKV« beschreiben:

A = Aufgabe	Was habe ich in dieser Rolle zu tun? Was sind meine Aufgaben?
K = Kompetenz (Befugnisse)	Was kann ich in dieser Rolle beeinflussen/entscheiden?
V = Verantwortung	Wofür werde ich in dieser Rolle verantwortlich gemacht?

Als Ausgangspunkt zur Rollenklärung im spezifischen Projekt kann die folgende Tabelle dienen.

Es liegt eine Matrix-Projektorganisation vor:

PM-Funktion	A – Aufgabe	K – Kompetenz (Befugnis)	V – Verantwortung
Auftraggeber (AG) (Vertreter des Managements)	Formuliert Auftrag, entscheidet, genehmigt, stellt Ressourcen bereit, unterstützt, schlichtet und hält Rücksprache mit PL, Projektberichtsempfänger, Strategische Projektsteuerung	Auf Projekte bezogen: • Priorisieren von Inhalten • Änderung des Projektinhaltes • Projektabbruch oder -verschiebung, • Budgetgenehmigung Fordert ein: regelmäßige Statusberichte	• für klare Zielformulierung • für das Erreichen der Projektziele gemeinsam mit PL • Projektübergreifende Strategie
Projektleiter (PL)	Operative Führung des Projektes: • planen • überwachen • dokumentieren • steuern • Entscheidungen vorbereiten • Konfliktmanagement • etc. • Teambildung	Projektbezogene Weisung gegenüber den Projektmitarbeitern • Einforderung von Information und Ressourcen • Eskalation an Auftraggeber • Fällt Entscheidungen des Tagesgeschäftes • Kostenentscheidung innerhalb des Projektbudgets	für die Lieferung vereinbarter Projektergebnisse Projektbudget • Projekttermintreue • für die Transparenz des Projektstatus (Plan-Ist-Abweichungen etc.) • Risikomanagement • Projektsteuerung

PM-Funktion	A – Aufgabe	K – Kompetenz (Befugnis)	V – Verantwortung
Arbeitspaketverantwortlicher (AP) (Experte und Vertreter des Fachbereichs)	• Mitwirkung an der Planung, Abstimmung und Erledigung der vereinbarten Arbeitspakete • Abgleich der Projekt- und Fachbereichsinteressen • Fortschrittsmessung	• Aktive Teilnahme an Projektsitzungen und Entscheidungen • Einforderung von regelmäßigen Statusinformationen • Vorgangsplanung innerhalb des AP	• für die Erledigung der Aufgaben termin-, qualitäts- und kostengerecht • für die rechtzeitige Information über Risiken und Planabweichungen • Ergebnisverantwortung für das AP

Tab. 5: Beispiel Rollenklärung

Informelle Rollen bilden sich innerhalb der Teamarbeit heraus und sind in den unterschiedlichen Charakteren und Stärken bzw. Schwächen der Teammitglieder begründet. Es gibt vielfältige Rollen, wie z. B. den »Kommunikator«, den »Pausenclown« oder den »Gewissenhaften«. Die Projektleitung bedient sich dieser informellen Rollen bei der Zusammenarbeit der Projektmitglieder zum Vorteil des Projektes, indem sie z. B. den »Gewissenhaften« zur Dokumentation oder für das Controlling einsetzt.

In einem (in den 1970er-Jahren von Meredith Belbin entwickelten) Modell zur optimalen Teamsteuerung werden neun informelle Teamrollen mit typischen Eigenschaften, ihren Stärken und Schwächen beschrieben (s. auch Kap. 2.6.3)

BZ

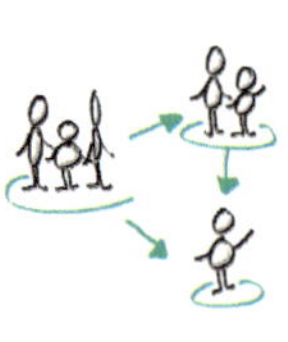

3.2.5 Stakeholder (4.5.12)

Grundlage für die Stakeholderanalyse ist die Projektumfeldanalyse. Deshalb wird diese zuerst betrachtet.

3.2.5.1 Projektumfeldanalyse

Projekte werden nicht isoliert durchgeführt, sondern sind immer in ein Umfeld eingebunden. Wo ist das Projekt eingebettet, worauf wirkt es und was wirkt auf das Projekt? Diese vielfältigen Abhängigkeiten können ein Projekt erheblich in seiner Durchführung und Bewertung beeinflussen. Umso wichtiger ist deshalb eine frühzeitige, vorausschauende und systematische Betrachtung der Umfeldfaktoren.

Die systematische methodische Analyse des Projektumfeldes kann auch als Vorstufe des ganzheitlichen Risikomanagements gesehen werden (s. Kap. 3.2.7.2).

!

***Projektumfeld** [engl.: Project environment, project context]*

»Umfeld, in dem ein Projekt entsteht und durchgeführt wird, das das Projekt beeinflusst und von dessen Auswirkungen es betroffen ist. Projektbeeinflussungen können aus sozialen und sachlichen Umfeldfaktoren resultieren. (...) Hinsichtlich der Ausdehnung des Projektumfeldes unterscheidet man das interne (oder »direkte«) Umfeld, z. B. Geschäftsführung, Abteilungen der Trägerorganisation und das mittelbare externe (oder »indirekte«) Projektumfeld, z. B. betroffene Bürger, Interessensverbände.« (Motzel)

		Intern (z. B. innerhalb Firma)		**Extern (z. B. außerhalb Firma)**
Sachlich	U1	Betriebshandbuch Kundenbetreuung	U4	Datenschutzgesetz
	U2	Projektmanagement Handbuch	U5	Werbekampagne Mitbewerber
	U3	...	U6	...
Sozial	S1	Auftraggeber	S4	Ansprechpartner Zulieferer
	S2	Qualitätsbeauftragte	S5	Stammkunden
	S3	...	S6	...

Tab. 6: Projektumfeld – tabellarische Darstellung

Nach Patzak & Rattay (2004) teilt sich das gesamte Umfeld eines Projektes in folgende Faktoren exemplarisch auf:

Sachfaktoren: Entstehen nicht durch direktes Einwirken von Personen, können somit nicht kommunikativ beeinflusst werden	Beispiele: • Ökologische • Finanzielle • Ökonomische • Politische • Gesellschaftliche • Soziale • Regionale Einflüsse • Gesetzliche • Technische
Sozialfaktoren: Werden von Personen oder Gruppen herangetragen (fördernde oder hindernde Faktoren), können durch kommunikative Maßnahmen beeinflusst werden	Beispiele: • Betriebsratsmitglieder • Mitglieder des Lenkungskreises • Unternehmensmitarbeiter • Kunde • Presse/Öffentlichkeit • Nachbarn • ...

3.2.5.2 Stakeholderanalyse

Durchdachte Entscheidungen und beste Ideen nützen wenig, wenn sie nicht durchgesetzt, d. h. tatsächlich verwirklicht werden.

Willst du den Charakter eines Menschen erkennen, so gib ihm Macht.
Abraham Lincoln

Es ist wichtig, die Macht- und Beeinflussungsprozesse in den jeweiligen Organisationen zu durchschauen, die Beziehungen zwischen einflussreichen Personen und Gruppierungen zu kennen und diese Kenntnisse bei der Umsetzung eigener Vorhaben und Projekte einzusetzen.

Diese wichtigen Personen und Gruppierungen im Projektumfeld nennt man Projektstakeholder oder interessierte Parteien.

!

***Stakeholder** [engl.: Stakeholders]«*
»Person oder Personengruppe, die am Projekt beteiligt, am Projektverlauf berechtigt interessiert oder von den Auswirkungen des Projektes betroffen ist.« (Motzel)

Stakeholder entsprechen den sozialen Faktoren der Projektumfeld-Analyse und sind Teil des ganzheitlichen Risikomanagements. Es handelt sich um personenbezogene Risiken, welche adäquate Strategien erfordern. Der Großteil der Stakeholder-Maßnahmen besteht aus Kommunikation. Wegen ihrer besonderen Bedeutung wird ihnen gesondert über das. Stakeholdermanagement begegnet.

Nr.	Stakeholder (-gruppe)	(E)rwartungen / (B) efürchtungen des SH ggü. dem Projekt	Macht / Einfluss [1|2|3]	Konflikt-potenzial [1|2|3]	Maßnahmen Zur Einbeziehung/ Steuerung des SH
S1	Auftraggeber (AG)	(E): Marktführerschaft mit neuem Produkt (B): Andere Fachabteilung sitzt näher am PL, hat zu großen Einfluss in die falsche Richtung	3	3	Partizipativ: Alle 14 Tage Hintergrundgespräch zwischen PL und AG zur Entscheidungsvorbereitung
S2					

Tab. 7: Stakeholdertabelle

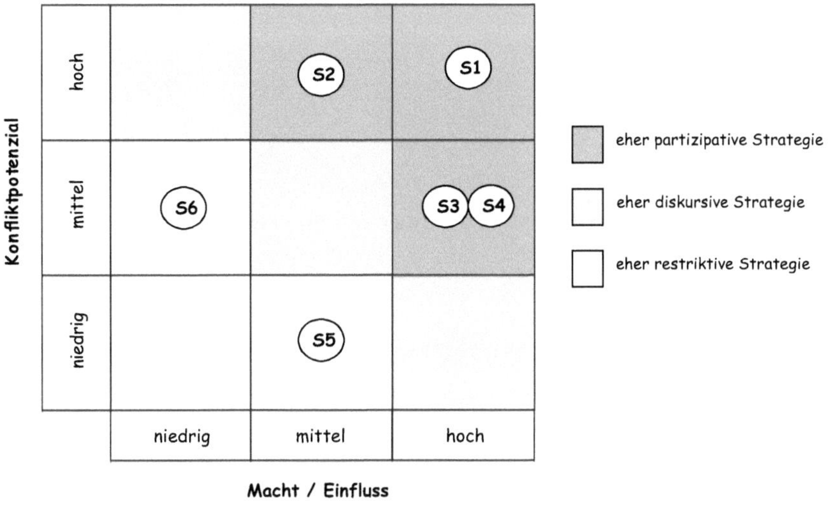

Abb. 48: Stakeholderportfolio

!

Stakeholdermanagement *[engl.: Stakeholder management]*
»Frühzeitige, vorausschauende, systematische Untersuchung von Zielen, Interessen, Einfluss, Betroffenheit der Projektstakeholder und Analyse möglicher Auswirkungen auf das Projekt – mit dem Ziel, alle diese Faktoren im Projekt angemessen zu berücksichtigen, ggf. darauf einzuwirken und rechtzeitig geeignete Maßnahmen zur Sicherung der Projektziele einzuleiten.« (Motzel)

3.2.5.3 Stufen des Stakeholdermanagements

Durch ein geeignetes Stakeholdermanagement wird eine möglichst hohe Übereinstimmung aller wesentlichen Interessengruppen mit den Projektzielen und Vorhaben angestrebt. Zunächst gilt es, sich mit der Stakeholder-Analyse einen Überblick über die im Projektumfeld vorhandene Stakeholder-Landschaft zu verschaffen. Anschließend wird versucht, die Zusammenarbeit mit geeigneten Maßnahmen so zu beeinflussen, dass es eine hohe Übereinstimmung zwischen den Zielen eines Vorhabens/Projekts und den Interessen der wesentlichen Stakeholder gibt.

Bei Stakeholdermanagement handelt es sich um einen iterativen (wiederkehrenden) Prozess, welcher in folgenden Stufen abläuft:

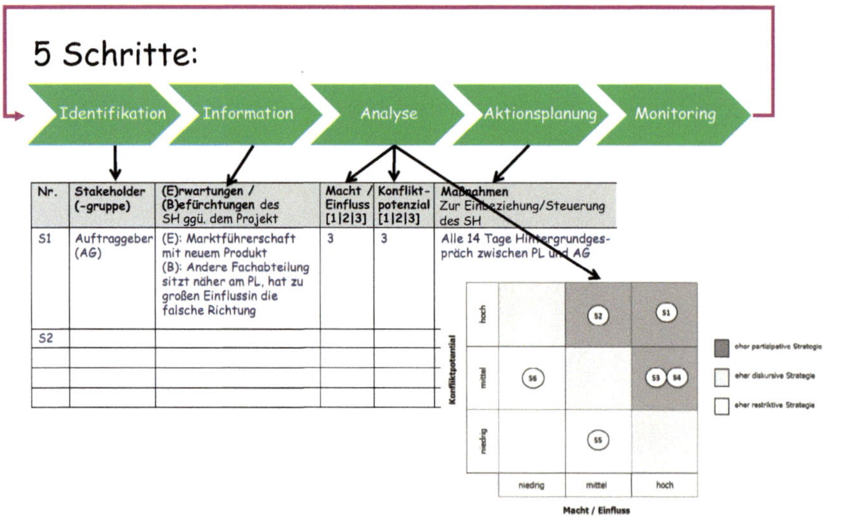

Abb. 49: Stakeholdermanagement-Prozess

1. Identifikation — Auflistung aller bekannten Stakeholder (SH) des Projektumfeldes bzw. Auskopplung der sozialen Faktoren aus der Umfeldanalyse.

2. Information — Einschätzung der Erwartungen und Befürchtungen gegenüber dem Projekt aus Sicht des Stakeholders (ggf. Unterscheidung zwischen bekannten oder vermuteten Faktoren).

3. Analyse — Analyse von Einfluss/Macht und Konfliktpotenzial der jeweiligen Stakeholder.
Einfluss/Macht bezieht sich auf die hierarchische, fachliche oder persönliche Macht.
Konfliktpotenzial auf die Einstellung zum Projekt (Unterstützer oder Verhinderer)

4. Aktionsplanung — Planung geeigneter Maßnahmen für das Stakeholdermanagement (z. B. Erstellen einer Kommunikationsmatrix oder Planung von Maßnahmen zum Projektmarketing)

5. Monitoring — SH-Analyse verändert sich im Projektverlauf: Neue SH kommen dazu oder fallen weg, andere verändern sich in ihrer Einstellung zum Projekt. Zum regelmäßigen Monitoring des sozialen Projektumfeldes gehört auch die Überprüfung, ob die vorgesehenen Maßnahmen die gewünschte Wirkung haben oder angepasst/ergänzt werden müssen.

3.2.5.4 Methoden und Einflussnahme

Stakeholdermanagement hat immer nach den Grundsätzen ethischen Handelns zu erfolgen. Angestrebt wird eine Win-win-Situation für die wichtigsten interessierten Parteien.

Folgende Beeinflussungsstrategien werden unterschieden:

- Partizipativ – Stakeholder als Partner, welcher aktiv in das Projekt eingebunden wird
- Diskursiv – in Kontakt/Austausch mit den Stakeholdern (Diskussion)
- Repressiv – durch Machtausübung wird ggf. auch Druck ausgeübt (auch: restriktiv, z. B. durch bewusst reduzierte Informationsabgabe oder auch Ignoranz)

Maßnahmen, basierend auf den vorgesehenen Stakeholderstrategien, werden möglichst gebündelt auf eine Gruppe von Stakeholdern angewendet. Die Gruppierung erfolgt anhand des Stakeholderportfolios. Pro Feld wird versucht, eine einheitliche Strategie anzuwenden und dabei mögliche Maßnahmen zusammenzufassen. Dies hilft, Aufwände für die Stakeholdermaßnahmen zu reduzieren.

3.2.6 Information und Dokumentation (4.5.5)

3.2.6.1 Aufbau eines Projektinformationssystems

Laut Patzak und Rattay (2004) sollte zu Projektstart auch ein Projektinformationssystem aufgebaut werden. Dazu empfehlen sie folgenden Ablauf:

- Analyse der Zielgruppen (Stakeholderanalyse),
- Definition der Aufgaben des Projektes (Projektstrukturplan),
- Erhebung und Definition des Informationsbedarfs je Zielgruppe (Stakeholdermaßnahmen),
- Festlegung der geeigneten Kommunikationsinstrumente.

Zu den Kommunikationsinstrumenten zählen Meetings, regelmäßige Hintergrundgespräche sowie zu einem großen Anteil Dokumente (auch elektronische, z. B. E-Mail).

!

***Dokumentenmanagement** [engl.: Project Documentation Management]*
»Synonym: Dokumentationsmanagement
Aufgabengebiet des Projektmanagements, das den Aufbau und die Aktualisierung des Dokumentationssystems, die Registrierung, Verteilung und Verwaltung der Projektdokumente während der Projektabwicklung sowie die Zusammenstellung der Abnahme-/Übergabedokumentation und Archivierung sämtlicher Projektunterlagen bzw. -dokumente am Ende des Projekts

umfasst. In der Praxis wird das Dokumentenmanagement manchmal auch als ***kontrollierte Unterlagenbewirtschaftung*** *– im Sinne qualitätsgesicherter Dokumentenlenkung – bezeichnet.«* (Motzel)

Je nach Ausprägung des Projekts werden zur Dokumentenablage und zum Dokumentenmanagement unterschiedliche Methoden und Praktiken herangezogen:

- Dokument und Ablage im Dateiverzeichnis (Dokument, Tabelle, Präsentation)
- DMS (Data Management System oder Dokumenten Management System)
- Workflow (WF), Software unterstützte Prozessbearbeitung
- Datenbanken (DB)
- Systemapplikationen (z. B. Sharepoint, PM-Software, Cloud-Ablage, etc.)

	Projektdokumentation			
	einfach	komplex	dynamisch	dynamisch/ komplex
Leistungsbeschreibung(en) Pflichtenheft	Dokument	Dokument	Dokument / DMS	DMS
Abnahmekriterien	Dokument	Dokument	Dokument	DMS
Projektstrukturplan	Post-it	Tabelle	DMS	DMS
Projektphasenplan	Präsentation	Präsentation	Präsentation	Präsentation
Terminplan	Tabelle	DB	Tabelle	DB
Ressourcenverzeichnis	Tabelle	Tabelle	DMS	DMS
Änderungen des Projektgegenstands	Tabelle	DMS	DMS	DMS

Abb. 50: Arten der Projektdokumentation, Auswirkung der sachlichen Komplexität auf die Gestaltung der Projektdokumentation (DMS – Data Management System)

Die Erstellung und Verwaltung von Dokumenten unterliegen allgemeinen **Grundsätzen**.

Änderbar:

- unterliegen einem definierten Workflow mit Erstellung, Abnahme, Versionierung und Archivierung,
- enthalten so wenig Redundanzen wie möglich, um den Aktualisierungsaufwand gering zu halten.

Aktuell:

- Die aktuelle Version eines Dokumentes muss immer erkennbar sein.

Eindeutig:

- Aktenzeichen, Prüfnummern, Berichtsnummern, Zeichnungsnummern,
- Projektkennzeichen wie Projektnummer und PSP-Code.

Identifizierbar:
- eindeutige Dokumentenbezeichnung,
- Nennung der offiziellen Dokumentenbezeichnung in der Dokumentenmatrix.

Standardisiert:
- Verwendung von Vorlagen, die im Projektmanagement-Handbuch vorgegeben sind,
- Abweichungen und Anpassungen durch Berechtigte und erfahrene Projektleiter und Projektmitarbeiter.

Vollständig:
- Bei fehlender Information wird dies im Dokument gekennzeichnet (z. B. mit »to be defined«).

Nomenklatur:
- Die jeweiligen Dokumentennamen folgen festen Regeln (z. B. Inhalt_Ersteller_Version_Datum)

Der Bedarf an Projektdokumenten wird in unterschiedlichen Tabellen und Matrizen übersichtlich festgehalten:
- Informationsbedarfsmatrix, auch Berichtsbedarfsmatrix genannt,
- Dokumentenbedarfsmatrix,
- Dokumentenmatrix.

In der Kommunikationsmatrix und dem Kommunikationsmanagementplan werden die Informationen über alle Maßnahmen zusammengeführt.

Informationsbedarfsmatrix !

*»Synonym: Berichtsplan [***Berichtsbedarfsmatrix***]* BZ
Informationsverteilungsplan ist ein Instrument des Berichtswesens. Im Berichtswesen wird die Erstellung und Verteilung von Berichten festgelegt. Es werden Regelungen festgelegt bezüglich:
- *der Berichtsarten (Inhalt und Form)*
- *der Berichterstatter (Berichtersteller)*
- *des Empfängerkreises*
- *Form*
- *der Berichtshäufigkeit«* (Motzel)

Diese Festlegungen werden in der Informationsbedarfsmatrix bzw. dem Berichtsplan festgehalten. Man unterscheidet folgende Berichtsarten:

- Terminbericht
- Statusbericht
- Kostenbericht
- Abschlussbericht
- Ampelbericht
- ...

		Projektdaten				
Berichtsart (Auswahl)	Häufigkeit	Geschäftsleitung	Lenkungsausschuss	Am Projekt beteiligt	Projektleiter	Projektcontroller
Wirtschaftlicher und technischer Projektplan	Zu Projektbeginn erstellt und zu Meilensteinen fortgeschrieben	X	X	X	X	X
Detaillierter Terminbericht (aktualisierter Netzplan)	Wöchentlich			Relevanter Ausschnitt	X	X
Detaillierter Kostenbericht auf Arbeitspaketebene	Monatlich			Relevanter Ausschnitt	X	X
Zusammengefasster Kostenbericht auf Projektebene (Cost at Completion)	Monatlich		X			X
Projektstatusbericht (Cockpit-Bericht) einschließlich Meilensteintrendanalyse	Monatlich	X	X		X	X
Detaillierter Projektabschlussbericht	Einmalig		X	X	X	X
Projektabschlussbericht Kurzfassung	Einmalig	X				

Abb. 51: Beispiel Berichtsbedarfsmatrix (Projektmanager)

!

Dokumentenbedarfsmatrix *[engl.: Documents Requirement Matrix]*

»Synonym: Unterlagenbedarfsmatrix
Hilfsmittel zur Bestimmung des Bedarfs an Dokumenten, zum Aufbau des Dokumentationssystems und des Dokumentenmanagements. In der Dokumentenbedarfsmatrix werden in den Spalten und Zeilen Unterlagen-bzw. Dokumentenarten und Projektobjekte aufgeführt und systematisch miteinander verknüpft, um so die im Projekt benötigten Dokumente zu ermitteln. Dabei wird üblicherweise auch gleich festgelegt, wie die (zu erstellenden) Dokumente zu kennzeichnen sind, wer sie bis wann erstellt, ggf. mit welchem Budget, von wem sie zu prüfen und freizugeben sind, an wen sie verteilt und wo sie abgelegt bzw. registriert werden.« (Motzel)

	Pläne der Bautechnik (Arten von Unterlagen)			
Objekte	**Lageplan**	**Entwässerungsplan**	**Fundamentplan**	**Beleuchtungsplan**
Bürogebäude				
Fabrikhalle				
Parkplatz		Matrixfeld		

Abb. 52: Beispiel Dokumentenbedarfsmatrix

Dokumentenmatrix

Eine Dokumentenmatrix ist eine Liste aller Dokumente. Diese können in Dokumentenklassen und Dokumententypen eingeteilt werden. In der Matrix werden Zuständigkeit und Status, wie z. B. »erstellt«, »geprüft«, »vermerkt«. Sie dient als Übersicht auf Vollständigkeit und Status der Dokumente eines Projekts.

4. Formblätter (FB), Checklisten (CL), Listen (Li)										
Dateiname	Titel des Dokuments	Erstellung/ Beschaffung/ Änderung	Prüfung	Freigab e	Empf.-bestä =J/N	Hol-schuld =J/N	Ändr.-stand /Rev.	Verwal-tung bei (Archiv)	Aufbew. Dauer Jahre	Besei-tigung durch
FB-A4-01	Auditplan (Formblatt)	MB	Auditor	MB	N	N	Rev.1	MB	1	MB
CL-AA-01	Auditfragekatalog	MB	Auditor	MB	N	N	Rev.1	MB	1	MB
Li-A1-01	Dokumentenmatrix	MB	Leiter QW	MB	J	J	Rev.1	MB	3	MB

Abb. 53: Beispiel Eintrag in einer Dokumentenmatrix

***Kommunikationsmatrix** [engl.: Communication Matrix]*

»Tabellarische Zusammenstellung der vorgesehenen Kommunikation mit den Projektstakeholdern. In der Matrix sind in der einen Dimension sämtliche Projektstakeholder (oder Gruppen) mit ihren Beziehungen zum Projekt (›Klima‹ +/–) aufgelistet und in der anderen Dimension die von der Projektleitung geplanten Maßnahmen, Inhalte, Rhythmus und Umfang der Kommunikation aufgeführt.« (Motzel)

	Stakeholders							
Information	SP Sponsor	SC Steering committee	PM Project manager	PC Project coordinators	TM Team members	C Customers	S Suppliers	P Partners
Project status preparation	n/a	n/a	**Monthly** web-conferencing	**Monthly** web-conferencing	n/a	**Quarterly** web-conferencing	**Quarterly** web-conferencing	**Quarterly** web-conferencing
Project status meeting	**Monthly meeting** face to face	**Monthly** face to face or video-conference	**Monthly** face to face or video-conference	n/a	**Informed by PM**	n/a	n/a	n/a
Project status publishing	**On demand** Access the project virtual room	**On demand** Access the project virtual room	**Monthly** Publish on the project virtual room	**On demand** Access the project virtual room	**On demand** Access the project virtual room	**On demand** Access the project virtual room, public area	**On demand** Access the project virtual room, public area	**On demand** Access the project virtual room, public area
Work package status preparation	n/a	n/a	n/a	**Weekly** face-to-face	**Weekly** face-to-face	n/a	n/a	n/a
Work package status information	n/a	n/a	**Weekly** web-conferencing	**Weekly** web-conferencing	n/a	n/a	n/a	n/a
Project organization	**On demand** Access the project virtual room	**On demand** Access the project virtual room	**On changes** Publish on the project virtual room	**On demand** Access the project virtual room	**On demand** Access the project virtual room	**On demand** Access the project virtual room, public area	**On demand** Access the project virtual room, public area	**On demand** Access the project virtual room, public area
Logistics	**On demand** Access the project virtual room	**On demand** Access the project virtual room	**On changes** Publish on the project virtual room	**On changes** Publish on the project virtual room	**On demand** Access the project virtual room	n/a	n/a	n/a
Standards and Templates	n/a	n/a	**On changes** Publish on the project virtual room	**On changes** Publish on the project virtual room	**On demand** Access the project virtual room	n/a	n/a	n/a
Project Management Plan preparation	n/a	n/a	**During planning** face-to-face or video conference	**During planning** face-to-face or video conference	**During planning** face-to-face or video conference	n/a	n/a	n/a
Project Management Plan updades	n/a	n/a	**Monthly** web-conferencing	**Monthly** web-conferencing	**Monthly** web-conferencing	n/a	n/a	n/a
Project Management Plan publishing	**On demand** Access the project virtual room	**On demand** Access the project virtual room	**On changes** Publish on the project virtual room	**On changes** Publish on the project virtual room	**On demand** Access the project virtual room	**On demand** Access the project virtual room, public area	**On demand** Access the project virtual room, public area	**On demand** Access the project virtual room, public area

Abb. 54: Kommunikationsmatrix ohne Bewertung der Beziehung zum Projekt

!

BZ

***Kommunikationsmanagementplan** [engl.: Communication management plan]*

»Dokument, in dem der Kommunikationsbedarf und die Kommunikationserwartungen im Hinblick auf das Projekt beschreiben sind. Er enthält Angaben darüber, wie und in welcher Form Informationen ausgetauscht werden, wann und wo Kommunikation erfolgt und wer die Verantwortung für das Stattfinden der Kommunikation trägt. Der Kommunikationsmanagementplan ist ein Teilplan des Projektmanagement-Plans oder enthält diesen.« (Motzel)

Komm.-Mittel	Beteiligte Stakeholder	(Wichtige) Inhalte	Turnus	Dauer/ Umfang	Verant-wortlich
P-Teammee-ting	PL + P-Team	• Status • Neuigkeiten • nächste Schritte • Open Points	Wöchent-lich	1–1,5 h	PL
P-Teampro-tokoll	PL, P-Team, S1, S2	Status, Neuigkeiten, akt. Open-Point-Liste	Wöchent-lich	2–4 Seiten	wech-selnder Protokol-lant
Projektwand	PL, S4	Aktueller Stand des Pro-jektes, Beispiele Projekt-ergebnisse, Kommentare der Leser	Monatlich	Pinn-wand Kaffee-küche	S4

Tab. 8: Beispiel Kommunikationsmanagementplan

3.2.6.2 Dokumentenstandards

BZ

__OASIS Open Document Format for Office Applications__ (Kurzform: OpenDocument, ODF – engl. »Offenes Dokumentformat für Büroanwendungen«) ist ein international genormter quelloffener Standard für Dateiformate von Bürodokumenten wie Texten, Tabellendokumenten, Präsentationen, Zeichnungen, Bildern und Diagrammen.

!

OpenDocument nutzt für das eigentliche Dokument eine XML-basierte Auszeichnungssprache, deren Elemente an den Standard HTML angelehnt sind. Für mathematische Formeln wird eine Untermenge von MathML und für Formatierungsangaben eine eigene XML-basierte Sprache benutzt. OpenDocument kann mit beliebigen weiteren XML-Sprachen ergänzt werden.

Es wurde ursprünglich von Sun Microsystems entwickelt, durch die Organisation OASIS als Standard spezifiziert und 2006 als internationale Norm ISO/IEC 26300 veröffentlicht.

Da heute fast in jedem Projektkontext webbasierte Lösungen eine führende Rolle spielen, haben sich die **Standards das World Wide Web** (WWW) mit **HTTP** (Hypertext Transfer Protocol) und **HTML** (Hypertext Markup Language), aktuell HTML 5, durchgesetzt. In diesem Kontext spielt auch **XML** (eXtensible Markup Language) als eine sogenannte »Markup«-Sprache zur Deklaration und Interpretation von übertragenen Daten eine wichtige Rolle.

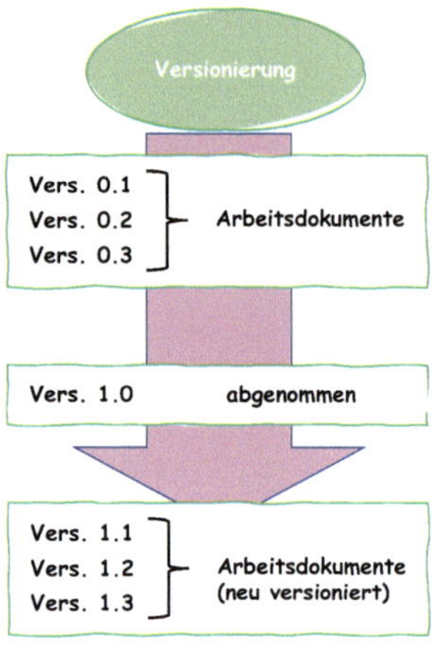

Abb. 55: Versionierung

In der Praxis haben sich in der Textverarbeitung vor allem Office-Produkte als »Quasi-Standards« etabliert. Als allgemeingültiger Standard gilt **OpenOffice**, das aus einer Kombination verschiedener Programme zur Textverarbeitung, Tabellenkalkulation, Präsentation und zum Zeichnen besteht.

In vielen Unternehmen und auch im Austausch zwischen Unternehmen wird jedoch auch Microsoft Office (**MS Office**) mit MS-WORD, -EXCEL und -PowerPoint, teilweise auch Outlook als Quasi-Standardsoftware benutzt.

Gerade für die Weitergabe gültiger Dokumente hat sich die Verfahrensweise etabliert, sie in einem grundsätzlich nicht mehr veränderbaren **PDF-Format** (Portable Document Format, 1993 von Adobe Systems veröffentlicht) abzuspeichern. Dadurch werden sie für alle lesbar, gelten damit aber auch gleichzeitig als nicht mehr änderbar (ONLY READ).

Wichtig ist, dass zu Beginn eines Projektes mit allen wichtigen Beteiligten geklärt wird, welche **Standards** für die Erstellung und Bearbeitung von **Projektdokumenten** berücksichtigt und angewendet werden, und wie deren Einhaltung überprüft wird.

Durch klare **Regeln der Versionierung** und deren Mitprotokollierung im Dokument bekommt auch der Entstehungsprozess der Dokumente klare Richtlinien und bleibt für jeden Beteiligten gut **nachvollziehbar**. Durch die Vorgabe entsprechender **Vorlagen** (Templates) und bereitgestellter Beispieldokumente **im Projektverzeichnis** wird dem Projektteam eine wichtige und nützliche Hilfestellung zur Verfügung gestellt.

3.2.7 Chancen und Risiken (4.5.11)

Eine Projektleitung muss mit Risiken im Projekt rechnen. Entscheidend ist, dass Risiken frühzeitig identifiziert, bewertet und präventiv belegt werden, damit alle schnell darauf reagieren können, wenn der Fall dann eintritt. Ein systematisches Risikomanagement steigert die Reaktionsfähigkeit des Projektes.

Branchenspezifisch wird teilweise ein systematisches Risikomanagement vom Gesetzgeber oder der Aufsicht vorgeschrieben (z. B. KonTraG, oder das Risikomanagement von Banken stellt erhöhte Anforderungen: Basel II / operationelle Risiken).

***Risiko** [engl.: Risk] Synonyme: Projektrisiko, Projektunsicherheit* !

»(1) Unsicherer Sachverhalt oder Zustand, aus dem sowohl ein negativer als auch ein positiver Einfluss auf das Projekt entstehen kann. Üblicherweise bezeichnet man sprachlich nur den Fall mit negativem Einfluss auf das Projekt als ›Risiko‹, den mit positivem Einfluss als ›Chance‹. BZ
(2) Mögliches Ereignis oder Situation mit negativen Auswirkungen (Schäden) auf das Projektergebnis insgesamt oder auf einzelne Planungsgrößen oder Ereignisse, die neue unvorhergesehene und schädliche Aspekte aufwerfen können.« (Motzel)

***Risikomanagement** [engl.: Project Risk Management]* !

»Synonym: Risiko- und Chancenmanagement
Aufgabengebiet des Projektmanagements, das dafür sorgt, dass in einem Projekt mit den Risiken und Chancen, die während der Projektabwicklung entstehen bzw. eintreten können, bewusst, systematisch und geplant umgegangen wird.
Dazu gehört, dass mögliche Projektrisiken und -chancen im Vorhinein identifiziert, analysiert, bewertet und geeignete Strategien und Maßnahmen zu ihrer Bewältigung geplant und diese während der Projektabwicklung überwacht und gesteuert werden.« (Motzel)

***Chance** [engl.: Opportunity] Synonym: Projektchance* !

»(1) Unsicherheit, die eine positive Auswirkung auf das Projekt haben kann. ›Chance‹ ist das Pendant zu ›Risiko‹. BZ
(2) Eintrittsmöglichkeit eines nützlichen, positiven Ereignisses.
(3) Möglichkeit, dass das geplante/erwartete Ergebnis erreicht oder sogar übertroffen wird.« (Motzel)

Der Gesamtprozess des Risikomanagements im Projekt umfasst folgende Teilprozesse:

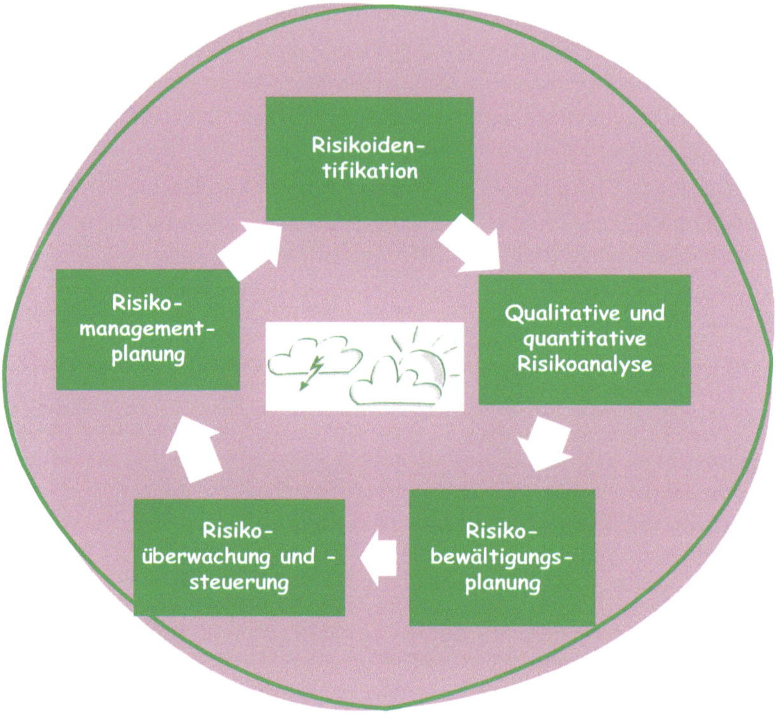

Abb. 56: Prozess des Risikomanagements

Risikomanagement schließt auch das Management von Risiken für »Sicherheit, Gesundheit und Umwelt« mit ein. Die während der Projektabwicklung im Risiko- und Chancenmanagement gewonnenen Erfahrungen stellen einen wichtigen Beitrag zum Erfolg künftiger Projekte dar.

3.2.7.1 Ziele des Risikomanagements

Ziele professionellen Risiko- und Chancenmanagements sind einerseits, die (negativen) Projektrisiken möglichst auszuschalten, zu vermeiden, zu verringern und/oder zu verteilen und anderseits, die (positiven) Projektchancen zu fördern und weitestgehend zu nutzen.

- Risiken werden durch präventive Maßnahmen soweit wie möglich reduziert, um Problemen vorzubeugen.
- Transparenz schafft von Übersichtlichkeit hinsichtlich bestehender und potenzieller Projektrisiken.

- Frühzeitiges und kontinuierliches Risikomanagement reduziert:
  - Verzögerungen,
  - Qualitätsverlust,
  - steigende Projektkosten.

3.2.7.2 Identifizieren von Risiken

Die Risikoidentifikation spielt im Prozess eine besondere Rolle. Sie wird möglichst im Team durchgeführt, um ausreichend viele Blickwinkel zu berücksichtigen. Mithilfe von Kreativtechniken kann die Risikoidentifikation unterstützt werden.

Eine mögliche Quelle der Risikoidentifizierung ist die Umfeldanalyse. Sachliche Faktoren werden in der Risikoanalyse nach Risikorelevanz bewertet.

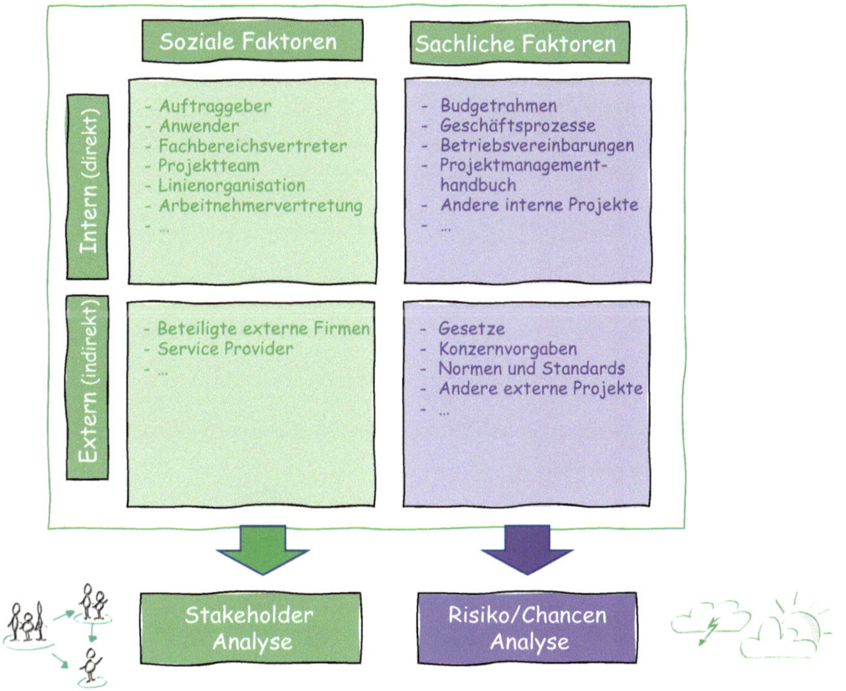

Abb. 57: Beispiel Umfeldfaktoren

Weitere Techniken, um Risikoursachen zu identifizieren, sind:

Risikocheckliste *[engl.: Risk Check List]*

»Auflistung möglicher Risiken, die während eines Projekts auftreten könnten und/oder in früheren Projekten aufgetreten sind. Risikochecklisten werden in der Praxis als Hilfsmittel bei der Risikoidentifikation verwendet. Auszug aus einer Risikocheckliste nach

1. *Risiken des sachlich-inhaltlichen Projektumfelds:*
   a) *Naturrisiken, z. B. Klima, Erdbeben, Lawinen,*
   b) *Technische Risiken, z. B. Technologie, Transport,*
   - *Wirtschaftsrisiken, z. B. Streik, Inflation, Währung,*
   - *Soziokulturelle/Infrastruktur-Risiken, z. B. Sprache,*
   - *Rechtlich/politische Risiken, z. B. Gesetze, Krieg.*

   c) *Risiken des sozialen Projektumfelds:*
   - *Kunde, z. B. Bonität, Zusammenarbeit,*
   - *Partner, z. B. Weitergabe von Technologie,*
   - *Unterauftragnehmer, z. B. Umgang mit Dritten,*
   - *Eigenes Projektteam, z. B. Projektorganisation,*
   - *Betroffene, z. B. Anwohner bei einer Großbaustelle.*

   d) *Risiken aus dem Projekt selbst:*
   - *Technisch bedingte Risiken, z. B. neues Produkt,*
   - *Vertragsbedingte Risiken, z. B. Pönale, Zulieferer,*
   - *Finanzbedingte Risiken, z. B. Preiskalkulation,*
   - *Personalbedingte Risiken, z. B. Qualifikation,*
   - *Organisationsbedingte Risiken, z. B. Befugnisse,*
   - *Informationsbedingte Risiken, z. B. Berichtswesen oder Datenverlust,*
   - *Kommunikationsbedingte Risiken, z. B. ›Shitstorm‹ im Internet.«* (Motzel)

Fehlermöglichkeits- und Einflussanalyse *(FMEA)[engl.: Failure Mode and Effects Analysis (FMEA)]*

BZ

»Synonym: Ausfalleffektanalyse

Vorausschauende Untersuchung möglicher Fehlerquellen und deren Auswirkungen mit dem Ziel der Vorbeugung, Risikominderung und Fehlerverhütung. Die FMEA wird insbesondere bei der Produkt- und Prozessentwicklung – in Planung, Entwurf, Konstruktion, Einkauf, Fertigung, Produktion, Montage etc. – angewendet. Sie ist am weitesten in der Automotive-Branche verbreitet, wird aber zunehmend auch in anderen, vorwiegend produzierenden Wirtschaftszweigen eingesetzt.« (Motzel)

Risiko-Workshops

Workshop zu Beginn des Projektes mit dem Ziel, Risiken zu identifizieren. Die Risikoidentifizierung sollte immer in einem möglichst heterogenen Team erfolgen. Damit fällt es leichter, unterschiedliche Blickwinkel einzunehmen, was die Wahrscheinlichkeit erhöht, dass ein Großteil der relevanten Risiken erfasst wird.

3.2.7.3 Risikoanalyse und Bewertung

BZ

Sind Risiken identifiziert, werden sie in Vorbereitung des im Projekt zu betreibenden Risikomanagements analysiert (Qualitative Risikobeschreibung):

- Beschreibung des Risikos (im Konjunktiv, damit es sich von einer bereits eingetretenen Situation abgrenzt).
- Beschreibung der Ursache (Warum kommt es zu diesem Risiko? Weist auf die präventive Maßnahme hin, wenn z. B. die Kundendaten nicht gepflegt werden, dann könnte als präventive Maßnahme die Datenbank vorab überarbeitet werden).
- Klassifizierung des Risikos (z. B. technisch, politisch, fachlich), weist auf die präventive Maßnahme hin.

Nr.	Risiko-Kurzbezeichnung	Risikobeschreibung	Ursache	Klassifizierung
R-1	Kundendaten lückenhaft	Bei Übernahme von tausenden alten Verkaufsdatensätzen könnte es viele Fehler/Mängel/Lücken geben	Kundendaten wurden teilweise seit Jahren nicht gepflegt	datentechnisch
R-2	...			

Tab. 9: Qualitative Risikobeschreibung

Ebenso wie Risiken können Chancen für das Projekt beschrieben werden:

Nr.	Chance Kurzbezeichnung	Chance Beschreibung	Ursache
C-1	PM Standardisierung	Durch die Vorgabe, dass das Projekt auf der Basis des firmeninternen Projektmanagement Handbuchs durchgeführt werden muss, kann die Projektmanagement Qualität erhöht und professionelle PM Erfahrung gesammelt werden.	Geläufigkeit für professionelle Anwendung von PM Methoden und Prozessen wird durch konsequente Anwendung erlangt.

Tab. 10: Beschreibung der Chancen

Die Klassifizierung ist bei kleineren Projekten mit einer eher geringen Anzahl von beschriebenen Risiken nicht unbedingt nötig. In komplexeren Projekten mit mehreren 10 oder 100 Risiken dient die Klassifizierung zur Gruppierung der Risiken und damit zur gezielteren Maßnahmenunterlegung: z. B. rechtliche Risiken werden der Rechtsabteilung zur Bearbeitung übertragen, fachliche der jeweiligen Fachabteilung etc.

Sind die Risiken identifiziert und beschrieben, werden sie bewertet (quantitative Bewertung). Die erste Bewertung umfasst:

- Mit der **Eintrittswahrscheinlichkeit (EW)** wird die Wahrscheinlichkeit (in %) geschätzt, mit der der Eintritt des Risikos zu erwarten ist.
- Mit der **Tragweite (TW)** wird die Schadenshöhe (in EUR) geschätzt, die sich bei Eintritt des Risikos ergeben wird.
- Der **Risikowert (RW)** in EUR berechnet sich aus dem Produkt von Eintrittswahrscheinlichkeit und Tragweite, es gilt also **RW = EW × TW.**
- Es ist je Risiko eine **präventive und eine korrektive Maßnahme** zu überlegen, durch die die Eintrittswahrscheinlichkeit und/oder die Tragweite des Risikos verringert werden kann. Die präventive Maßnahme bezieht sich dabei auf Tätigkeiten, die durchgeführt werden, bevor ein Risiko eintreten kann. Sie senken die Eintrittswahrscheinlichkeit und in wenigen Fällen auch die Tragweite (z. B. beim Abschluss einer Versicherung wie in R-2). Korrektive Maßnahmen sind Tätigkeiten, die durchgeführt werden, nachdem das Risiko bereits eingetreten ist. Sie entsprechen somit in ihrem Ausmaß der Tragweite.
- Die **Kosten der präventiven** Maßnahme sind abzuschätzen.
- Unter der Annahme, dass die präventive Maßnahme ergriffen wird, ist erneut der Risikowert $\mathbf{RW_{neu}}$ zu berechnen, in dem die Werte $\mathbf{EW_{neu}}$ und in seltenen Fällen $\mathbf{TW_{neu}}$ geschätzt werden und daraus das Produkt $\mathbf{RW_{neu}}$ errechnet wird.
- Mit diesen Berechnungen kann dem Auftraggeber **genau dann** die Ergreifung einer Maßnahme **empfohlen werden,** wenn der ursprüngliche Risikowert größer ist als die Summe aus Kosten der Maßnahme und neuem Risikowert, also wenn **RW > Kosten d. M. +** $\mathbf{RW_{neu}}$ (im u. g. Beispiel gilt für R-1: 6.000 > 3.000 (1.000 + 2.000), also sollte die präventive Maßnahme ergriffen werden).

Nr.	Risiko-Kurzbezeichnung	EW [%]	TW [EUR]	RW [EUR]	P: präv. Maßnahmen K: korrektive Maßnahme	Kosten d. Maßn.	EWneu [%]	TWneu [EUR]	RWneu [EUR]	Umsetz. ja/nein
R-1	Kundendaten lückenhaft	30 %	20.000	6.000	P: Systematisch Altdaten aussortieren oder pflegen K: Neubewertung der Lage und nachträgliche Aktion zur Datenpflege	3.000	10 %	20.000	2.000	Ja
R-2	Serverraum fängt Feuer	1 %	1Mio	10.000	P: Abschluss einer Versicherung K:	2.000/ Jahr	1 %	5.000 Selbstbehalt	50	ja

Tab. 11: Risikotabelle mit Maßnahmen

Aus der oben dargestellten ersten und zweiten Risikoabschätzung resultiert in der Regel ein **Vorschlag an den Auftraggeber** bzw. das eigene Management, zu welchen Projektrisiken Maßnahmen vorgesehen werden sollen: Dies lohnt sich in der Regel genau dann, wenn die Kosten für die Maßnahme geringer sind als die daraus resultierende Reduzierung des Risikowerts (also die Projektleitung in ihrem Projekt z. B. 1.000 € für präventive Maßnahmen ausgibt, um dadurch einen Risikowert um beispielsweise 2.000 € zu senken).

Dieses **Vorgehen sollte dokumentiert werden**, da in der Regel die Durchführung begründeter Maßnahmen zum Risikomanagement nachzuweisen ist.

3.2.7.4 Strategien zum Umgang mit Risiken

Merksatz zum Umgang mit Risiken: 3 × V + AB

Vermeiden, Vermindern, Verlagern + Begrenzen, Akzeptieren

Folgende Strategien können im Umgang mit Risiken angewandt werden:

Risikostrategie	Erklärung
Vermeiden	Ausschließen, dass das Risiko eintritt, z.B. indem man risikobehaftete Arbeitspakete streicht
Vermindern	Eintrittswahrscheinlichkeit oder mögliche Schadenshöhe (oder beides) durch Maßnahmen verringern, z.B. Baustart vom Winter in den Sommer verlegen
Verlagern	Risiko auf Dritte übertragen, z.B. indem man eine Versicherung abschließt oder Arbeitspakete an Dritte auslagert
Akzeptieren	Bewusst auf Maßnahmen verzichten. Kann sinnvoll sein, wenn Risikowert geringer ist als die Kosten der präventiven Maßnahme
Begrenzen	Schadenshöhe auf einen maximalen Betrag begrenzen, z.B. Versicherung mit Selbstbeteiligung abschließen

Abb. 58: Strategien zum Umgang mit Risiken

Welche Risikostrategie sinnvoll ist, ergibt sich aus der Höhe der jeweils berechneten Risikowerte und der Möglichkeit, Risikogruppen zu begegnen (z. B. Risikoverlagerung mehrerer Risiken, welche durch eine Versicherungspolice abgedeckt werden können). Es ist immer abzuwägen, inwieweit das Risiko die Zielerreichung des Projektes gefährdet.

Zu beachten ist, dass **Risiken für die Gesundheit der Beteiligten** (»Gefahren für Leib und Leben«) soweit wie möglich ausgeschlossen werden müssen.

Mithilfe eines Risikoportfolios, in dem Risiken nach Auswirkung und Eintrittswahrscheinlichkeit eingeordnet werden, können die passenden Risikostrategien deutlich dargestellt werden:

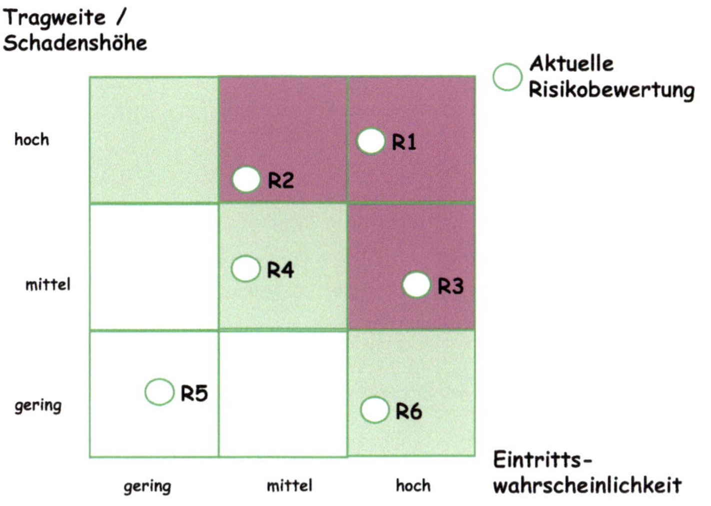

Abb. 59: Risikoportfolio

3.2.8 Anforderungen und Ziele (4.5.2)

Die Kompetenz »Anforderungen und Ziele« definiert das »Warum« für das Projekt: Welche Ziele müssen ganz oder teilweise erreicht werden? Welcher Nutzen muss realisiert werden und welche Anforderungen der Stakeholder müssen erfüllt werden?

3.2.8.1 Zielfunktionen

Zur Charakterisierung und Differenzierung von Zielen wird manchmal die Aufgabe, der Zweck oder die Funktion herangezogen, die das betreffende Ziel im Sinne von bzw. für das Projektmanagement erfüllen kann oder soll. Man spricht dann von Zielfunktionen und differenziert nach Kontroll-, Orientierungs-, Verbindungs-, Koordinations- und Selektionsfunktion.

Im Projekt haben Ziele die folgenden Funktionen zu erfüllen:

KOKS Verbindet!

Merkspruch zu den Zielfunktionen.

Kontrollfunktion: als Messlatte für die Bewertung des Projekterfolgs und des Projektfortschritts

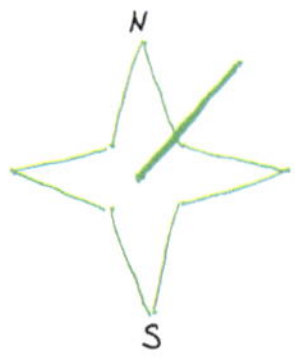

Orientierungsfunktion für Projektmitarbeiter: wo soll die Reise hingehen, was kommt als Nächstes

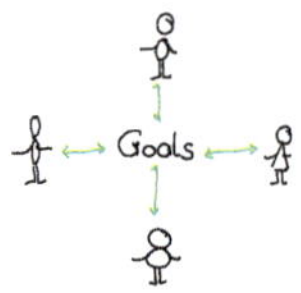

Koordinationsfunktion bei starker Arbeitsteilung: Schnittstellen können besser definiert werden, wenn die Arbeit an deutlich formulierten gemeinsamen Zielen ausgerichtet ist. Kann auch projektübergreifend oder strategisch wichtig sein

Selektionsfunktion zur Entscheidungsfindung und Priorisierung

Verbindungsfunktion für den Teamzusammenhalt: Was wollen wir gemeinsam erreichen?

BZ

3.2.8.2 SMART-Ziele formulieren

Damit ein Ziel diese Funktionen erfüllen kann, sollte die Zielformulierung anhand bestimmter Kriterien erfolgen, wie z. B. den SMART-Kriterien:

S	Spezifisch (specific) bezeichnend, charakteristisch, unverkennbar
M	Messbar (measurable) Welche Kriterien dienen zur Überprüfung?
A	Akzeptiert (accepted), von Auftraggeber und Projektteam manchmal auch: Attraktiv (attractive)
R	Realistisch (realistic), da grundsätzlich innerhalb des Zeitrahmens sachlich leistbar manchmal auch: Relevant (relevant)
T	Terminiert (time related) bis zum definierten Zeitpunkt zu erreichen (spätestens)

Es ist nicht erforderlich, innerhalb der Beschreibung der jeweiligen Ziele jedes Initialwort zu berücksichtigen. Dies würde zu verschachtelten teilweise unverständlichen Zielformulierungen führen (z. B. ist nicht jedes Ziel bereits bei der ersten Zielbeschreibung mit einem Termin versehen). SMART ist jedoch in seiner Gesamtheit bei der Zieldefinition zu beachten und führt dadurch zu einer eindeutigen Zielbeschreibung.

3.2.8.3 Operationalisierung von Zielen

BZ

Für die Überprüfung der Zielerreichung ist es wichtig, dass für jedes Ziel Messkriterien definiert werden. Dies nennt man Operationalisierung von Zielen. Die Messkriterien müssen eindeutig sein:

- Kennzahlen (z. B. 95 % Ausfallsicherheit)
- Abnahmen (z. B. Planung von Lenkungskreis abgenommen)
- Umfrageergebnisse (z. B. die Anwenderzufriedenheit muss mindestens mit Note 2 angegeben werden)
- Zeit (z. B. Projektlaufzeit von 9 Monaten darf höchstens um 4 Wochen überschritten werden)
- Kosten (z. B. Materialkosten in Höhe von 50.000 € dürfen nicht überschritten werden)

3.2.8.4 Projektziele definieren

BZ

Jeder im Projekt hat seine eigene Vorstellung, welche Ziele er mit dem Projekt erreichen möchte. Im besten Fall hat jedes Teammitglied zu Projektbeginn die Möglichkeit bekommen, seine Vorstellungen publik zu machen. Ein gemeinsames Verständnis ist durch das Auflösen von Zielkonflikten und Zielkonkurrenz festgehalten worden. Und das Team hat diesen gemeinsam erarbeiteten Zielen zugestimmt.

»Wer nicht weiß, wohin er segeln will, für den ist kein Wind der richtige.« (Seneca)

Treffen wir auf Hidden Targets, Richtungskonflikte, ein Team, das aneinander vorbei arbeitet und Uneinigkeit über die Bewertung des Projekterfolgs, hat eine gemeinsame Vereinbarung zu Projektzielen wahrscheinlich nicht stattgefunden.

Unklare Anforderungen und Ziele sind eine dem den häufigsten genannten Gründe, warum Projekte scheitern!

!

Projektziel *[engl. Project objective, project goal]*
Alle Einzelziele (Lieferobjekte) und deren Realisierungsbedingungen (z. B. Kosten, Dauer, Qualitätsrichtlinien) und deren unterschiedlicher Gewichtung.

!

Projektzieldefinition *[engl.: Objective Definition]*
»Prozess der Klärung, Festlegung, Erfassung aller für das Projekt relevanten Interessen und Ziele, deren Bewertung und Umsetzung in operationale Zielvorgaben sowie deren Festlegung, Priorisierung und Überwachung. Die Zusammenstellung der Projektziele erfolgt üblicherweise als Projektzielsystem und in Form einer so genannten Zielhierarchie. Dabei sind insbesondere die Kriterien Vollständigkeit, Form und Klarheit, Konsistenz, Aktualität, Operationalität (Messbarkeit), Durchführbarkeit und Akzeptanz der definierten Ziele zu beachten. Der Prozess der

Konkretisierung, ggf. Auswahl und Harmonisierung der Projektziele wird auch als Zielfindung oder Zielfindungsprozess bezeichnet.« (Motzel)

T: Zeitziel, B: Budgetziel, E: Ergebnisziel, S: Soziale Ziele, N: Nichtziel

Nr.	**Kurzbezeichnung**	**Beschreibung**	**Messkriterium**	**Klassifizierung [T/B/E/S/N]**	**Priorität gem. mag. Dreieck [1, 2, 3]**	**Wichtigkeit innerhalb einer Priorität [Muss | Soll | Kann]**
T-1	Projektlaufzeit	Die Projektlaufzeit darf die Dauer von 9 Monaten nicht überschreiten.	MS Projektabschluss nach 9 Monaten erreicht.	T	2	Muss
B-1	Gesamtbudget	Das Gesamtbudget soll nicht überschritten werden.	Gesamtbudget nach Kostenplanung + max. 10 %	B	3	Muss
E-1	V-Modell	Das Vorgehen im Projekt ist streng an das V-Modell-XT angelehnt	Alle Projekt-Dokumente werden nach V-Modell erstellt, bearbeitet und von Q-Beauftragten abgenommen	E	1	Soll
E-2	Monatsabschluss je Kunde	Je Kunde werden alle Buchungen je Monat zusammengefasst	Für jeden Kunden kann die Monats-Zusammenfassung korrekt nach Richtlinie XY erstellt werden	E	1	Muss
S-1	Überstunden	Überstunden sollen weitestgehend vermieden werden.	Max. 5 % Überstunden vom Gesamtaufwand pro Monat.	S	n.a.	Soll
N-1	England	Auch in England anwenden		N	n.a.	n.a.

Zur Zielpriorisierung kann folgende Tabelle verwendet werden:

Ziel 1 **Codierung, Kurzbeschreibung, Prio laut magischem Dreieck**	**Ziel 2** **Codierung, Kurzbeschreibung, Prio laut magischem Dreieck**	**Priorisierungsentscheidung in Rücksprache mit dem Auftraggeber**	**Begründung**
E-1 V-Modell, Prio 1	E-2 Monatsabschluss je Kunde, Prio 1	E-1 Wichtigkeit Soll, E-2 Wichtigkeit Muss	Funktionalität ist wichtiger als die Einhaltung einer Prozessrichtlinie.
...			

Tab. 12: Ziele-Tabelle

- Angaben müssen der **Priorisierung im Magischen Dreieck** entsprechen.
- Es können Priorisierungen zwischen den Zielklassen dargestellt werden oder zwischen Zielen innerhalb einer Zielklasse
- Die Zielpriorisierung gibt wichtige Informationen zur Einschätzung der Wichtigkeit

Zusätzlich können Zielpriorisierungen auch mit den weiter unten genannten Methoden (s. Kap.) vorgenommen werden.

3.2.8.5 Zielbeziehungen erkennen

BZ

Ziele stehen zueinander in Beziehung, weshalb man auch von einem Zielsystem spricht. Am deutlichsten erkennt man das anhand des Magischen Dreiecks des Projektmanagements: Wird z. B. das Projektbudget (Kosten) verringert, hat dies Auswirkungen auf die Projektlaufzeit und/oder den Funktionsumfang (Leistung). Wird der Leistungsumfang des Projektes erhöht, müssen Budget und Zeitplan angepasst werden.

***Projektzielsystem** [engl.: Objective System]*

!

»Ganzheitliche, systematisch geordnete Zusammenstellung der Projektziele und deren Beziehungen untereinander. Das Projektzielsystem sollte nach seiner Erstellung in kontinuierlichen Zeitabständen nach den Kriterien der Projektzieldefinition (Vollständigkeit, Form und Klarheit, Konsistenz, Aktualität, Operationalität (Messbarkeit), Durchführbarkeit und Akzeptanz) überprüft werden.« (Motzel)

! ***Zielverträglichkeit*** *[engl.: Goals Compatibility]*

- *Synonym: Zielbeziehung*
- *»Ausmaß, in dem formulierte Ziele miteinander in Beziehung stehen und die jeweilige Zielerreichung beeinflussen. Das Spektrum der gegenseitigen Verträglichkeit bzw. Unverträglichkeit von Einzelzielen reicht von/über/bis:*
- *Zielidentität: völlige Deckungsgleichheit,*
- *Zielkomplementarität: wechselseitige Förderung,*
- *Zielneutralität: vollkommene Unabhängigkeit,*
- *Zielkonkurrenz: wechselseitige Beeinträchtigung,*
- *Zielantinomie: vollständiger gegenseitiger Ausschluss.«* (Motzel)

Folgende Zielbeziehungen werden unterschieden:

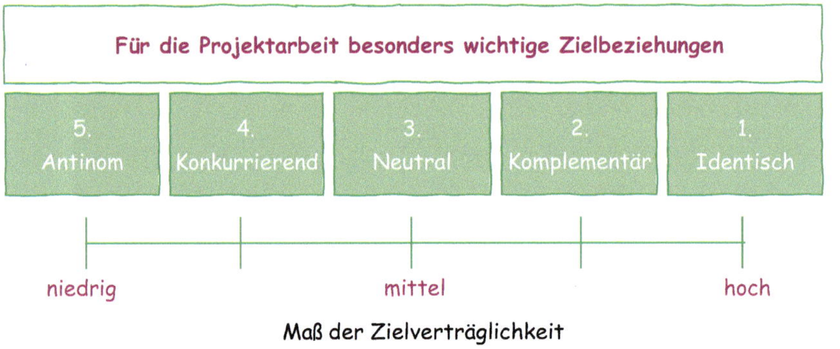

Abb. 60: Zielbeziehungen/Zielverträglichkeit

Nach Überprüfung der jeweiligen Zielbeziehungen kann es zu einer Repriorisierung oder zu einer Zusammenfassung von Zielen durch die Projektverantwortlichen kommen. Zielkonkurrenzen und daraus resultierende Zielkonflikte treten in jeder Zieldefinition auf. Oft lassen sich diese Konflikte im Gespräch mit allen Beteiligten erkennen und lösen, z. B. anhand der Zieldominanz (Priorisierung Magisches Dreieck).

3.2.8.6 Priorisierung von Anforderungen und Zielen

Zur Priorisierung stehen mehrere Methoden zu Verfügung:

- **Ranking**: Beim Ranking werden die Anforderungen hinsichtlich eines ausgewählten Kriteriums priorisiert, wie z. B. der Rentabilität. Der Anforderung mit der höchsten Rentabilität wird der erste Rang zugewiesen, der Anforderung mit der zweithöchsten Rentabilität demnach der zweite Rang usw. Da diese Technik bei einer hohen Anzahl von Anforderungen sehr aufwendig ist, kann mittels der Top-Ten-Technik festlegt werden, bis zu welchem Platz in der Rangfolge (z. B. 10) ein

Ranking vorgenommen werden soll. Gibt es Anforderungen, die aus einem Gesetzbeschluss oder einem Aufsichtsorgan (z. B. Bafin bei Banken) resultieren, haben diese die höchste Priorität, da ein Gesetzesverstoß ab Inkrafttreten des Gesetzes zu einem Verbot der Geschäftsausübung führen kann.

- Ein- oder Zwei-Kriterien-Klassifikation: Bei der **Ein-Kriterien-Klassifikation** werden dem Kriterium verschiedene Ausprägungen zugewiesen. So kann z. B. der Kundennutzen in die drei Bereiche »hoch«, »mittel« und »niedrig« unterteilt und anschließend jeder Anforderung eine Priorität zugewiesen werden.
- Falls dem Kundennutzen ein weiteres Priorisierungskriterium, wie z. B. die Kosten zur Umsetzung in die Priorisierung einfließen sollen, kann die **Zwei-Kriterien-Klassifikation** angewandt werden. Hierbei werden die Anforderungen anhand von zwei Kriterien bewertet. Beiden Kriterien werden Ausprägungen zugewiesen. Kombinationen der Kriterien und Ausprägungen werden durch ein Ranking priorisiert. Abbildung 67 verdeutlicht dies.

		Kosten		
		Hoch	Mittel	Niedrig
Kundennutzen	Hoch	Priorität 5	Priorität 2	Priorität 1
	Mittel	Priorität 6	Priorität 4	Priorität 3
	Niedrig	Priorität 9	Priorität 8	Priorität 7

Abb. 61: Beispiel Zwei-Kriterien-Klassifikation

- **Punktekleben**: Nach einem Brainstorming werden die Teammitglieder oder die Auftraggeber aufgefordert Punkte zur Priorisierung der einzelnen Anforderungen zu vergeben. Die Anforderungen, mit den meisten Punkten haben die höchste Priorität, werden als Erstes umgesetzt.
- **Paarweiser Vergleich**: Bei diesem Vergleich werden verschiedene Kriterien paarweise miteinander verglichen und darauf basierend wird entschieden, welches der beiden Kriterien wichtiger ist. Im Vergleich ist wichtig, welches Kriterium zuerst genannt wird. Nimmt man das für alle möglichen Kombinationen von Kriterien vor, erhält man eine Rangfolge, mit der man weiterarbeiten kann.

	Mountainbiken	Kite-Surfen	Segeln	Reiten	Yoga	SUMME	
Mountainbiken		0	0	0	2	2	
Kite-Surfen	2		2	1	1	6	2
Segeln	2	0		0	2	4	
Reiten	2	1	2		2	7	1
Yoga	0	1	0	0		1	

Abb. 62: Beispiel: Paarweiser Vergleich anhand von Sportarten und der Frage, welche Sportart ich ausüben möchte.

- **Subjektive Ad-hoc-Methode:** »Bauchentscheidung« ohne Hinzuziehen von sachlichen Bewertungsmethoden

BZ

3.2.8.7 Zielarten

Die Einteilung von Zielen kann in unterschiedliche Zielarten erfolgen.

An das Magische Dreieck angelehnt:
- Terminziele
- Kostenziele
- Leistungsziele
- Soziale Ziele
- Nichtziele

Nach Zielerreichungstermin und Zuständigkeit (eher bei Teams mit fortgeschrittenen PM-Kenntnissen):
- Ergebnisziele
- Vorgehensziele
- Nutzungs- oder Nutzenziele
- Soziale Ziele
- Nichtziele

Zielarten werden oft in Zielhierarchien dargestellt:

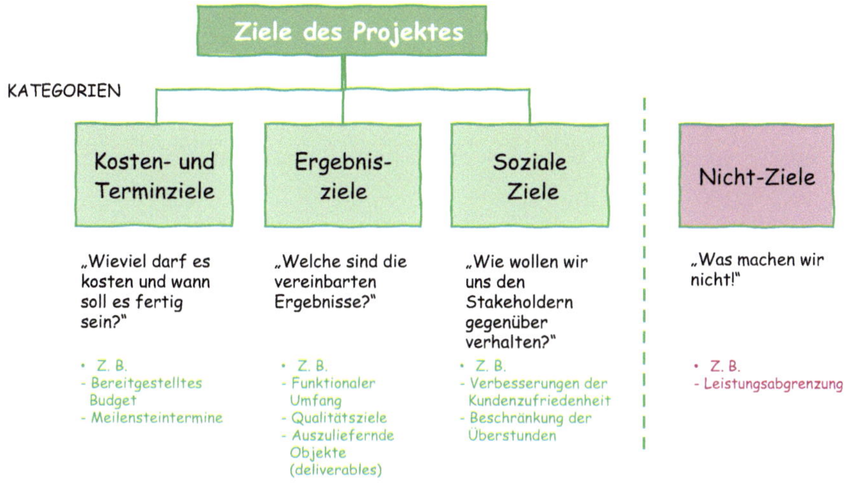

Abb. 63: Zielarten in der Zielhierarchie

Um den Leistungsumfang des Projektes klar abzugrenzen und möglichst zum Projektstart eine bessere Planungsbasis zu haben, kann es sinnvoll sein, Ziele bewusst auszuschließen. Hierfür werden sogenannte Nichtziele (»out of scope«) definiert. Diese sind auch positiv zu formulieren und als Nichtziele klar zu kennzeichnen (findet eine negative Formulierung in Kombination mit der Kennzeichnung als Nichtziel statt, handelt es sich durch die doppelte Verneinung um ein Ziel).

Beispiel: Aus Zeit- und/oder Kostengründen wird auf die Erarbeitung eines bestimmten Lieferobjektes oder Teilen davon verzichtet (»Leistungsausgrenzung oder -reduzierung«).

Soziale Ziele

Beispiele für soziale Ziele: Zufriedenheitsziele wie Verbesserung der Kundenzufriedenheit um z. B. 5 %, sozialpolitische Ziele, Personalentwicklungsziele, etc.

!

Qualitätsziel *[engl.: Quality Objectives], Synonym: Projektqualitätsziel*

»In Projekten die Gesamtheit der mit der Qualitätspolitik der Stammorganisation im Einklang stehenden qualitätsbezogenen Ziele des Projekts, einerseits in Bezug auf die im Projekt zu erbringenden Lieferungen und Leistungen und andererseits bezüglich der Projektabwicklung. Der konsequente Einsatz von ›Professionellem Projektmanagement‹ sorgt für die umfassende Erfüllung der Qualitätsziele im Projekt bzw. in den Projekten.« (Motzel)

3.2.8.8 Projekterfolg

Wenn es ein Geheimnis für Erfolg gibt, so ist es dies: den Standpunkt des anderen verstehen und die Dinge mit seinen Augen sehen.

(Henry Ford)

Die wichtigsten Projektparameter werden durch das Magische Dreieck des Projektmanagements definiert. Diese Zielgrößen stellen die sogenannten »harten Kriterien« des Projekterfolges dar.

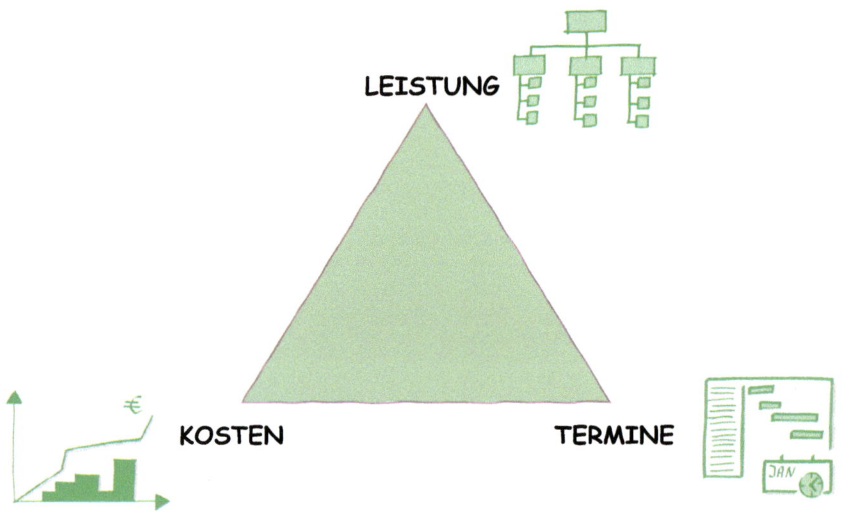

BZ

Abb. 64: Magisches Dreieck des Projektmanagements

Das »**Magische Dreieck**« ist die Erfahrungsregel des Projektmanagements, dass bei allen Planungen und Entscheidungen immer alle drei Zieldimensionen berücksichtigt werden müssen. Obwohl einige Projekte pünktlich (»in time«), kostentreu (»in budget«) und leistungstreu (»in scope«) abgeschlossen werden, kann es vorkommen, dass diese als nicht erfolgreich gewertet werden. Sind z. B. die Projektmitarbeiter ausgelaugt, oder das definierte Ergebnis hat am Markt keinen Erfolg, bewerten diese wichtigen Stakeholder das Projektergebnis negativ.

BZ

Weiche Kriterien: Stakeholder-Zufriedenheit

An Projekten sind oft viele Personen beteiligt oder davon betroffen. Diese haben unterschiedliche Erwartungen, Befürchtungen und Einstellungen zum Projekt. Diese Faktoren wirken sich auf die Bewertung des Projekterfolgs aus. Je nach Position, Fachrichtung oder persönlichem Befinden und Interessen kann der Projekterfolg unterschiedlich beurteilt werden. Bewertet die Geschäftsleitung das Projekt als erfolgreich, weil ein neues Produkt zum kommunizierten Termin den Aktionären vorgestellt werden kann, kann es trotzdem sein, dass einzelne Mitarbeiter wegen der angehäuften

Überstunden und der ihrer Meinung nach mangelnden Produktqualität das Projektergebnis schlechtreden.

Projektbeteiligte können dieser unterschiedlichen Bewertung entgegenwirken, indem sie sich zu Projektbeginn gemeinsam auf transparente und messbare Ziele einigen. Anhand dieser kann zum Projektende der Erfolg gemessen werden.

Neben der Einhaltung von vertraglichen Verpflichtungen müssen die Projektergebnisse früh mit Stakeholdern abgestimmt und von diesen akzeptiert werden. Dadurch können die mit den Stakeholdern vereinbarten Projektergebnisse zum Projektende als positiv und erfolgreich bewerten werden.

Die Stakeholder-Interessen können sich durchaus widersprechen, sodass eine einheitliche Bewertung schwierig werden kann. Ziel des Stakeholdermanagements ist es, hier einen Interessenausgleich und dadurch eine Annäherung bezüglich der zu erreichenden Ziele zu erarbeiten. So kann eine möglichst einheitliche Bewertung des Projekterfolges durch die Stakeholder vorgenommen werden.

Letztendlich gilt ein Projekt insbesondere dann als erfolgreich, wenn die **wichtigsten Stakeholder**(-gruppen) mit den Projektergebnissen **zufrieden** sind und das Projekt positiv bewerten. Die kann trotz Kosten-/Zeitüberschreitung oder Leistungsreduzierung erfolgen.

Unterscheidung zwischen Erfolgskriterium und Erfolgsfaktoren

BZ

!

***Projekterfolgsfaktoren** [engl.: Project Success Factors]*

»Projekterfolgsfaktoren sind Vorgehensweisen und Situationen, die den Erfolg eines Projekts steigern können. Projektmisserfolgsfaktoren sind dementsprechend Vorgehensweisen und Situationen, die den Erfolg eines Projekts hemmen oder sogar verhindern können. Häufig – aber nicht ausschließlich – verhält es sich bei den Erfolgs- und Misserfolgsfaktoren wie bei den zwei Seiten einer Medaille: Die Nichteinhaltung eines Erfolgsfaktors führt zu einem Misserfolgsfaktor. Auflistungen von Projekterfolgs- und Misserfolgsfaktoren sind in unterschiedlichen Publikationen vielfältig zu finden. Häufig mangelt es aber an empirischen Belegen und wissenschaftlichen Nachweisen, sodass derartige Auflistungen stets sorgfältig geprüft und nicht einfach übernommen werden sollten.« (Motzel)

Typische Faktoren sind:

Zum Misserfolg	Zum Erfolg
Zu wenig Macht der Projektleitung (z. B. in der Einfluss-Projektorganisation), um schwierige Entscheidungen durchzusetzen	Macht der Projektleitung und das Projekt passen in ihrer Bedeutung zusammen (z.B. starke Matrix-Projektorganisation bei kritischem Organisationsprojekt)
Projektleitung ist die einzige Person mit Projektmanagement-Verständnis	Die Organisation ist mit der Durchführung von Projekten vetraut und hat entsprechende Organe, wie PMO oder Projektportfolio-Board
Projekt wird auf Betreiben des Chefs durchgeführt, weil es ein Lieblingsvorhaben ist	Projektauswahl erfolgt anhand eines dokumentierten Projektportfolio-Prozesses und orientiert sich an Kriterien wie Strategie und Ressourcenverfügbarkeit

Abb. 65: Kritische Erfolgsfaktoren eines Projektes

Weitere Faktoren, die auch als **Standard-Erfolgsfaktoren** oder kritische Erfolgsfaktoren] bezeichnet werden können:

- Abgestimmte Projektziele,
- Aktives Stakeholdermanagement,
- Angemessene und ausreichende Projektplanung,
- Teamarbeit,
- Projektmanagement-Skills der Projektleitung,
- Kommunikation und Information,
- Management Attention,
- Passende Zusammensetzung des Projektteams bezüglich Qualifikation, Verfügbarkeit und Projekterfahrung,
- Etablierte Projektmanagement-Methoden und -Instrumente – aber nicht alleinig entscheidend für den Projekterfolg (»A fool with a tool is still a fool«),
- Positiver Umgang mit Konflikten.

!

***Projekterfolgskriterien** [engl.: Project Success Criteria]*

»Merkmale, Eigenschaften und Bewertungsmaßstab, an denen der (individuelle) Erfolg eines einzelnen Projekts gemessen und beurteilt werden kann. Die Projekterfolgskriterien müssen für jedes Projekt spezifisch identifiziert, analysiert und bewertet werden. Sie sollen klar verständ-

lich und messbar sein. Dabei sind insbesondere Ziele und Nutzen des Auftraggebers, der verschiedenen Projektbeteiligten und der Nutzer der Projektergebnisse zu betrachten.« (Motzel)
Projektmisserfolgskriterien *[engl.: Project Failure Criteria] »sind demnach Merkmale, Eigenschaften und Bewertungsmaßstäbe, an denen der (individuelle) Misserfolg eines einzelnen Projekts gemessen und mit denen dieser beurteilt werden kann.«* (Motzel)

Bei der Beurteilung des Projekterfolgs wird zwischen Kriterium und Faktor unterschieden:

- Das (Mess-)Kriterium ist ein Merkmal, womit der Zustand einer Sache oder Person von anderen unterschieden wird. So sind Standard-Erfolgskriterien das Maß für Kosten- und Termineinhaltung sowie für die Erfüllung der Leistungsziele.
- Der Faktor ist ein Einflussmittel, welches den Zustand ändert.

Ein Erfolgskriterium kann z. B. die gute Zusammenarbeit der Mitarbeiter im Projektteam sein. Die beeinflussenden Faktoren können z. B. das gelungene Kick-off-Meeting, sowie regelmäßig abgehaltene effiziente Stand-up-Meetings und der professionelle Führungsstil der Projektleitung sein.

Anwendungserfolg und Abwicklungserfolg

Eine andere Betrachtungsweise des Projekterfolges ist die Unterscheidung in zwei Arten des Erfolgs:

- Ein Projekt wird erfolgreich abgewickelt (Abwicklungserfolg), wenn die vereinbarten Ergebnisse mit entsprechender Qualität rechtzeitig und ohne Kostenüberschreitung geliefert werden.
- Eine Bewertung des Nutzens und des ökonomischen Erfolgs (Anwendungserfolg) ist häufig erst Monate oder sogar Jahre nach Projektabschluss möglich.

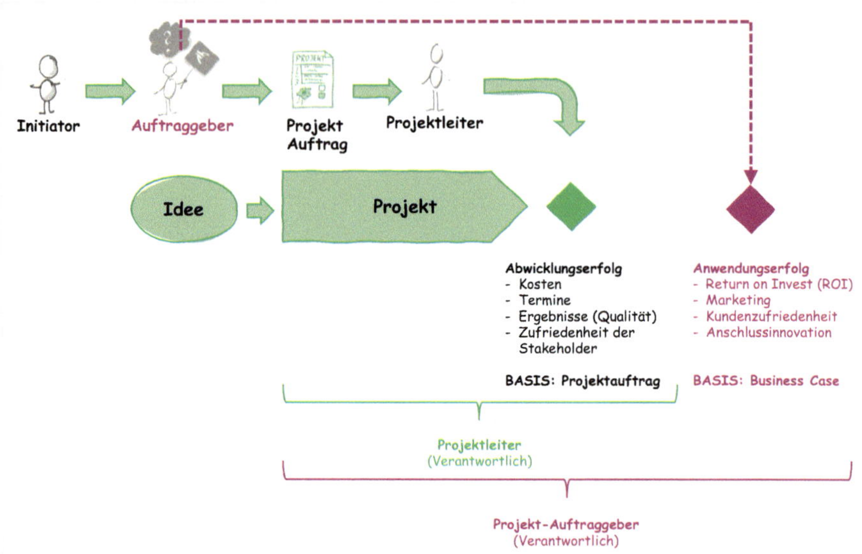

Abb. 66: Abwicklungs- und Anwendungserfolg

Terminverzug sorgt kurzfristig für Ärger, während minderwertige Produkte auf Dauer Unzufriedenheit produzieren.

Ein Projekt kann erfolgreich abgewickelt werden, jedoch ökonomisch ein Misserfolg sein. Umgekehrt mag ein Projekt sowohl Budget als auch Termine überschreiten und sogar das primäre Leistungsziel verfehlen, während das Produkt auf dem Markt anschließend ein Renner wird. So sind »Post-its« aus einem »Misserfolgs«-Projekt hervorgegangen, bei dem als eigentliches Leistungsziel ein extrem starker Klebstoff gesucht wurde.

3.3 Planung

BZ

Start:
- Projektauftrag ist unterschrieben
- Budget steht zur Verfügung

Fokus:
- Projektplanung erstellen
- Ablaufplanung definieren
- Projektteam zusammenstellen

Ergebnisse:
- PSP (Projektstrukturplan)
- Einsatzmittel- und Ressourcenplanung
- Zeitpläne
- Kostenplanung
- Kick-off …

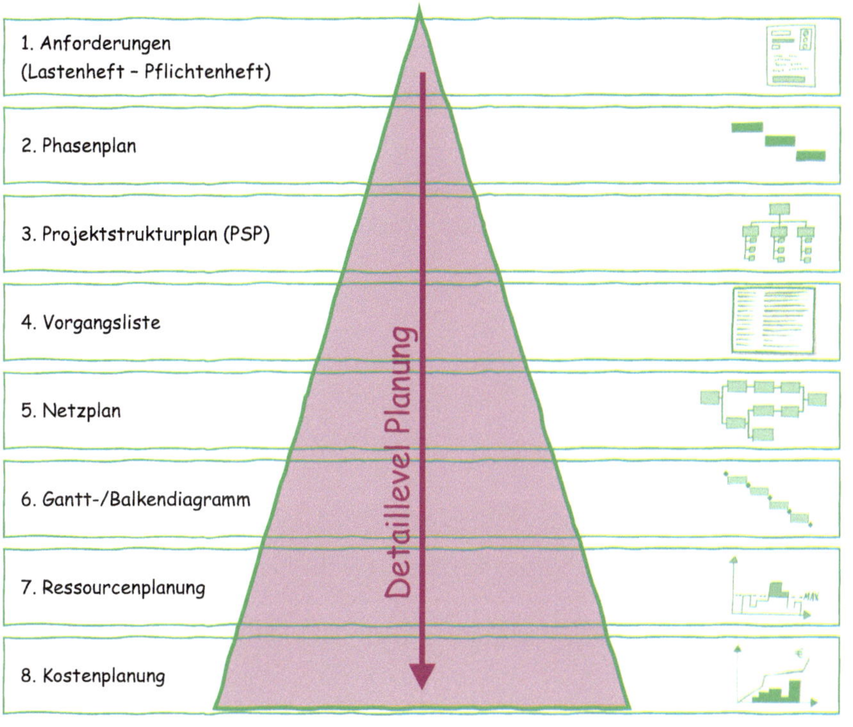

Abb. 67: Zusammenhang Planungsschritte

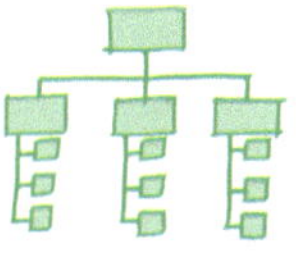

3.3.1 Leistungsumfang und Lieferobjekte (4.5.3)

*Der **Leistungsumfang** [engl.: Scope] definiert den spezifischen Fokus oder Inhalt des Projektes. Er beschreibt die Ergebnisse, die Leistung und deren Nutzen und damit die Arbeit, die zu seiner Erzeugung erforderlich ist.*

! BZ

3.3.1.1 Anforderung an Lieferung und Leistung

Zu Beginn eines Projektes klären Auftraggeber und Auftragnehmer (Projektleitung) den Leistungsumfang des Projektes. Diesen Vorgang nennt man Anforderungsmanagement. Mit Anforderungen bezeichnet man die »Wünsche« des Auftraggebers bezüglich des Lieferumfangs des Projektes. Die verbindliche Festlegung des Leistungsumfangs erfolgt jedoch im Projektauftrag und seinen Dokumenten.

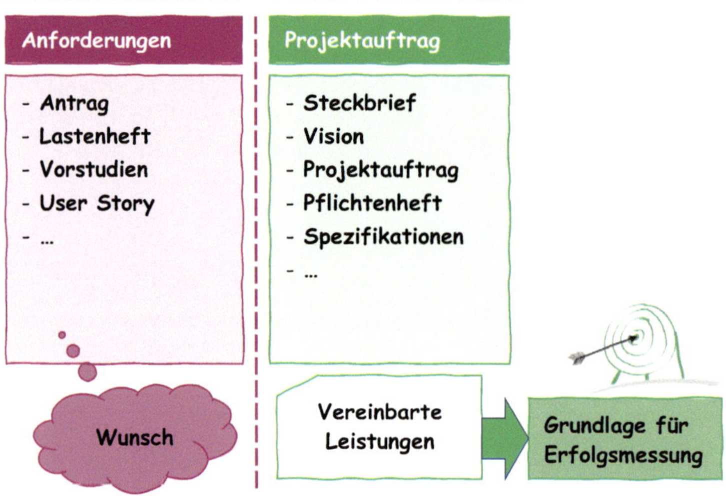

Abb. 68: Anforderungen versus Leistungsumfang des Projektes

Gemäß der ICB dient die Leistungsbeschreibung eines Projektes dazu, seine Grenzen abzustecken. Auf der Grundlage der Leistungsbeschreibung wird der Projektvertrag abgeschlossen, die Projektplanung erstellt und zum Projektende die Abnahme des Projektes vorgenommen.

Der **Leistungsumfang** beschreibt die Gesamtheit aller Leistungen, welche für die Abnahme eines Projektes verbindlich zu erbringen sind. Er umfasst Produktinhalt und -umfang sowie Projektinhalt und -umfang. Im Englischen wird er *Scope* genannt. Der **Produktinhalt** beschreibt alle Aktivitäten und Produkte, die auf der Wertschöpfungsebene Bestandteil des Projektes sind. Dies können Eigenschaften und Funktionen sein, die ein Produkt, eine Dienstleistung oder ein sonstiges Ergebnis kennzeichnen.

Der **Projektinhalt** beschreibt alle Aktivitäten und Produkte, die auf der Projektmanagementebene im Projekt geleistet werden müssen. Dies sind Arbeiten, die durchgeführt werden müssen, um ein Produkt, eine Dienstleistung oder ein sonstiges Ergebnis mit den geforderten Eigenschaften und Funktionen zu liefern.

Prinzipiell sind in einem Projekt immer der Produkt- und der Projektleistungsumfang zu definieren und zu leisten. Der Leistungsumfang beider Ebenen wird im Projektstrukturplan vollständig und strukturiert aufgelistet.

Dokumente, welche die Anforderungen definieren:

BZ
- **Lastenheft (User Requirements Specification)**: Wird vom Auftraggeber erstellt und umfasst die Anforderungen (Wünsche) aller Ergebnisse, die der Auftraggeber am Ende des Projektes erwartet.
  Frage: Was soll gemacht werden?

***Lastenheft** [engl.: User Requirements Specification]*

»Dokument, in dem die Anforderungen des Auftraggebers an die zu erbringenden Lieferungen und Leistungen eines Auftragnehmers im Rahmen eines Auftrags, z. B. für ein Projekt, niedergelegt sind. Darin enthalten ist in der Regel auch die Beschreibung der Projektziele, zumindest soweit sie für das Verständnis des Auftrags und die Erfüllung der Anforderungen erforderlich sind.« (Motzel)

Lastenheft

1. Überblick über das Projekt
2. Ist-Situation
3. Schnittstellen
4. Soll-Zustand
5. Anforderungen an die Technik
6. Randbedingungen
7. Anforderungen an die Qualität
8. Inbetriebnahme und Betrieb
9. Projektabwicklung
10. Anhang

Abb. 69: Beispiel Gliederung Lastenheft

***User Story** [engl.: User story]*

Eine Kundenanforderung, die in der Form einer »Anwendererzählung« beschrieben wird.

Eine **User Story** wird im agilen Anforderungsmanagement eingesetzt. Sie beschreibt eine Anforderung, die z. B. in einer Software umgesetzt werden soll. Im Gegensatz zu Anforderungen in einem Lastenheft wird eine User Story immer aus Sicht der Persona formuliert, welche diesen Wunsch an oder diesen Nutzen aus der jeweiligen Anforderung hat.

Beispiel Vorlage: »In meiner Rolle als <Rolle> möchte ich <Ziel, Wunsch>, um <Nutzen> zu erlangen.«

User Story Title

As a <user/who>
I want <action/what>
So that <purpose/why>

Abb. 70: Vorlage User Story

!

Story Map *[engl.: Story map]*

Bezeichnet eine nach Kriterien geordnete Sammlung von User Stories. Story Maps werden oft eingesetzt, um das Product Backlog zu strukturieren.

Bei einer **Story Map** werden User Stories anhand zweier Dimensionen geordnet. In der horizontalen Dimension wird die Priorität oder die logische Reihenfolge des Systemaufbaus von links nach rechts beschrieben.

In der vertikalen Dimension sortiert man nach Definitionsgrad der Stories (Welche sind bereits »ready to process«?) oder nach Releases (Auslieferungszyklen).

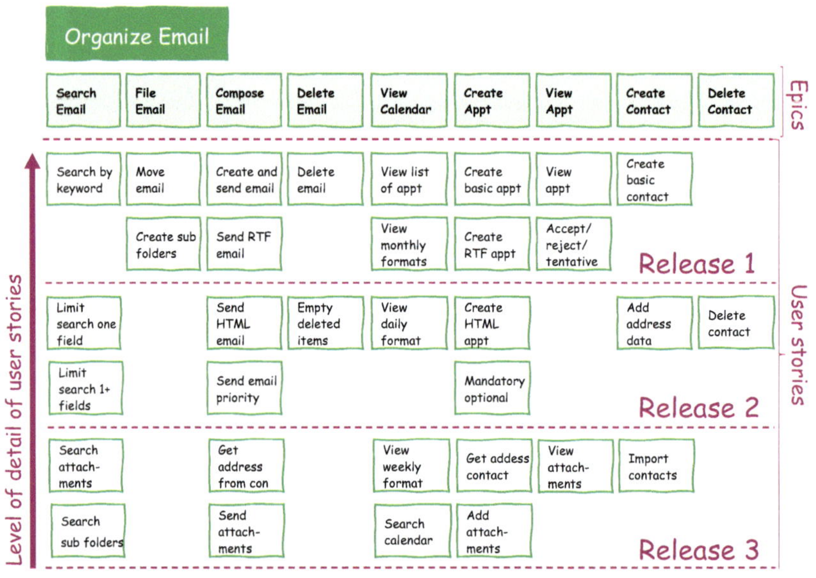

Abb. 71: Beispiel Story Map

BZ

Dokumente, die den Leistungsumfang eines Projektes beschreiben, sind:

!

Pflichtenheft *[engl.: Functional specification]:*

Wird vom Auftragnehmer (in Zusammenarbeit mit dem Auftraggeber) auf der Basis des Lastenheftes erstellt und enthält alle verbindlich zu liefernden Lieferobjekte. Frage: Wie soll es gemacht werden?

!

Lieferobjekte

»Synonym: Liefergegenstände, deliverables

Ergebnisse, die am Ende eines Vorgangs, Arbeitspaketes oder Projektes zu erbringen bzw. abzuliefern sind. Sie sind materielle oder immaterielle Ergebnisse des Projektes, die dem Kunden übergeben werden.« (Motzel)

Pflichtenheft

1. Fachliche/Technische Lösung
2. Komponentenbeschreibung
3. Genehmigungsergebnisse
4. Logistik
5. Inbetriebnahme und Betrieb
6. Wartung und Störfälle
7. Ausschreibung und Lieferanten
8. Projektkalkulation
9. Projektplanung und -überwachung
10. Anhang

Abb. 72: Beispiel Gliederung Pflichtenheft

Projektstrukturplan *(PSP) [engl.: Project Breakdown Structure oder Work Breakdown Structure (WBS)]*

»Darstellung einer Projektstruktur als Ergebnis der Projektstrukturierung. In der Praxis hat sich die Benennung ›Projektstrukturplan‹ ausschließlich für die Darstellung einer Projektaufbaustruktur durchgesetzt. Die Visualisierung der Projektstruktur kann in unterschiedlichen Formen erfolgen: BZ

(a) in Listenform als einfache Auflistung der Elementbezeichnung (beschreibender Elementtext) und der entsprechenden Codierung,

(b) wie (a), jedoch strukturiert mit Schrifthervorhebungen und Text-Einrückungen zur Verdeutlichung der Strukturebenen, und in den meisten Fällen

(c) grafisch als hierarchische Baumstruktur mit (kastenförmig umrandeten) Elementtexten inklusive Codierung, ggf. mit Angabe der Verantwortlichen.

Aufgrund der zunehmenden Verwendung von Projektmanagement-Software setzen sich die in (a) und vor allem (b) genannten Formen immer weiter durch.« (Motzel)

3.3.1.2 Leistungsumfang strukturieren BZ

Inhalt und Umfang *[engl.: Scope und/oder Content]*

»Synonyme: Projektinhalt und -umfang, Leistungsumfang

Gesamtheit der Produkte, Dienstleistungen und Ergebnisse, die in einem Projekt zu erbringen sind. Diese beziehen sich zum einen auf die Eigenschaften und Funktionen, die das Produkt, die Dienstleistung und das Ergebnis kennzeichnen [engl.: Product Scope], und zum anderen auf die Arbeit, die durchgeführt werden muss, um ein Produkt, eine Dienstleistung oder ein Ergebnis mit spezifischen Eigenschaften und Funktionen zu liefern [engl.: Project Scope]. Die Dokumentation von Inhalt und Umfang des Projekts [engl.: Scope Baseline] erfolgt durch die Leistungsbeschreibung [engl.: Scope Statement], den (aufgabenorientierten) Projektstrukturplan [engl.:

Work Breakdown Structure (WBS)] und die Gesamtheit der Arbeitspaketbeschreibungen [engl.: WBS Dictionary].
Alle diese Dokumente gehören zum Projektmanagement-Plan für das Projekt und bilden (zusammen mit dem Inhalts- und Umfangsmanagementplan, dem Anforderungsmanagementplan, dem Änderungsmanagementplan und dem Konfigurationsmanagementplan) die Basis für die Überwachung und Steuerung von ›Inhalt und Umfang‹.
Man muss den Output, die Ergebnisse und den Nutzen sowie den dazu erforderlichen Aufwand (Arbeit, Material, etc.) beschreiben können. Weiterhin ist es auch erforderlich, die nicht zum Projekt gehörenden Inhalte (›Out of Scope‹) abzugrenzen. Somit definiert der Scope die Außenlinien (im Sinne von Grenzen) des Projekts.« (Motzel)

Der Projektstrukturplan (PSP) ist das grundlegende Ordnungssystem der Projektplanung. Mit seiner Hilfe wird der Projektumfang in überschaubare Arbeitspakete aufgeteilt und in inhaltlich logische Einheiten strukturiert. Wenn alle Arbeitspakete abgearbeitet sind, muss das Projektziel erreicht sein.

Die Strukturierung ist hierarchisch und folgt dem Grundsatz: »Gerade so grob, dass Wesentliches sicher erkannt wird, nur so fein, dass die Übersicht nicht verloren geht.«

BZ

3.3.1.3 Hierarchische Darstellung

Der Projektstrukturplan besteht aus den Elementen: Wurzelelement, Teilaufgabe/Teilprojekt und Arbeitspaket.

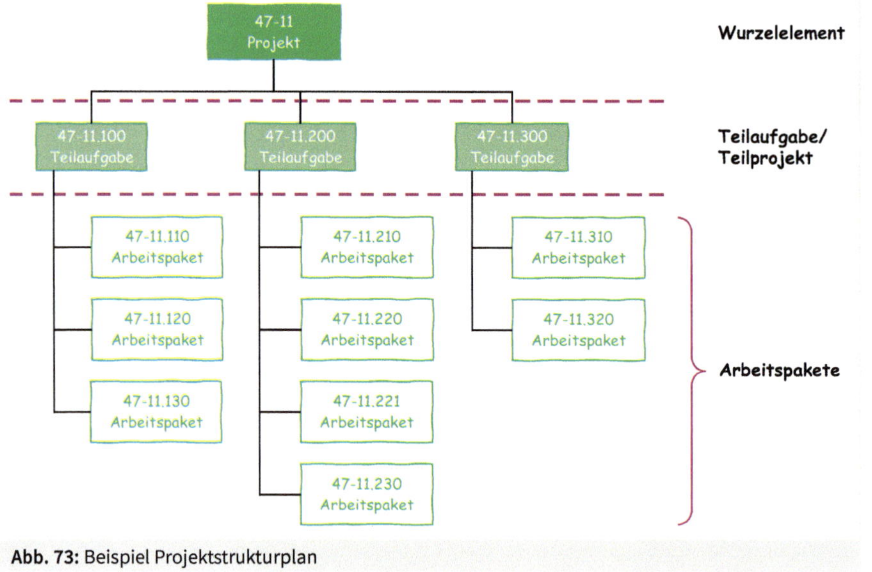

Abb. 73: Beispiel Projektstrukturplan

Das Arbeitspaket des Projektstrukturplans ist dessen kleinstes Element und ist dadurch gekennzeichnet, dass das Ergebnis von einer Person verantwortet wird (APV – Arbeitspaketverantwortlicher). Dabei können die einzelnen Tätigkeiten innerhalb des Arbeitspakets (Vorgänge) von zusätzlichen Mitarbeitern erbracht werden. Das Arbeitspaket spielt eine zentrale Rolle, da auf dieser Basis Kosten, Aufwände, Einsatzmittel, Termine etc. geplant werden.

3.3.1.4 Codierung

BZ

Man unterscheidet zwei Arten der Codierung:

- **Identifizierende Codierung:**
  Keine Verschlüsselung der Codierung, lediglich eindeutige Identifizierung numerisch bzw. dekadisch (z. B. WX100, WX200, WX210 etc.) oder alpha-numerisch (z. B. WX-AB.01, WX-AB.02, WX-AB.02.1 etc.)
- **Klassifizierende Codierung:**
  Inhaltliche Angaben zu den Strukturen werden in die Codierung mit aufgenommen. Beispiel: sprechende Kürzel (WX-PM01, WX-PM01.1) oder Nummer der verantwortlichen Abteilung (WX-ABT1-100, WX-ABT2-100 etc.)

3.3.1.5 Projektstrukturierung

Projektstrukturpläne werden deduktiv (top down) oder induktiv (bottom up) erstellt. Um eine Vollständigkeit sicherzustellen, können auch beide Methoden (top down und bottom up) angewandt werden (Gegenstromverfahren). Oft stehen auch von der Organisation vorgegebene Standard-Projektstrukturpläne zur Verfügung, die nur noch an das konkrete Projekt angepasst werden müssen.

Man unterscheidet drei unterschiedliche Ordnungsprinzipien (auch Gliederungsarten) eines Projektstrukturplans. Die Ordnungsprinzipien werden nach der ersten Strukturebene benannt.

Unabhängig vom Ordnungsprinzip wird die Teilaufgabe Projektmanagement immer getrennt als erste Teilaufgabe (links im PSP) ausgewiesen. Hier werden alle Projektarbeiten auf Managementebene als Arbeitspakete dargestellt.

3.3.1.6 Objektorientierung – »Stückliste«

Der objektorientierte Projektstrukturplan ist wie eine Stückliste aufgebaut und enthält alle zu liefernden (Teil-)Ergebnisse/Gewerke des Projektes. Dies ist ein sinnvoller Plan für ein Projektvorhaben, wenn die Komplexität des Projektes hauptsächlich in den Teilen des Projektes vorhanden ist und nur wenige Vernetzungen und zeitliche Abhängigkeiten eine Rolle spielen. In der Praxis ist das stark von der Branche abhängig. Bei IT-Projekten ist eine objektorientierte Strukturierung des PSP selten. In der Baubranche und auch in Bereichen des Fahrzeug- und Maschinenbaus kommt dieser Typ des Projektstrukturplans dagegen häufig vor.

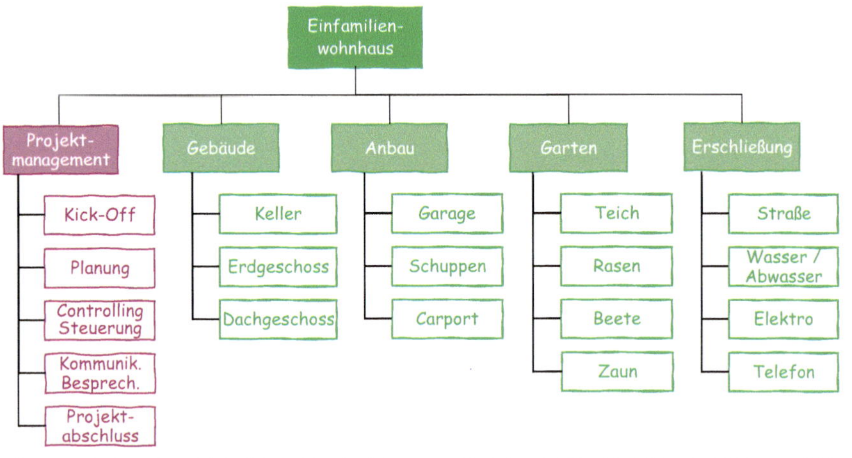

Abb. 74: Objektorientierter PSP

3.3.1.7 Phasenorientierung

Gliederungsmerkmal ist der zeitliche Ablauf nach den Projektphasen. Wird mit vordefinierten Vorgehensmodellen (z. B. Produktentstehungsprozess) gearbeitet, dann wird meist diese Art des PSP verwendet. Der zeitliche Ablauf von Projekten in Phasen lässt eine weitgehende Standardisierung des Ablaufes zu und ist ideal geeignet für Organisations- und EDV-Projekte. Bei der Produktentstehung können auch Reifegrade über entsprechende Entwicklungsphasen mit dazugehörigen Quality Gates abgebildet werden. Die Phasenorientierung führt oft zu einer umfassenden und sehr praktischen Form des Projektstrukturplans.

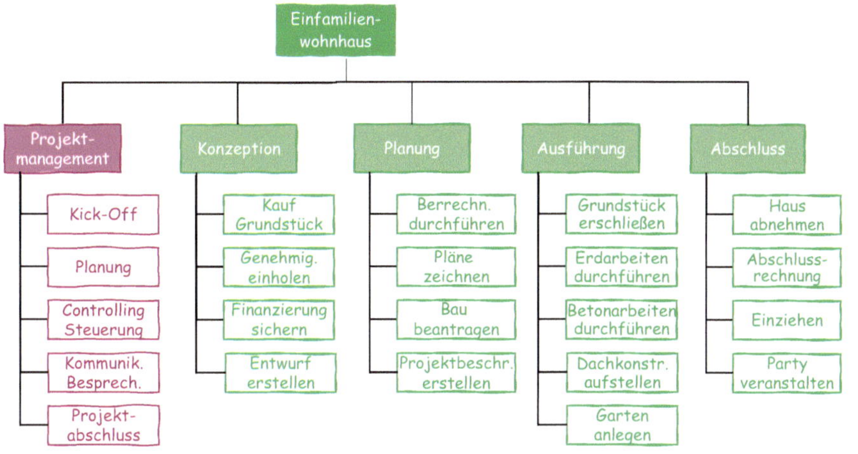

Abb. 75: Phasenorientierter PSP

3.3.1.8 Funktionsorientierung/Abteilungen im Unternehmen

Bei dieser Art von PSP werden die Aufgaben in einzelne Funktionen aufgeteilt. Oft werden die Funktionen in Unternehmen dann von separaten Abteilungen im Unternehmen ausgeführt, weswegen auf der obersten Gliederungsebene auch Abteilungen genannt werden können. Hier wird das projekthafte Arbeiten mit der Struktur der Linie verbunden und führt so zu einem sehr »sanften« Projektmanagement für die Organisation, aber erlaubt dadurch auch nur eine eingeschränkte Steuerung des Projekts.

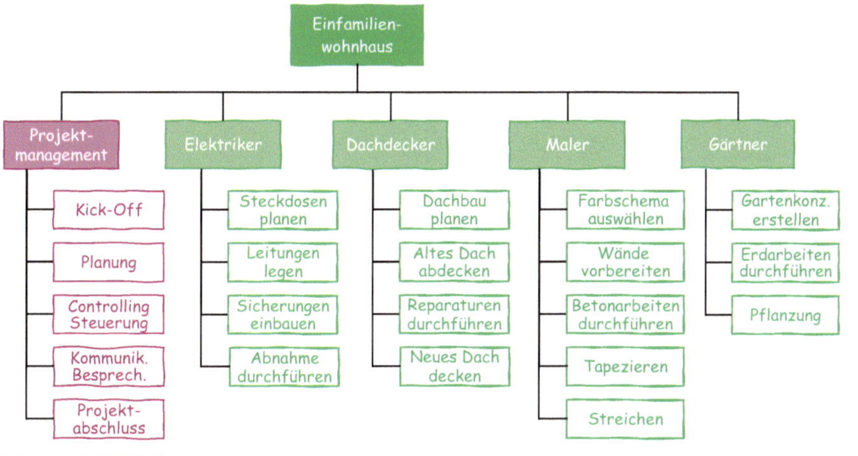

Abb. 76: Funktionsorientierter PSP

3.3.1.9 Gemischte Orientierung

In der Praxis werden die hier genannten drei Grundprinzipien der Strukturierung des PSP oft gemischt angewendet (also zwei dieser drei Prinzipien innerhalb eines PSP oder gar alle drei). In diesem Fall spricht man von einem **gemischt orientierten Projektstrukturplan.** Zu beachten ist hier jedoch, dass jede Gliederungsebene einem Prinzip folgt und auf gleicher Ebene keine Vermischung stattfindet. Dies würde zu einer Doppelung von Arbeitspaketen führen und den Plan unnötig aufblähen. Ein Wechsel der Gliederungsprinzipien auf der nächsten Ebene ist durchaus möglich.

3.3.1.10 Abgrenzung Ziele und Leistungsumfang

Lieferobjekte (Leistungsumfang oder Scope) und Ziele betrachten das gleiche, jedoch aus unterschiedlichen Perspektiven. Während die Ziele eine Handlungsrichtung vorgeben, deren Erreichen durch Messkriterien überprüft wird, definiert der Leistungsumfang alle Aktivitäten eines Projektes (Produkt und Projektmanagement). Diese werden zum Ende des Projektes anhand von Abnahmekriterien abgenommen. Deshalb ist es wichtig, bei der Definition des Leistungsumfangs auf jeden Fall auch Abnahmekriterien zu vereinbaren und zu dokumentieren.

Im agilen Projektmanagement-Ansatz erfolgt keine explizite Zieldefinition auf Projektebene, weil man davon ausgeht, dass am Anfang des Projektes noch keine genaue Definition inklusive Messkriterien vorliegt. Hier wird mit der Vision initial ein Rahmen beschrieben. Die Vision wird sowohl für das gesamte Vorhaben als auch für jeden Sprint definiert. Die zu erarbeitenden Ergebnisse werden in Backlogs, Features, Epics und User Stories beschrieben. Epics und User Stories beinhalten durchaus Abnahmekriterien, welche der Product Owner in Absprache mit den Stakeholdern definiert. Die Abnahme erfolgt im Review und dokumentiert dadurch die gelieferte Leistung der jeweiligen Inkremente.

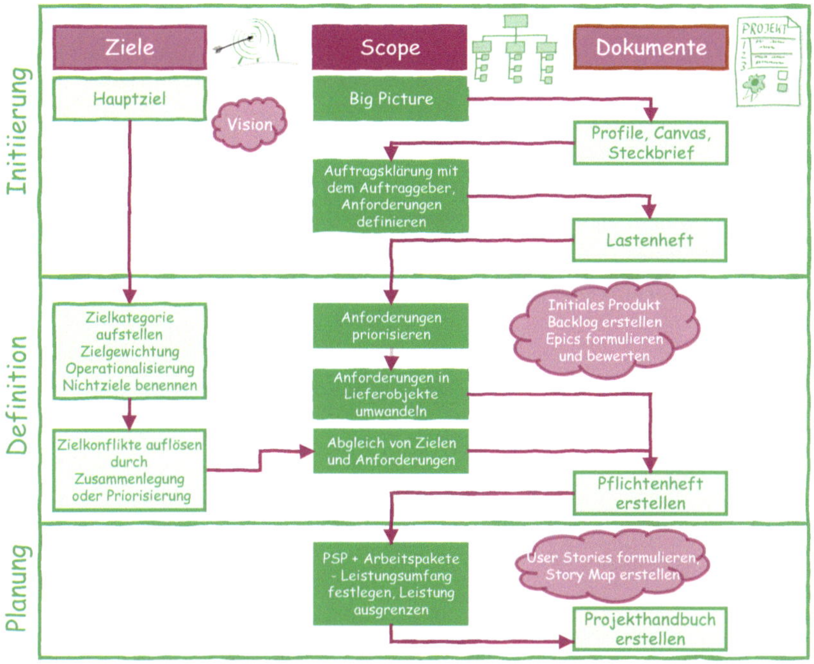

Abb. 77: Abgrenzung Ziele Leistungsumfang

3.3.1.11 Arbeitspakete definieren

BZ

***Arbeitspaket (AP)** [engl.: Work Package (WP)]*

!

»Bei der Projektgliederung bzw. Projektstrukturierung definierte Aufgabenbündel in einem Projekt, die im Projektstrukturplan nicht weiter untergliedert wird und somit in jedem ›Strukturast‹ der Projektstruktur die unterste Detaillierungseinheit bildet.

Ein Arbeitspaket beinhaltet bestimmte Ergebnisziele und beschreibt die Lieferungen und Leistungen, die unter vorgegebenen Randbedingungen und Nutzung bestimmter Mittel zu festgelegten Terminen und vorgegebenem Aufwand zu erreichen bzw. zu erbringen sind. Je nach Projektinhalt und -umfang kann ein Arbeitspaket eine abgegrenzte individuelle Einzelleistung oder ein ganzes Bündel inhaltlich zusammenhängender Lieferungen und Leistungen repräsentieren und einer einzelnen Person, einer Personengruppe oder einer größeren Organisationseinheit zugeordnet sein.

Arbeitspakete können prinzipiell auf jeder Projektstrukturplanebene liegen – außer auf der obersten, die dem Gesamtprojekt vorbehalten ist. Sie werden (zusammen mit den übergeordneten Teilaufgaben, Teilprojekten etc.) im aufgabenorientierten Projektstrukturplan dargestellt. Die weitere Untergliederung eines Arbeitspakets, z. B. in Vorgänge, erfolgt im Allgemeinen im Ablaufplan, Netzplan oder Balkenplan.

Zweck der Bildung von Arbeitspaketen sind insbesondere die:

- *systematische und vollständige Erfassung aller Projektaufgaben,*
- *Untergliederung des Projekts in plan- und kontrollierbare Einheiten,*
- *genaue Zuordenbarkeit und Abgrenzung von Zuständigkeit und Verantwortung für die Durchführung,*
- *Schaffung einer einheitlichen Kommunikationsbasis.«* (Motzel)

Arbeitspakete (AP) sind die kleinste Einheit eines Projektstrukturplans (Verantwortung des Ergebnisses durch eine Person) – APV – Arbeitspaketverantwortlicher. Sie enthalten alle relevanten Angaben (Vorgänge) zur Umsetzung von konkreten Aufgaben, die zu einem Arbeitspaket zusammengefasst wurden. Umfang und Form der Arbeitspakete variieren je nach Projekt und Organisation stark. Folgende Inhalte werden jedoch häufig genannt und dienen einer vollständigen und eindeutigen Beschreibung eines Arbeitspaketes:

<table>
<tr><td colspan="2">Arbeitspaketbeschreibung</td></tr>
<tr><td>AP-Name:</td><td>PSP-Nr.:</td></tr>
<tr><td>Projektname:</td><td>Datum: tt.mm.jjjj</td></tr>
<tr><td rowspan="6">Inhalt (ggf. Verweis auf Kapitel Pflichtenheft):
Blatt:
Verantwortlich AP:

Auftraggeber AP:
Start:
Ende:</td><td>Version:</td></tr>
<tr><td></td></tr>
<tr><td></td></tr>
<tr><td></td></tr>
<tr><td></td></tr>
<tr><td></td></tr>
<tr><td colspan="2">Abnahmekriterien (bei Statusschrittmethode auch % erreicht/Status):</td></tr>
<tr><td colspan="2">Schnittstellen zu anderen Arbeitspaketen oder Dokumenten:</td></tr>
<tr><td colspan="2">Vereinbarte (Zwischen-)Termine:</td></tr>
<tr><td>Voraussetzungen, Vorarbeiten
(Einsatzmittel, Dokumente, etc.)</td><td>Risiken:</td></tr>
<tr><td>Dauer (Tage, Wochen, Monate):</td><td rowspan="3">Fortschrittsgradmessung
Methode:</td></tr>
<tr><td>Aufwand (PT):</td></tr>
<tr><td>Kosten (T€):</td></tr>
<tr><td colspan="2">Anlagen:</td></tr>
</table>

Tab. 13: Arbeitspaket – Formular

Pro Arbeitspaket werden sowohl Dauer als auch Aufwand geschätzt (Synonym: Arbeit=Dauer × Aufwand).

Dauer: ist der Zeitraum, innerhalb dessen das Arbeitspaket bearbeitet wird (Synonym: Bruttozeit). Die Dauer wird in Tagen, Wochen, Monaten oder Jahren angegeben.

Aufwand: ist der Arbeitsaufwand, der erbracht werden muss, um eine Aufgabe/ein Arbeitspaket vollständig zu bearbeiten (Synonym: Nettoaufwand). Der Aufwand wird in PT (Personentagen) oder Ph (Personenstunden) angegeben.

Beispiel:

2 Personen sollen eine Grube ausheben und sie schätzen, dass sie dazu 2 ganze Tage Zeit brauchen.

- Dauer: 2 Tage
- Aufwand:
  - 4 PT insgesamt
  - 2 PT pro Tag

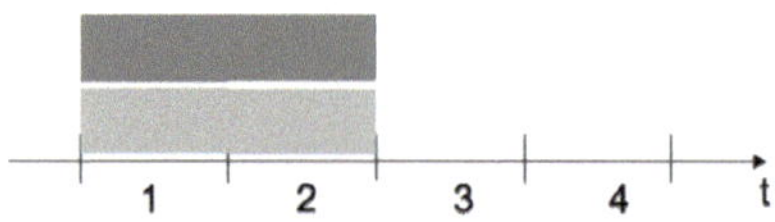

Eine Person verletzt sich vor Beginn der Arbeit, sodass die andere Person die Grube selbstständig ausheben muss.

- Dauer: 4 Tage
- Aufwand:
  - 4 PT insgesamt
  - 1 PT pro Tag

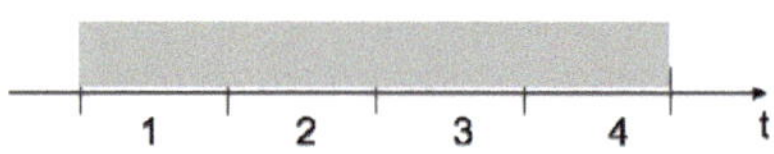

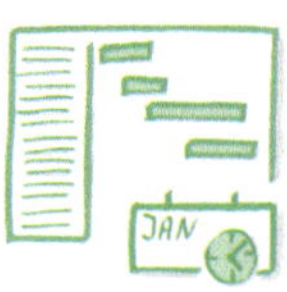

3.3.2 Ablauf und Termine (4.5.4)

Die Kompetenz Ablauf und Termine strukturiert alle identifizierten Komponenten in einer zeitlichen Reihenfolge, um die Projektdurchführung zu optimieren und zu gewährleisten.

!

BZ

***Ablauf- und Terminplanung** [engl.: Project Scheduling]*

»Definition der Vorgänge und Ereignisse des Projektablaufs und Festlegung der Vorgangsdauer sowie der technologischen und zeitlichen Anordnung (Anordnungsbeziehungen).
Zur Ablauf- und Terminplanung werden in der Praxis unterschiedlich aufwändige Methoden eingesetzt, die nach ihrem Ergebnis unterschieden werden können. Das Ergebnis der Ablauf- und Terminplanung kann sein:

- *eine Vorgangsliste mit Plan-Terminen,*

- *ein Netzplan. Informationsbedarf und Informationsgehalt der jeweiligen Planungsmethode erhöhen sich grundsätzlich in der aufgeführten Reihenfolge,*
- *ein ›zeitfixierter‹ und/oder ›vernetzter‹ Balkenplan.«* (Motzel)

3.3.2.1 Vorgangsliste

BZ

In der **Vorgangsliste** werden sämtliche Vorgänge eines Projektes tabellarisch aufgelistet. Identifizierte Arbeitspakete können dabei in mehrere Vorgänge (Aktivitäten) zerlegt werden. Das ist immer dann erforderlich, wenn ein Arbeitspaket terminlich nicht als Ganzes eingeplant werden kann oder binnen des Arbeitspaketes, Abhängigkeiten zwischen den Vorgängen zur Bearbeitung bestehen.

Im Ablaufplan werden die Elemente unabhängig vom Detaillierungsgrad als »Vorgänge« bezeichnet!

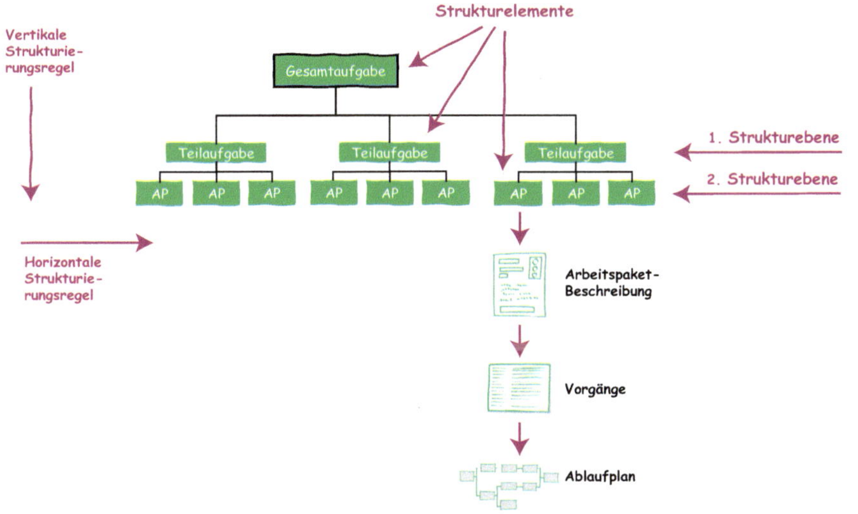

Abb. 78: Zusammenhang zwischen PSP und Vorgangsliste

Sämtliche Vorgänge werden in der Vorgangsliste verwaltet und benötigen folgende Angaben je Vorgang:

- Bezug zum PSP-Code und Vorgangsnummer
- Dauer und Aufwand
- Abhängigkeiten zu anderen Vorgängen (angegeben in Anordnungsbeziehungen, s. u.)

Nach Überführung der Arbeitspakete in die Vorgangsliste werden diese nur noch »Vorgänge« genannt, auch wenn sie häufig den Arbeitspaketen in ihrer Granularität entsprechen.

Code	Vorgangsbezeichnung	Dauer [Tage]	Vorgänger + AOB (Default = NF)
AP-1.1	Vorgang A	2	MS2
AP-1.2	Vorgang B	5	AP-1.1
AP-1.3	Vorgang C	8	AP-1.2; AP-1.4
AP-1.4	Vorgang D	4	AP-1.1
AP-1.5	Vorgang E	3	AP-1.1
AP-1.6	Vorgang F	6	AP-1.4
AP-1.7	Vorgang G	4	AP-1.6
AP-1.8	Vorgang H	7	AP-1.6; AP-1.5
AP-1.9	Vorgang I	4	AP-1.3; AP-1.7; AP-1.8
MS3	Meilenstein 1	0	AP-1.9

Tab. 14: Vorgangstabelle

BZ

3.3.2.2 Netzplan

!

***Netzplan** (NP) [engl.: Network Diagram or »PERT Diagram«]*
»Synonym: Projektnetzplan
Grafische oder tabellarische Darstellung des Projektablaufs oder Teilen davon in Form von Ablaufelementen der Netzplantechnik als Vorgänge, Ereignisse und Anordnungsbeziehungen. Die zeichnerische Darstellung des Netzplans erfolgt grundsätzlich von links nach rechts, mit oder ohne Angabe eines Zeitmaßstabs. Die grafische Form der Netzplandarstellung wird im angelsächsischen Projektmanagement als ›Network Diagram‹, häufig aber auch generell als ›PERT-Diagram‹ bezeichnet – zur Unterscheidung gegenüber dem Balkenplan [engl.: Gantt Chart] und dem vernetzten Balkenplan [engl.: Time-Scaled Network Diagram].« (Motzel)

Der Netzplan zeigt die sachlogische Verknüpfung der einzelnen Vorgänge auf. Als Synonym zum Netzplan kann auch die Bezeichnung »Ablaufplan« verwendet werden.

Neben der sachlogischen Verknüpfung werden mithilfe der Netzplantechnik weitere zeitliche Aspekte des Projektes berechnet:

- Gesamtdauer des Projektes (unabhängig von der konkreten Terminplanung!),
- Pufferzeiten (Gesamtpuffer und Freier Puffer),
- Früheste und späteste Lage der Vorgänge (wann kann ein Vorgang frühestens/spätestens anfangen/aufhören?),
- Kritischer Pfad.

In der Praxis wird hauptsächlich der Vorgangsknoten-Netzplan angewendet. Daher wird nur dieser in der Folge dargestellt und erläutert.

*Ein **Vorgangsknoten-Netzplan** (VKN) verwendet Knoten zur Symbolisierung von Vorgängen und Pfeile zur Darstellung der Anordnungsbeziehungen. Der VKN ist die derzeit am weitesten verbreitete Darstellungsform in der Netzplantechnik. Entwickelt wurde diese Darstellung 1957.*

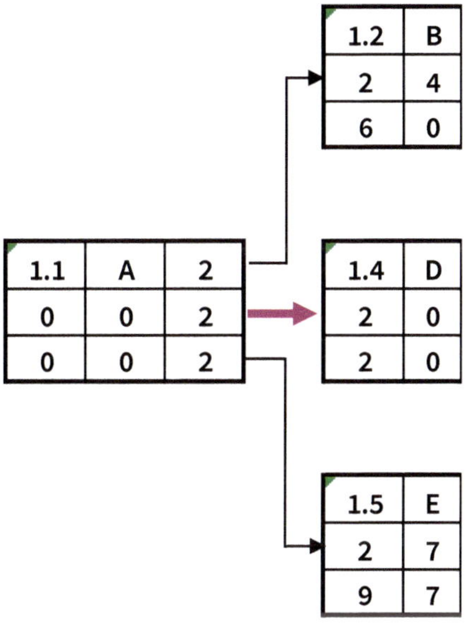

Abb. 79: Ausschnitt aus einem Vorgangsknoten-Netzplan

Elemente eines Netzplans

Der Vorgangsknotenplan besteht aus folgenden Elementen:

Begriff	Definition	Erläuterung
Vorgang	Ablaufelement, das ein bestimmtes Geschehen beschreibt Besitzen einen definierten Anfang und ein definiertes Ende und damit eine Vorgangsdauer	Häufig verwendete populäre Begriffe: Tätigkeit, Aktivität, Arbeitsschritt …
Ereignis	Beschreibt einen bestimmten Zustand Tritt zu einem bestimmten Zeitpunkt ein Hat keine zeitliche Ausdehnung (Dauer = 0)	Ein Ereignis von besonderer Bedeutung bezeichnet man als Meilenstein
Anordnungsbeziehung (AOB)	Eine quantifizierte Abhängigkeit zwischen Ereignissen oder Vorgängen	z. B. Normalfolge

Begriff	Definition	Erläuterung
Knoten	Element der grafischen Darstellung: symbolisiert Vorgang oder Ereignis	Werden als Kästchen dargestellt
Pfeil	Element der grafischen Darstellung: symbolisiert eine Anordnungsbeziehung	Beschreibt die Richtung des Ablaufs
Kritischer Pfad	Ergibt sich aus einer Folge von Vorgängen und Ereignissen ohne Pufferzeiten (Gesamtpuffer = 0).	Muss bei Projektverkürzung angepasst werden, z. B. durch Parallelisieren von Vorgängen oder Verkürzung von Vorgangsdauern

Netzplanberechnung

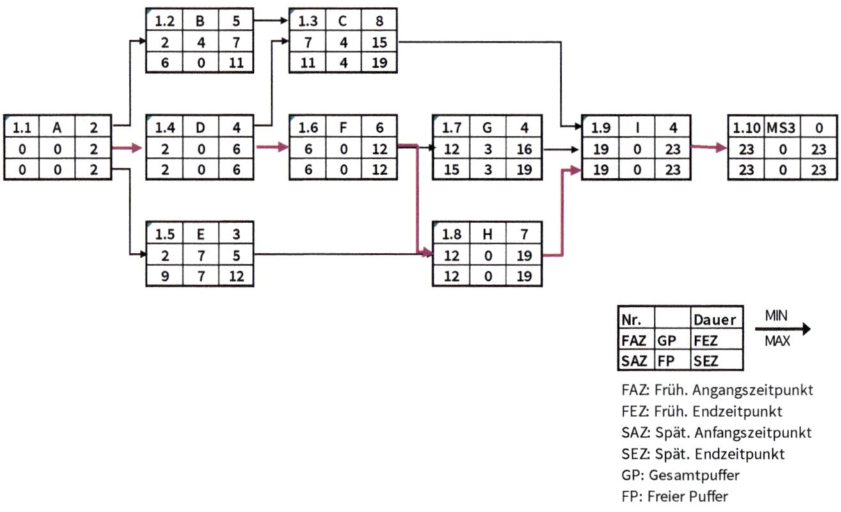

Abb. 80: Beispiel Netzplan

Begriff	Beschreibung
Nr. (=Vorgangsnummer)	Eindeutige Codierung des Vorgangs. Kann aus dem PSP abgeleitet sein.
(Vorgangs-)Dauer	Kann in Tagen, Wochen oder Monaten angegeben werden, je nach Projektplanung
FAZ	Frühester Anfangszeitpunkt (eines Vorgangs)
FEZ	Frühester Endzeitpunkt
SAZ	Spätester Anfangszeitpunkt

Begriff	Beschreibung
SEZ	Spätester Endzeitpunkt
GP	Gesamtpuffer (GP = SAZ – FAZ oder SEZ – FEZ)
FP	Freier Puffer (FP = FAZ Nachfolger – FEZ Vorgänger)

Alle Vorgänge im Netzplan haben immer einen Vorgänger und einen Nachfolger. Ausgenommen sind dabei der Startvorgang (kein Vorgänger) und der Zielvorgang (kein Nachfolger).

3.3.2.3 Anordnungsbeziehungen

BZ

Die sachlogische Anordnung zwischen zwei Vorgängen wird im Netzplan durch Pfeile dargestellt. Folgende **Anordnungsbeziehungen (AOB)** zwischen zwei Vorgängen werden unterschieden:

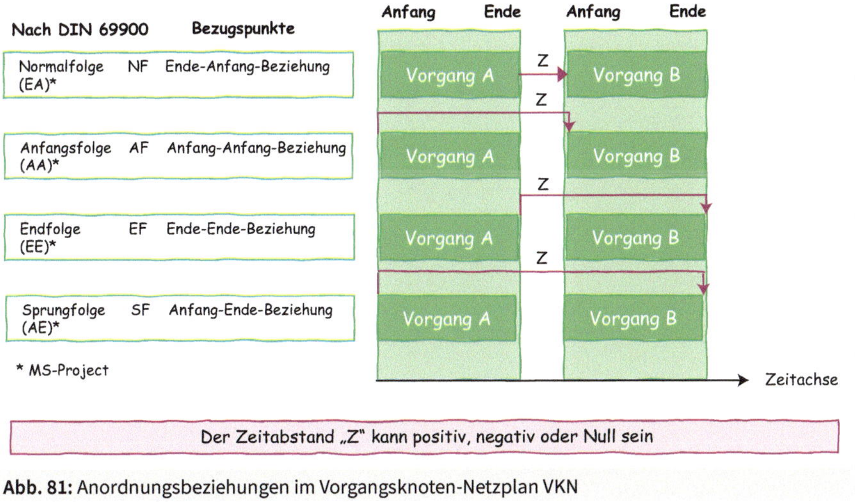

Abb. 81: Anordnungsbeziehungen im Vorgangsknoten-Netzplan VKN

Normalfolge	Vorgang A muss beendet sein, bevor Vorgang B starten kann. Serielle Abfolge	Beispiel: Der Dachdecker kann erst das Dach decken, wenn der Dachstuhl fertig ist.
Anfangsfolge	Vorgang B kann begonnen werden, sobald Vorgang A begonnen hat Parallelisierung, Durchlaufzeitverkürzung	Beispiel: Der Dachdecker deckt das Dach und bringt gleichzeitig im Inneren die Dachdämmung an.
Endfolge	Vorgang B kann beendet werden, sobald Vorgang A beendet ist. Gemeinsames Ende ist wichtig	Beispiel: Installateurarbeiten und Elektroarbeiten sind gemeinsam beendet. Der Stuckateur kann jetzt die Wände verputzen.
Sprungfolge	Vorgang B kann nicht beendet werden, sobald Vorgang A noch nicht begonnen wurde.	Beispiel: Der Parkettkleber wird aufgetragen. Die Parkettdielen sind anzubringen, bevor der Parkettkleber ganz verteilt ist bzw. bevor er trocknet.

Zwischen Vorgängen sind mehrere (unterschiedliche) Anordnungsbeziehungen möglich.

In der Praxis wird die Normalfolge nicht extra benannt. Dies bedeutet, dass Anordnungsbeziehungen ohne Namensnennung, Normalfolgen sind. Anfangs-, End- und Sprungfolgen sollten so eingehalten werden. Sie stellen aber keinen Zwang dar. Das bedeutet z. B., dass zwei Vorgänge mit einer Endfolge zur gleichen Zeit fertig sein sollten, aber nicht müssen.

BZ

3.3.2.4 Puffer

!

***Puffer** [engl.: Buffer oder Reserve oder Allowance]*

»Synonyme: Zuschlag, Reserve, Spielraum

(1) Dezidierte in geplanter und/oder im Rahmen der vorgegebenen Randbedingungen verfügbarer Dispositionsspielraum für (im Einzelnen zu spezifizierende) Projektparameter, z. B. Termine, Aufwand, Einsatzmittel, Risiken.

(2) Vorräte an Zeit und Ressourcen, die bei planmäßigem Ablauf nicht verbraucht werden, jedoch zur Überwindung von Störsituationen eingesetzt werden können [7].

(3) Zuschlag/Reserve im Projektmanagementplan zur Minderung des Kosten- und/oder Terminrisikos. Der Begriff Puffer (im Sinne von Reserve) wird häufig mit einem Modifikator verwendet (z. B. Managementreserve, Sicherheitsreserve), um weiter zu spezifizieren, welche Risikoarten gemeint sind, die vermindert werden sollen.« (Motzel)

Bei der Netzplanberechnung werden zwei unterschiedliche Pufferarten unterschieden:

Gesamtpuffer:
»Gibt die verfügbare Zeit an zwischen der frühesten und der spätesten Lage eines Vorgangs.« (Motzel)

!

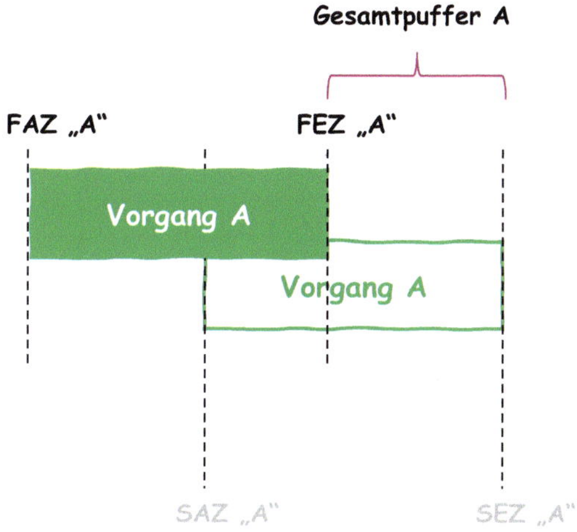

Abb. 82: Gesamtpuffer

Freier Puffer:
»Bestimmt die Zeit, um die ein Vorgang gegenüber seinem Nachfolger verschoben werden kann, ohne dass der Nachfolger beeinträchtigt wird. Dabei werden die frühesten Lagen betrachtet.« (Motzel)

!

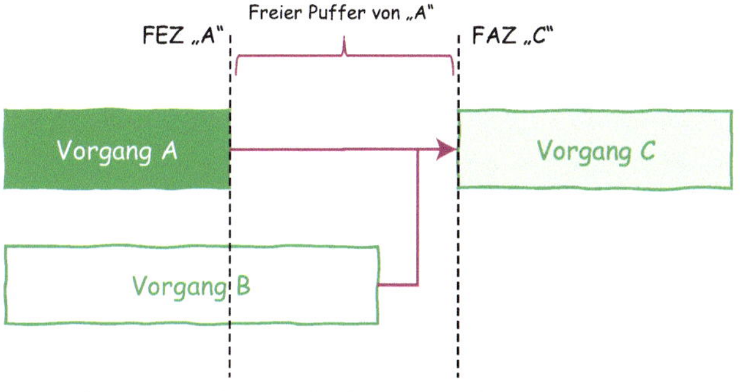

Abb. 83: Freier Puffer

3.3.2.5 Minimale und Maximale Zeitabstände

Häufig ist es aus technischen Gründen notwendig, bestimmte Zeitabstände einzuhalten. Diese werden mit den sogenannten MINZ oder MAXZ Beziehungen definiert. Die minimalen bzw. maximalen Zeitabstände dürfen nicht unter- bzw. überschritten werden.

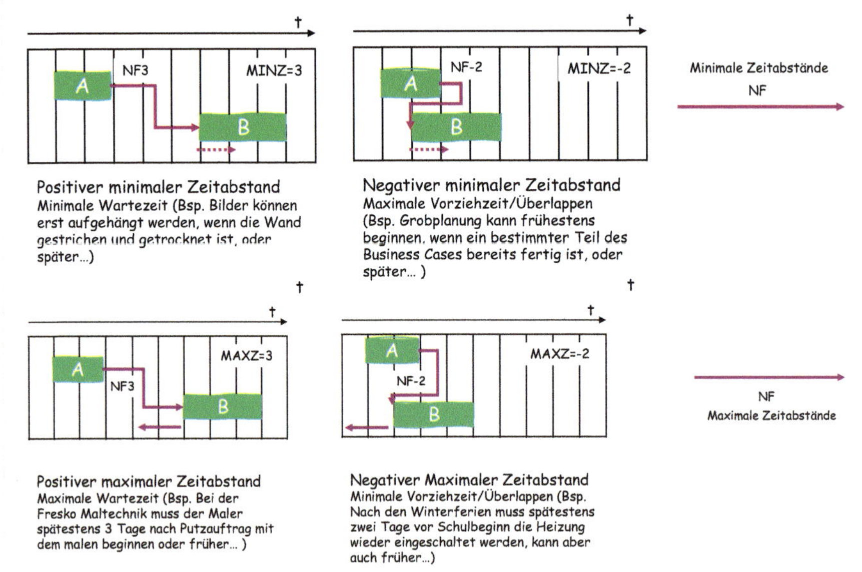

Abb. 84: Minimale und Maximale Zeitabstände

3.3.2.6 Gantt-/Balkendiagramm

! BZ

***Balkenplan** [engl.: Bar Chart or Gantt Chart]*

»Synonyme: Balkenterminplan, Balkendiagramm, Gantt-Diagramm (Nach dem amerikanischen Maschinenbauingenieur H. L. Gantt.)

*Grafisches Aufgaben/Zeit- bzw. Termindiagramm zur Darstellung der zeitlichen Lage und Dauer einer Serie von Projektaufgaben, z. B. Projekte, Teilaufgaben, Arbeitspakete, Vorgänge, in Form von Balken. Ein Balkenplan kann entweder direkt (d. h. durch Definition der Aufgaben und Festlegung ihrer Dauer und Lage) entwickelt werden oder sich aus einem zuvor erstellten Netzplan ableiten – als Ergebnis einer zuvor erfolgten Ablauf- und Terminplanung für ein Projekt oder einen Projektteilbereich. Im letzteren Fall kann der Balkenplan auch als vernetzter Balkenplan (d. h. mit Anordnungsbeziehungen) dargestellt werden. Dieser ›kombinierte Netz- und Balkenplan‹ wird im Englischen als **Time-Scaled Network Diagram** bezeichnet.*

Hinweis: Das Grundprinzip des Balkenplans wird in der Praxis häufig auch zur Darstellung der Projektphasen in einem Phasenmodell oder Phasenplan verwendet. Außerdem bildet der Balkenplan in der Regel die Basis für die Darstellung von Einsatzmittel- und Kostendiagrammen (Ganglinien und Summenlinien).« (Motzel)

Erst mit der Erstellung eines Balkendiagramms werden die Balken anhand einer Zeitleiste ausgerichtet. Danach wird die **Kalendrierung** des Projektes vorgenommen und sämtliche Vorgänge werden terminiert. Mit moderner Projektmanagement-Software werden diese beiden Schritte zusammengefasst. Dabei müssen berücksichtigt werden:

- Wochenenden, Feiertage (ggf. aus verschiedenen (Bundes-)Ländern)
- Schichtbetrieb
- Betriebsferien
- Realistische Rahmenbedingungen

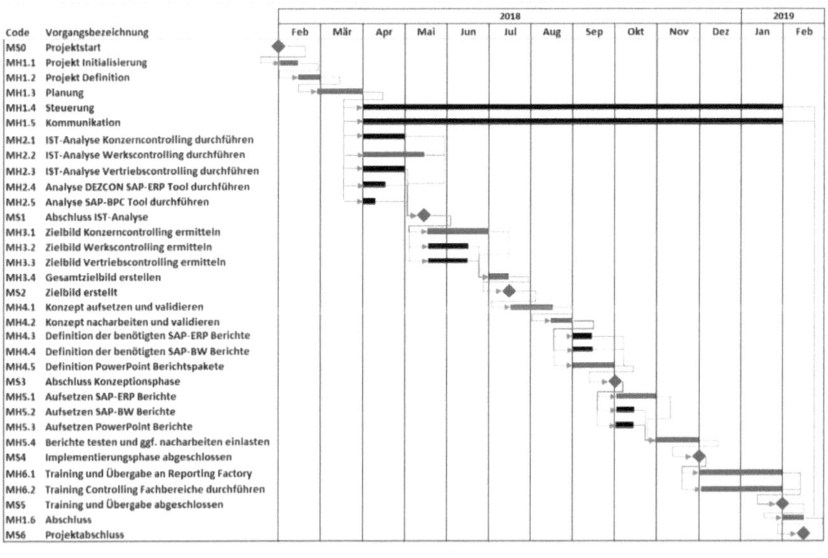

Abb. 85: Vernetzter Balkenplan

Meist wird diese Planung in mehreren Schritten hinsichtlich Durchlaufzeiten optimiert. Die endgültige Planung muss von den Projektbeteiligten und dem Auftraggeber abgenommen und freigegeben werden.

3.3.2.7 Terminplanung in der Praxis

BZ **Klassisches Projektmanagement**

Die oben beschriebenen Methoden beziehen sich auf das klassische Projektmanagement. Hier stellt das Projektteam auf Basis des Phasenplans zu Projektbeginn einen Terminplan auf, der dann Schritt für Schritt abgearbeitet wird.

Anhand der Projektphasen, Vorgänge und Meilensteine können sich alle Projektbeteiligten bezüglich des Zeitablaufs des Projektes orientieren. Der vollständige Terminplan bildet gleichzeitig die Basis für das spätere Projektcontrolling durch Soll-/Ist-Vergleiche der Zielgrößen Kosten – Termine – Leistung.

Ist der initiale Terminplan aufgestellt, wird er meist mehrere Male überarbeitet, um weitere Abhängigkeiten zu berücksichtigen und die Projektdurchführung sicherzustellen:
- Vorgegebene Endtermine (z. B. Inkrafttreten von Gesetzen) oder Wunschtermine
- Ressourcenengpässe
- Urlaubsplanungen bzw. Werksschließungen
- Parallel laufende Projekte
- Strategische Überlegungen auf Unternehmensebene (z. B. Priorisierung innerhalb des Projektportfolios)
- Etc.

Im agilen Projektmanagement treten Terminpläne, so wie wir sie aus dem klassischen Projektmanagement kennen, in den Hintergrund. Vielmehr werden hier Releasepläne aufgebaut, innerhalb derer möglichst viel Funktionalität geliefert wird.

BZ **Agiles Projektmanagement**

Durch agiles Projektmanagement begegnet man dem Komplexitätsgrad verschiedener Vorhaben. Hier wird im Vergleich zum klassischen Projektmanagement der Leistungsumfang zum Projektbeginn nicht vollständig definiert, da dies aufgrund der Neuartigkeit und der unbekannten Variablen nur eingeschränkt möglich ist. Das WAS und das WIE schärfen sich erst während der Projektdurchführung und erfordert »Projektlernen«, welches im Vordergrund steht. Erst mit der Schärfung des Leistungsumfangs aufgrund des iterativen Projektlernens entstehen genauere Releasepläne und lassen eine bessere Terminplanung zu.

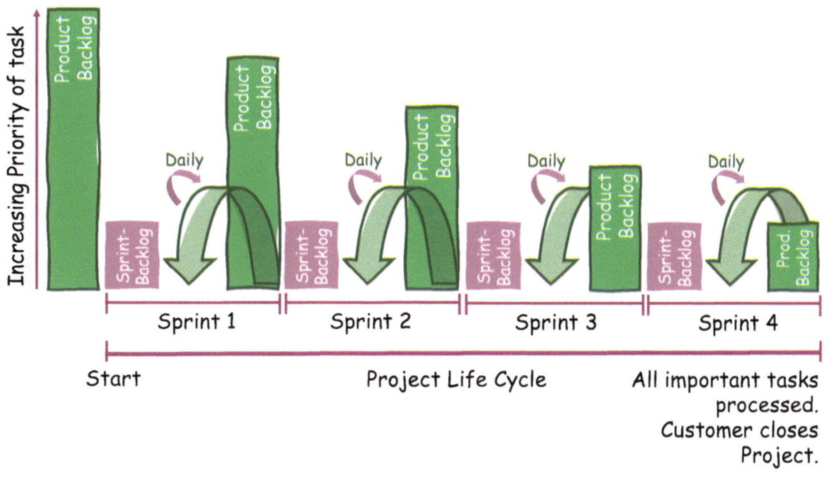

Abb. 86: Ablauf Scrum

Kanban verzichtet ganz auf Phasen- und Terminpläne. Hier steht der »Flow«, also der optimale Durchfluss der Bearbeitung im Vordergrund. Dieser kann nicht durch Terminpläne vorgegeben werden, sondern wird durch das CFD – Cumulative Flow Diagram gesteuert:

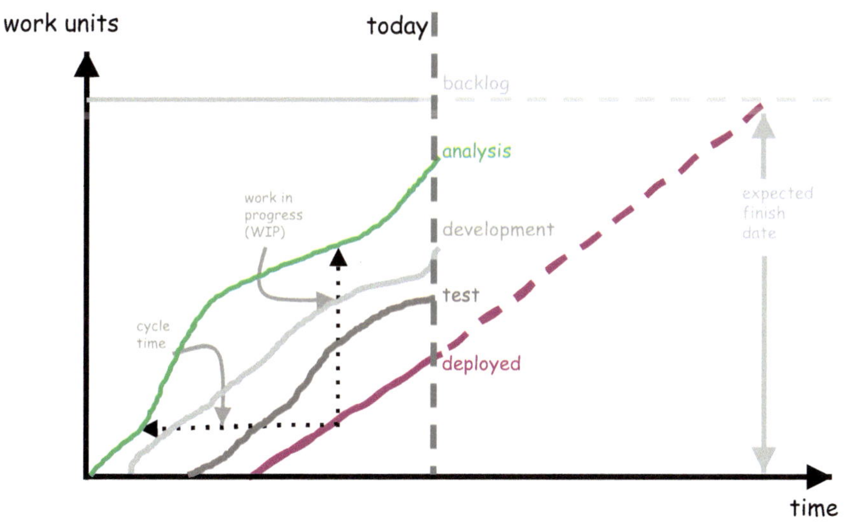

Abb. 87: Beispiel Cumulative Flow Diagram

Jede Messgröße (backlog, anaylsis, development, test, deployed) steht für eine »Swimlane« auf dem Kanban Board.

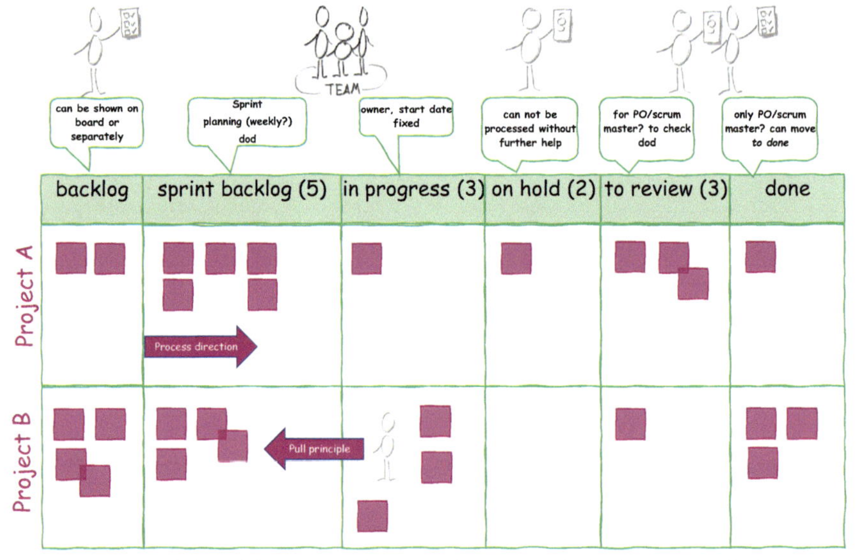

Abb. 88: Beispiel Kanban Board

Je geringer die Cycle Time (Durchlaufzeit) und gleichmäßiger sich die Linien weiterentwickeln, desto größer ist der Flow einer Aufgabenbearbeitung. Aus dem Diagramm kann auch der erwartete Abschluss der Arbeiten abgelesen werden, indem die »deployed« Linie extrapoliert wird (»expected finish date«). Im Gegensatz zu Scrum oder Wasserfallmodell hat Kanban kein vorgesehenes Ende. Es ist also eher eine Vorgehensweise des Prozessmanagements, die mit künstlich zeitlicher Begrenzung auch in Projekten eingesetzt werden kann.

Hybrides Projektmanagement

Im hybriden Projektmanagement werden die Planungsansätze vermischt. Die Varianten der Vorgehensweise sind vielfältig. Hier werden zwei Ansätze beispielhaft beschrieben.

Beispiel: Klassischer Ansatz mit einer agilen Phase

Das Projekt ist komplex, aber mithilfe einer Vorstudie kann die Komplexität so reduziert werden, dass danach die weitere Abwicklung in einer klassischen, sequenziellen Planung sinnvoll erfolgen kann. Im Phasenplan bildet sich das wie folgt ab:

- Definitionsphase – klassisch
- Vorstudienphase – iterativ, mit agilen Rollen und Events
- Planungsphase – klassisch
- Durchführung – klassisch
- Abschluss – klassisch

Beispiel: Agiler Ansatz mit klassischen Elementen

In einem komplexen Umfeld beschließt die Organisation, ein wichtiges Projekt agil durchzuführen. Es werden agile Rollen wie PO, SM und Entwicklungsteam (s. Kap. 3.2.1.3) eingeführt. Die Meetings richten sich an Scrum aus mit Daily, Planning, Review und Retrospektive. Da die Organisationskultur des Unternehmens jedoch noch sehr klassisch ausgerichtet ist, besteht das Management auf klassischen Berichtsstrukturen und der Gesamtverantwortung unter einer Projektleitung, die den agilen Rollen beiseite gestellt wird.

In der Durchführung sieht das wie folgt aus:

- Klassische Phasenplanung mit kurzer Definitions- und Abschlussphase.
- In Iterationen aufgeteilte Durchführungsphase mit Nennung der Sprint-Ziele soweit möglich
- Gesamtverantwortung liegt bei der Projektleitung. Sie übernimmt die Aufgaben Controlling, Stakeholdermanagement, Risikomanagement, Berichtswesen, Mitarbeiterführung. Die fachliche Verantwortung liegt bei den agilen Rollen.

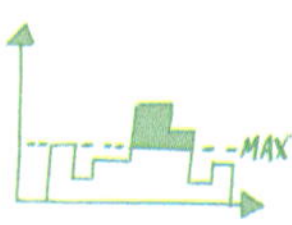

3.3.3 Ressourcen (4.5.8)

Die Kompetenz Ressourcen umfasst die Definition, Beschaffung, Kontrolle und Entwicklung von Ressourcen und mündet im Ressourcenmanagement, welches zum Erzielen des Projektergebnisses erforderlich ist.

Sie beschreibt die Planung und den Einsatz von **Personal und Sachmitteln**, welche im Projektverlauf benötigt werden. Erkennbar ist der Ressourcenbedarf aus dem Terminplan, in dem die jeweiligen Vorgänge in ihrer zeitlichen Lage mit den erforderlichen Ressourcen geplant sind. Ziel der Ressourcenplanung ist es, eine optimale Ressourcenauslastung und -bereitstellung zu erreichen, um dadurch Engpässe frühzeitig erkennen und begegnen zu können.

Ressource/Einsatzmittel *[engl.: Resource]«* !

»Die Begriffe ***Ressource*** *und* ***Einsatzmittel*** *werden synonym verwendet. Sie sind Mittel, die zur Erledigung einer Aufgabe (z. B. Projekt, Teilaufgabe, Arbeitspaket, Vorgang) eingesetzt werden. Ressourcen bzw. Einsatzmittel können Personal oder Sachmittel sein.« (Motzel)*
Der ***Einsatzmittelbedarf*** *beschreibt die Menge an Einsatzmitteln, die zur Erzielung des Arbeitsergebnisses bzw. der Aufgabe zu einem bestimmten Zeitpunkt oder eines bestimmten Zeitraums erforderlich sind.*

BZ

3.3.3.1 Ressourcenarten

Man unterscheidet verschiedene **Einsatzmittelarten** (resource types) nach gemeinsamen Merkmalen, wie z. B. funktionalen Merkmalen, stofflichen Merkmalen oder beruflicher Qualifikation.

- Personelle Ressourcen
- Sachmittel: Infrastruktur (z. B. Büroräume, Labors), Ausrüstung (z. B. Maschinen) und Einrichtungen, Informatik, Anlagen, Betriebsmittel, Energie

Weiter kann man Ressourcen einteilen in:

- beständige und verbrauchbare Ressourcen (z. B. Baumaterial)
- Finanzmittel
- Informationen, Dokumente und Wissen
- Engpassressourcen (z. B. Spezialisten)

Sämtliche Ressourcen sind im Projekt zu planen und managen, um für die Projektbearbeitung einen sicheren Projektabschluss zu gewährleisten.

3.3.3.2 Aufwände schätzen

Für die Planung der rechtzeitigen und vollständigen Bearbeitung der Vorgänge und für die spätere Ressourcenplanung werden pro Aktivität die Aufwände geschätzt. Dabei bezieht sich die Aufwandsschätzung auf Personal und Sachmittel.

Die Kosten von Material können einfach berechnet werden. Baut man z. B. ein Krankenhaus, kann man die Anzahl der Fenster zählen und über den Preis eines Einzelfensters die Kosten aller Fenster des Krankenhauses ermitteln.

Bei Arbeitsaufwänden ist dies anders. Die Ressource Mensch ist nicht klar abzugrenzen (»dehnbar«). Während ein Mitarbeiter schneller arbeitet als der andere, haben beide unterschiedliche Fehlzeiten z. B. aufgrund von Krankheit oder Urlaub. Auch die jeweilige Qualifikation kann unterschiedlich sein und sich stärker oder schwächer auf die Arbeitsergebnisse auswirken. Hinzu kommen noch unterschiedliche Motivationen, welche weiteren Einfluss auf die benötigten Aufwände haben.

Es ist erkennbar, dass es sehr schwer ist, den Aufwand einer Aufgabe zu schätzen, ohne eine einheitliche Basis für die Ressource »Mensch« zu haben. Eine verlässliche Schätzung ist also weder zähl- noch messbar.

Trotzdem ist es wichtig, zumindest eine indikative Basis der für die Projektbearbeitung benötigten Ressourcen zu haben. Aus diesem Grund wurden zahlreiche Schätzverfahren entwickelt, die je nach Branche Anwendung finden.

!

BZ

Aufwandsschätzmethoden *[engl.: Effort Estimation Methods]*

»Gesamtheit der Vorgehensweisen zur Ermittlung des voraussichtlich erforderlichen Einsatzmittelaufwands für die Erledigung einer Aufgabe (z. B. Projekt, Teilaufgabe, Arbeitspaket, Vorgang) und weiterer wesentlicher Daten für die Einsatzmittelplanung, z. B. Einsatzmittel, Einsatzdauer, Qualifikation. Man unterscheidet folgende grundsätzliche Vorgehensweisen:

- ***Expertenbefragung****, d. h. Schätzungen durch ausgewählte Fachleute auf der Basis eigener Erfahrungen, ggf. unter Einbeziehung der ausführenden Stellen (z. B. Planning Poker, Delphi, Dreipunktschätzung), Basis ist der PSP mit seinen Arbeitspaketen.*
- ***Analogieschätzungen*** *(Analogie-Methoden) [engl.: analogous estimation] auf der Basis gesammelter Erfahrungswerte aus abgewickelten Projekten, z. B. in Erfahrungsdatenbanken.*
- ***Berechnungen*** *auf der Basis vorgegebener branchen- und/oder unternehmensspezifischer Kalkulationsschemata, ggf. in Verbindung mit Standards (z. B. Standardleistungsbuch), Richtzeitenkatalogen, Arbeitswerttabellen etc. Die Vielzahl der rechnerischen, d. h. der analytischen Methoden kann in drei Kategorien eingeteilt werden:*
  - ***Parametrische Methoden****, bei denen ein formelmäßiger Zusammenhang (Algorithmus) zwischen messbaren Ergebnisgrößen und dem dafür erforderlichen Personalbedarf hergestellt wird, z. B. COCOMO, Function-Point-Methode*
  - ***Vergleichsmethoden****, bei denen Ausgangsdaten, Leistungsmerkmale, Randbedingungen etc. des zu realisierenden Projekts mit denen abgewickelter Projekte verglichen werden und so auf den zu erwarteten Aufwand geschlossen werden kann,*
  - ***Kennzahlenmethoden****, bei denen aus abgeschlossenen Projekten bereits (vergleichbare) Kennzahlen vorliegen, die direkt zur Aufwandsermittlung geeignet sind. Die Aufwandsschätzmethoden werden in der Praxis häufig derart modifiziert, dass anstelle von ›Punktschätzungen‹ sogenannte ›Bereichsschätzungen‹ berücksichtigt werden, bei denen für einen gesuchten Wert mehrere Schätzungen erfolgen, z. B. Drei-Punkt-Schätzung.«* (Motzel)

BZ

Schätzklausur *[engl.: Estimation meeting]*

»Synonym: Expertenschätzklausur

Verfahren der iterativen Schätzung durch Expertenbefragung in Gruppenform, z. B. zur Aufwandsermittlung von Projektaufgaben, ggf. unter Einbeziehung der (später) Ausführenden. Zu einer Schätzklausur kommen alle benannten Fachleute ein- oder mehrmals an festgelegten Orten (heute auch vermehrt virtuell) und Terminen gemeinsam zusammen, idealerweise in störungsfreier Atmosphäre (›in Klausur‹). Die Durchführung erfolgt nach festgelegten Spielregeln, ggf. mit Unterstützung eines Moderators, und bedarf eingehender Vorbereitung. In einer Schätzklausur zur Aufwandsermittlung werden die Aufwände für die einzelnen Projektaufgaben zunächst unabhängig voneinander von jeweils mehreren Fachleuten geschätzt, dann die Schätzwerte gemeinsam begutachtet, Extremwerte je nach festgelegten Schätzregeln berücksichtigt oder ausgeschieden und schließlich konsensfähige ›Mittelwerte‹ gebildet.

Planning Poker:

Methode zur relativen Aufwandsschätzung von User Stories oder Aufgaben. Bezugspunkt ist eine Referenz-Story/-Aufgabe. Wird im Team auf Augenhöhe angewandt.

Schätzung kann in Punkten, T-Shirt-Größen oder PT erfolgen.

Die Schätzklausur bietet gegenüber anderen Formen der Aufwandsermittlung den Vorteil, dass bei den Schätzungen gleichzeitig die einzelnen Projektaufgaben in ihrer Definition und Abgrenzung (z. B. laut Arbeitspaketbeschreibung), die Projektstruktur und sonstige Randbedingungen begutachtet werden. Dabei werden beispielsweise auch bestehende Missverständnisse beseitigt und ein gemeinsames Projektverständnis aufgebaut.« (Motzel)

		Jan							Febr									März						
	Qualifikationen	AG	LK	PL	MA	HW	Arch	Mat	AG	LK	PL	MA	HW/S	HW/E	HW/B	Arch	Mat	AG	LK	PL	MA	HW	Arch	Mat
	Verfügbarkeit	32	8	48	32	0	1		32	8	48	32	2	2	4	1		32	8	48	32	2	1	
	Bedarf	2	2	45	2	0	0	0	4	0	24	0	0	0	4	2	0	4	0	20	0	0	0	0
	Über-/Unterdeckung	30	6	3	30	0	1	0	28	8	24	32	2	2	0	-1	0	28	8	28	32	2	1	0
Code	Vorgangsbezeichnung																							
MS0	Projektstart																							
GH0	Projektmanagement																							
GH0.1	Kick-Off	2	2	5	2																			
GH0.2	Meetings								4		4							4		4				
GH0.3	Koordination			8							8									8				
GH0.4	Abschluss inhaltlich																							
GH0.5	Einweihungsfest																							
GH1	Planung																							
GH1.1	Transfernachweis			32																				
GH1.2	Beratung Architekt										2					2								
GH1.3	Abklärung Bauvorschrift										2													
MS1	Planung von LK abgenommen																							
GH2	Ausschreibung + Bauvorbereitung																							
GH2.1	Vermessung Gelände														4									
GH2.2	Sanitär planen, Handwerker										4													
GH2.3	Elektro planen, Handwerker										4													
GH2.4	Auswahl Gewächshaus																			8				
GH2.5	Planung Nutzgarten																							
MS2	Alle Gewerke beauftragt																							

Abb. 89: Ausschnitt aus einer Aufwandschätzung auf Basis eines tabellarischen PSP (in Ph=Personenstunden)

3.3.3.3 Ressourcen gemäß festgelegtem Bedarf zuweisen und verteilen

Bei der Planung von Personalressourcen sollte immer der Mensch im Mittelpunkt stehen!

Ziel der Ressourcenplanung ist es, Bedarf und Verfügbarkeit ins Gleichgewicht zu bringen. Die Ressourcenplanung identifiziert den Aufwand der erforderlichen Personal- und Sachmittel. Zur Vereinfachung der Darstellung wird folgend nur die Planung von Personalressourcen betrachtet und auf die Planung von anderen Ressourcenarten verzichtet.

Die Ressourcenplanung widmet sich drei Fragen:

- WAS ist zu tun? Arbeitspakete, Vorgänge, etc.
- WER tut es und steht er zur Verfügung? Auswahl anhand der Qualifikation zur Besetzung der Rollen und Überprüfung der Verfügbarkeit der Personen
- WANN muss es getan werden? Ist die benötigte Ressource zu diesem Zeitraum verfügbar?

Daraus ergibt sich eine dreidimensionale Betrachtung (die u. a. die Planung mit zweidimensionalen Tools wie Excel schwierig machen).

Die Ressourcen (Einsatzmittel) werden in einer Tabelle übersichtlich aufgelistet und ggf. zusätzlich beschrieben. Abgeleitet von PSP und der dazugehörigen Arbeitspakete/Vorgänge wird der Bedarf in der Ressourcenbedarfstabelle (Ressourcenart und Menge) zusammengestellt. Im Anschluss lässt sich ein Einsatzmittelabgleich für jede benötigte Ressource grafisch darstellen und dadurch die jeweilige **Über- bzw. Unterdeckung** erkennen. Der im Zeitverlauf jeweilige Ressourcenbedarf pro Zeitperiode (z. B. Woche oder Monat) ist im Graphen mit der **Ressourcenganglinie** (Einsatzmittelganglinie) erkennbar.

		day									
activity	ressourcen (PD)	1	2	3	4	5	6	7	8	9	10
1	2	1	1								
2	3			1	1	1					
3	4				2	2					
4	5						3	2			
5	1						1 →				
6	2								2		
7	6									3	3
	total	1	1	1	3	3	4	2	2	3	3

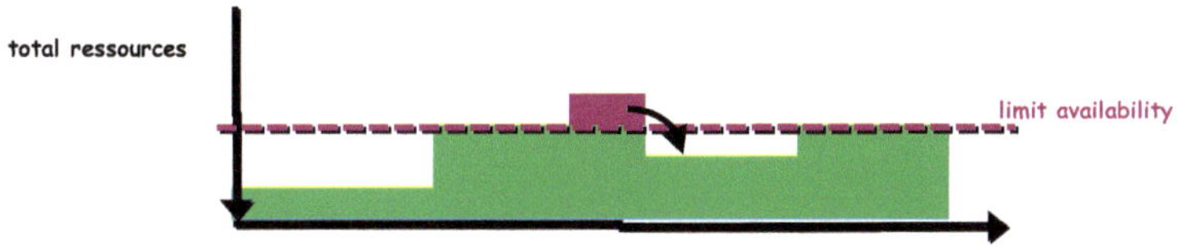

Abb. 90: Beispiel Ressourcenplanung und Einsatzmittelganglinie

Die Planung aller weiteren Ressourcenarten erfolgt analog. Wichtig ist dabei, dass jede Ressource (oder Ressourcenart) für sich separat geplant werden muss und somit eine eigene Unter- bzw. Überdeckung ausweist. Für eine ausgeglichene Ressourcenauslastung ist ein Ausgleich der Über- bzw. Unterdeckung notwendig.

Folgende Möglichkeiten können berücksichtigt werden:

- Pufferzeiten von Vorgängen nutzen (durch Verschiebung der Vorgänge können die Ressourcenbedarfe ausgeglichen werden)
- Mehrarbeit (im Rahmen der Einhaltung der Arbeitsschutzgesetzte)
- Zusätzliche Ressourcenbeschaffung z. B. durch externe Beauftragung

Werden spezifische Räume, IT-Ausrüstung, Teststände etc. im Projekt benötigt, können diese genauso geplant werden wie die Personalkapazitäten.

		Jan	Febr	März	April	Mai	Juni	Juli	Aug	Sept	Okt	Nov	Dez
	Ressource	PL	PL	PL	PL	PL	PL	PL	PL	PL	PL	PL	PL
	Verfügbarkeit	48	48	48	24	48	24	48	48	48	48	48	48
	Bedarf	45	24	20	28	20	20	20	4	8	44	20	20
	Über-/Unterdeckung	3	24	28	-4	28	4	28	44	40	4	28	28
Code	Vorgangsbezeichnung												
MS0	Projektstart												
GH0	Projektmanagement												
GH0.1	Kick-Off	5											
GH0.2	Meetings		4	4	4	4	4	4	4	4	4	4	4
GH0.3	Koordination	8	8	8	16	16	16	16		4	16	16	4
GH0.4	Abschluss inhaltlich												4
GH0.5	Einweihungsfest												8
GH1	Planung												
GH1.1	Transfernachweis	32											
GH1.2	Beratung Architekt		2										
GH1.3	Abklärung Bauvorschrift		2										
MS1	Planung von LK abgenommen												
GH2	Ausschreibung + Bauvorbereitung												
GH2.1	Vermessung Gelände												
GH2.2	Sanitär planen, Handwerker		4										
GH2.3	Elektro planen, Handwerker		4										
GH2.4	Auswahl Gewächshaus			8									
GH2.5	Planung Nutzgarten				8								
MS2	Alle Gewerke beauftragt												
GH3	Bau												
GH3.1	Erdarbeiten												
GH3.1.1	Erdaushub												
GH3.1.2	Fundament												
GH3.2	Sanitär												
GH3.2.1	Leitung und Entwässerung												
GH3.2.2	Bewässerung												
GH3.3	Elektro												
GH3.3.1	Elektro Leitung legen												
GH3.3.2	Anschlüsse												
GH3.4	Glasaufbau												
GH3.4.1	Mauerwerk												
GH3.4.2	Gerüst Dach und Seiten												
GH3.4.3	Glas einsetzen												
GH3.4.4	Türe einsetzen												
GH3.5	Nutzgarten												
GH3.5.1	Erdarbeiten												
GH3.5.2	Wege gestalten												
MS3	Technische Abnahme Haus und Nutzgarten												
GH4	Einrichtung												
GH4.1	Pflanztisch + Ordnung										16		
GH4.2	Sitzplatz										8		
GH4.3	Bodenaufbau und Belebung												
MS4	Gewächshaus von AG in Betrieb genommen												

Abb. 91: Beispiel Ressourcentabelle (in Ph) für eine Qualifikation

3.3.4 Kosten und Finanzierung (4.5.7)

Zur Kompetenz Kosten und Finanzierung gehören sämtliche Tätigkeiten zur Schätzung, Planung, Beschaffung, Verwendung und Kontrolle finanzieller Ressourcen, sowohl der Mittelzuflüsse als auch der -abflüsse des Projekts.

Ein gutes Ergebnis hat seinen Preis!

Ob sich ein Projekt »lohnt«, ergibt sich aus der Gegenüberstellung der Projektkosten und dem Nutzen, welcher zum Projektende entstanden ist.

3.3.4.1 Kostenplanung

BZ

!

***Kostenplanung** [engl.: Cost Planning oder Budgeting]*
»Teilaufgabe des Kostenmanagements und Projektplanungsprozess, in dem erarbeitet wird, wann bzw. in welchen Zeiträumen welche Kosten für die Erledigung der einzelnen Projektaufgaben (z. B. Vorgänge, Arbeitspakete, Teilaufgaben) voraussichtlich anfallen werden. Zur Kostenplanung gehören die Ermittlung bzw. Schätzung der voraussichtlichen Kosten für die einzelnen Aufgaben sowie Zuordnung, Verteilung und Kumulierung entsprechend der festgelegten Kostenstruktur sowie die Planung der Ist-Kostenerfassung während der Projektabwicklung.« (Motzel)

Bei der Kostenplanung ist grundsätzlich zu unterscheiden zwischen den Projektkosten und den Kosten, die nach Projektende für den laufenden Betrieb entstehen (z. B. Herstellkosten für im Projekt entwickelte Bauteile). In einer **Wirtschaftlichkeitsbetrachtung** ist beides zu berücksichtigen.

Die Kosten für das Projekt werden auf Basis des Projektstrukturplanes und der Arbeitspakete errechnet.

					Kosten Summe												
34745	Kosten gesamt Projekt	Jan			765	Febr			780	März			360	April			1020
28340	Kosten extern																
		KS1	KS2	KS3	Mat	KS1	KS2	KS3	Mat	KS1	KS2	KS3	Mat	KS1	KS2	KS3	Mat
		15	60	120		15	60	120		15	60	120		15	60	120	
Code	**Vorgangsbezeichnung**																
MS0	**Projektstart**																
GH0	**Projektmanagement**																
GH0.1	Kick-Off	165	0	0		0	0	0		0	0	0		0	0	0	
GH0.2	Meetings	0	0	0		120	0	0		120	0	0		180	0	0	
GH0.3	Koordination	120	0	0		120	0	0		120	0	0		240	0	0	
GH0.4	Abschluss inhaltlich	0	0	0		0	0	0		0	0	0		0	0	0	
GH0.5	Einweihungsfest	0	0	0		0	0	0		0	0	0		0	0	0	
GH1	**Planung**																
GH1.1	Antrag	480	0	0		0	0	0		0	0	0		0	0	0	
GH1.2	Beratung Architekt	0	0	0		30	0	240		0	0	0		0	0	0	
GH1.3	Abklärung Bauvorschrift	0	0	0		30	0	0		0	0	0		0	0	0	
MS1	**Planung von LK abgenommen**																
GH2	**Ausschreibung + Bauvorbereitung**																
GH2.1	Vermessung Gelände	0	0	0		0	240	0		0	0	0		0	0	0	
GH2.2	Sanitär planen, Handwerker	0	0	0		60	0	0		0	0	0		0	0	0	
GH2.3	Elektro planen, Handwerker	0	0	0		60	0	0		0	0	0		0	0	0	
GH2.4	Auswahl Gewächshaus	0	0	0		0	0	0		120	0	0		0	0	0	
GH2.5	Planung Nutzgarten	0	0	0		0	0	0		0	0	0		120	480	0	
MS2	**Alle Gewerke beauftragt**																
GH3	**Bau**																
GH3.1	**Erdarbeiten**																
GH3.1.1	Erdaushub	0	0	0		0	0	0		0	0	0		0	0	0	
GH3.1.2	Fundament	0	0	0		0	0	0		0	0	0		0	0	0	
GH3.2	**Sanitär**																
GH3.2.1	Leitung und Entwässerung	0	0	0		0	0	0		0	0	0		0	0	0	
GH3.2.2	Bewässerung	0	0	0		0	0	0		0	0	0		0	0	0	
GH3.3	**Elektro**																

Abb. 92: Beispiel Kosten – Tabelle

BZ Projektkosten abschätzen

Im Projektverlauf werden diese Plankosten den Ist-Kosten gegenübergestellt und bilden somit die Grundlage des Kostencontrollings.

Die Verteilung der Kosten auf den Projektverlauf erfolgt mithilfe der Ablauf- und Terminplanung und der jeweiligen Kostenträger (Arbeitspakete): Die Kosten werden pro Arbeitspaket geschätzt (auf Basis der Ressourcenplanung und des Materialbedarfs) und über den Zeitstrahl mithilfe der Ablaufplanung verteilt.

Zur Kostenschätzung werden die gleichen Schätzmethoden verwendet, wie für die Aufwandschätzung.

Die Projektkosten werden wie die sonstigen betrieblichen Kosten in eine Kostenarten-, eine Kostenstellen- und eine Kostenträgerrechnung unterteilt. Ein Großteil der Daten wird vom betrieblichen Rechnungswesen geliefert.

3.3.4.2 Kostenrechnung

Kostenartenrechnung

Wie auch im betrieblichen Rechnungswesen werden im Projektmanagement verschiedene Kostenarten unterschieden.

Gliederung nach der Art der verbrauchten Produktionsfaktoren

Kostenart	**Beispiele**
Personalkosten	• Gehälter, Löhne • Schulungskosten
Materialkosten	• Kosten für Roh-, Hilfs- und Betriebsstoffe • Werkzeugkosten • Büromaterial
Sach- und Dienstleistungskosten	• Raumkosten • Mieten, Pachten • Energiekosten • Telefon- und Portokosten • Reisekosten • Beratungskosten
Kapitalkosten und Sonstiges	• Abschreibungen • Kapitalbindungskosten • Steuern, Versicherungen, Gebühren

Gliederung nach der Ermittlung:

Kostenart	**Beispiele**
Einzelkosten	• Arbeitsstunden der Projektmitarbeiter, Materialkosten pro Arbeitspaket
Gemeinkosten	• Für Unternehmensleitung, Personalwesen, Rechnungswesen, Infrastruktur etc.

Gliederung nach der Zurechenbarkeit:

Kostenart	**Beispiele**
Direkte Kosten	• Können den Arbeitspaketen direkt zugeordnet werden • Z. B. Materialkosten
Indirekte Kosten	• Werden normalerweise als Pauschale auf interne Arbeitskosten aufgeschlagen oder prozentual zugeschlagen

Gliederung nach der Variabilität der Kosten:

Kostenart	Beispiele
Fixkosten	• Unabhängig von der Auslastung anfallende Gemeinkosten in konstanter Höhe (unabhängig vom Arbeitsvolumen)
Variable Kosten	• Fallen pro verbrauchtem Material oder geleisteter Arbeit an. • Variieren je nach Produktionsstand

Kostenstellenrechnung

Die Kostenstellenrechnung befasst sich mit der Frage: »Wo sind die Kosten angefallen?« Sie verteilt die (in Kostenarten aufgegliederten) Kosten auf die betrieblichen Kostenstellen und schafft damit Transparenz nach dem »Verursacherprinzip«, d.h., welche Abteilung verursacht die Kosten.

Pro Kostenstelle gibt es einen Kostenstellenverantwortlichen, der zeichnungsberechtigt ist und Verantwortung für die jeweilige Kostenstelle hat. Dadurch werden Projektkosten innerbetrieblichen Kostenstellen zugeschlagen und fließen in das Unternehmenscontrolling ein.

Kostenträgerrechnung

Die Kostenträgerrechnung befasst sich mit der Frage: »Wofür (in Projekten: Teilaufgaben/Arbeitspakete) sind die Kosten entstanden?« Diese Zuordnung stellt die Grundlage für das Projektcontrolling dar, bei dem auf Arbeitspaketebene die in der Kostenträgerrechnung ermittelten Plan-Werte mit den aktuell erfassten Ist-Werten verglichen werden.

3.3.4.3 Strategien der Kostenkalkulation

Prinzipiell unterscheidet man zwei Planungsstrategien: Top Down und Bottom Up. Kombiniert man beide, spricht man von einem Gegenstromverfahren.

Top Down

- Der Auftraggeber legt das zur Verfügung stehende Budget fest.
- Das Budget wird auf die Arbeitspakete heruntergebrochen. Reicht das Budget nicht für alle Arbeitspakete aus, wird der Leistungsumfang verringert.
- Das Budget ist meistens offiziell kommuniziert und dadurch nicht mehr verhandelbar.

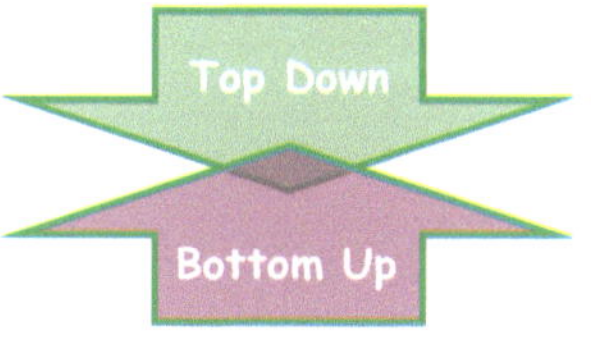

Bottom Up

- Das Projektteam legt eine Kostenplanung auf der Ebene der Arbeitspakete vor. Die aufsummierten Projektkosten werden zur Budgetbeantragung dem Auftraggeber dargestellt.
- Der Auftraggeber kann entweder das geforderte Budget in seiner Gesamthöhe oder ein geringeres Budget genehmigen. Dies führt zwangsweise zu einer Verringerung des Leistungsumfangs.
- Verdeckte (nicht ausgewiesene) Sicherheitsaufschläge (Reserven) belasten oft das Gesamtbudget und führen zu geplanten Mehrkosten

Das Erkennen der jeweils angewendeten Strategie hilft der Projektleitung, ihr Verhalten im Umgang mit dem Auftraggeber abzustimmen.

3.3.4.4 Projektkosten darstellen und berichten

BZ

Die Kosten können über zeitliche Einheiten (Wochen, Monate, Jahre) gleichverteilt, endverteilt oder anfangsverteilt anfallen.

In dem hier aufgeführten Beispiel fallen die Kosten alle gleichverteilt an. Die **Kostenganglinie** zeigt die Verteilung der Kosten pro Zeiteinheit:

!

***Kostenganglinie** [engl.: Cost Histogram]*

Synonyme: Kosten-Profil, Kosten-Gebirge

»Grafische Darstellung des Plan-Kosten-Verlaufs über der Zeitachse pro Periode des Projektzeitraums – im Allgemeinen als Summe des voraussichtlichen Kostenanfalls (ggf. ›gestapelt‹ für mehrere unterschiedliche Kostenarten) für alle Vorgänge eines Projekts oder Projektteilbereichs. Das Diagramm ist ein Histogramm (auch ›Stufen- oder Stapeldiagramm‹ genannt). Die ›einhüllende Kurve‹ der Stufen bzw. Stapel ist die ›Ganglinie‹; diese wird wegen ihrer Form – und zur Unterscheidung gegenüber dem ›Linienzug‹ der Kosten-Summenlinie – gelegentlich auch als ›Treppenkurve‹ bezeichnet.« (Motzel)

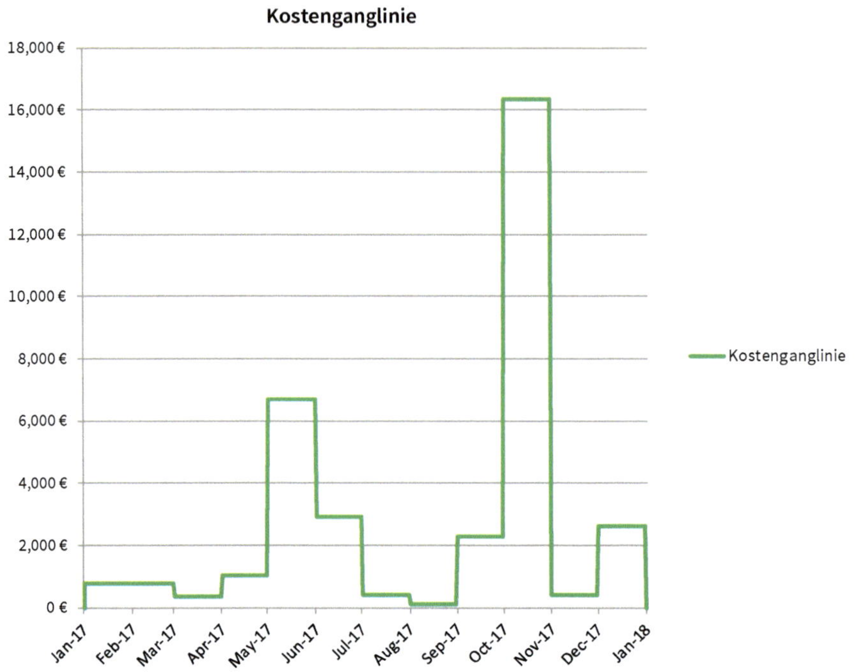

Abb. 93: Kostenganglinie Beispiel

In dem unten aufgeführten Beispiel werden die kumulierten Kosten für ein Projekt in der **Kostensummenlinie** dargestellt.

!

***Kostensummenlinie** (KSL) [engl.: Accumulated Cost Diagram oder S-Curve]»*

»Synonym: Plankosten-Summenkurve
Grafische Darstellung der kumulierten Gesamtkosten für ein Projekt oder einen Projektteilbereich über der Zeitachse – im Allgemeinen als Plankosten-Summenkurve.
Die aufgetragenen kumulierten Kostensummenwerte ergeben sich durch Aufsummierung der Kosten der einzelnen Aufgaben (z. B. Vorgänge, Arbeitspakete, Teilaufgaben) zu bestimmten Projektzeitpunkten. Die Kostensummenlinie wird in der Praxis meist aus der Kostenganglinie abgeleitet. Die Kostensummenlinie ist ein ›Linienzug‹ und zeigt zu jedem Projektzeitpunkt den kumulierten Kostenanfall (ggf. auch ›mehrere Summen‹ für mehrere unterschiedliche Kostenarten). Sie kann sich auf die Vorgänge in frühester oder spätester Lage beziehen. Wegen ihres (in der Regel) ›S-förmigen‹ Verlaufs wird sie auch als ›S-Kurve‹ bezeichnet. Die Plankosten-Summenlinie ist das Ergebnis der Kostenplanung und bildet die Basis für die Fertigstellungswertanalyse, die Kostenüberwachung und die Steuerung der Projektkostenentwicklung während der Projektausführung.« (Motzel)

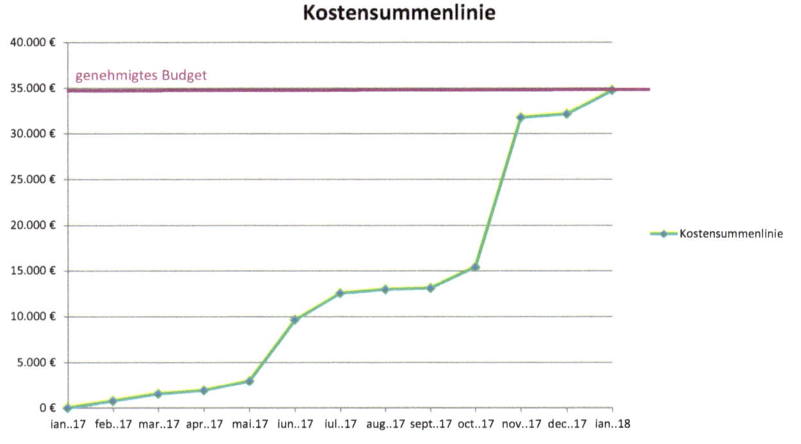

Abb. 94: Kostensummenlinie Beispiel

3.4 Steuerung

BZ

Start:
- Planung ist genehmigt
- Budget ist auf Basis der Kostenplanung angepasst und freigegeben
- Team steht bereit
- Fokus:

Team zum Performen bringen
- Lieferobjekte erarbeiten
- Transparenz über den Projektfortschritt schaffen
- Ergebnisorientierung auf Handlungs- und Objektebene nicht verlieren

Ergebnisse:
- Lieferobjekte sind so erarbeitet, dass sie abgenommen werden können

Zur Steuerung des Projektes müssen sämtliche Informationen aus dem Projektdesign und der Projektplanung regelmäßig zusammengeführt werden. Weil die Projektbearbeitung auf Planung, Überwachung und Steuerung, der innerhalb des Projektes erzeugten Daten basiert, spricht man auch von einer »integrierten Projektsteuerung«. Die Projektsteuerung folgt dabei dem grundlegenden zyklischen Prozess des Planens – Ausführens – Beobachtens und der Plan- bzw. Ausführungsanpassung. Hierfür ist eine regelmäßige Soll-/Ist-Aufnahme erforderlich.

BZ

3.4.1 Planung und Steuerung (4.5.10)

Die Basiskonfiguration oder »Baseline« eines Projektes bezeichnet die letzte abgenommene Versionsbeschreibung der Lieferobjekte (Wertschöpfungsebene) und der Projektplanung (Managementebene).

!

***Konfiguration** [engl.: Configuration]*

»Ausprägung, Merkmale und Struktur eines Produkts (Lieferobjektes), wie sie im Anforderungsprofil festgelegt, in den zugehörigen Dokumenten und Spezifikationen beschrieben und im Produkt verwirklicht sind.« (Motzel)

Kein Projekt wird so durchgeführt, wie es ursprünglich geplant und genehmigt wurde. Jedes Projekt unterliegt Änderungen. Das ist selbstverständlich, denn Projektplanung bedeutet nicht, die Zukunft vorherzusagen, sondern zum Zeitpunkt der Planung einzuschätzen, wie das Projekt mit dem aktuellen Wissensstand verlaufen wird.

Das Änderungsmanagement kümmert sich um die Identifizierung von Änderungen im Projektverlauf, deren Bewertung, Genehmigung und Umsetzung oder Verwerfung. Ihr Ausgangspunkt ist dabei immer die jeweils aktuelle Bezugskonfiguration.

Der Prozess des Änderungsmanagements ist abhängig von der jeweiligen Ablauforganisation des Unternehmens. Grundsätzlich durchlaufen sämtliche Änderungsprozesse folgende Phasen:

- **Veranlassung und Beantragung** durch Beschreibung der Änderung (Änderungsantrag)
- **Bewertung und Genehmigung** oder Ablehnung des Antrags (Entscheidung)
- **Einführung und Durchführung** der Änderung inkl. Dokumentenpflege

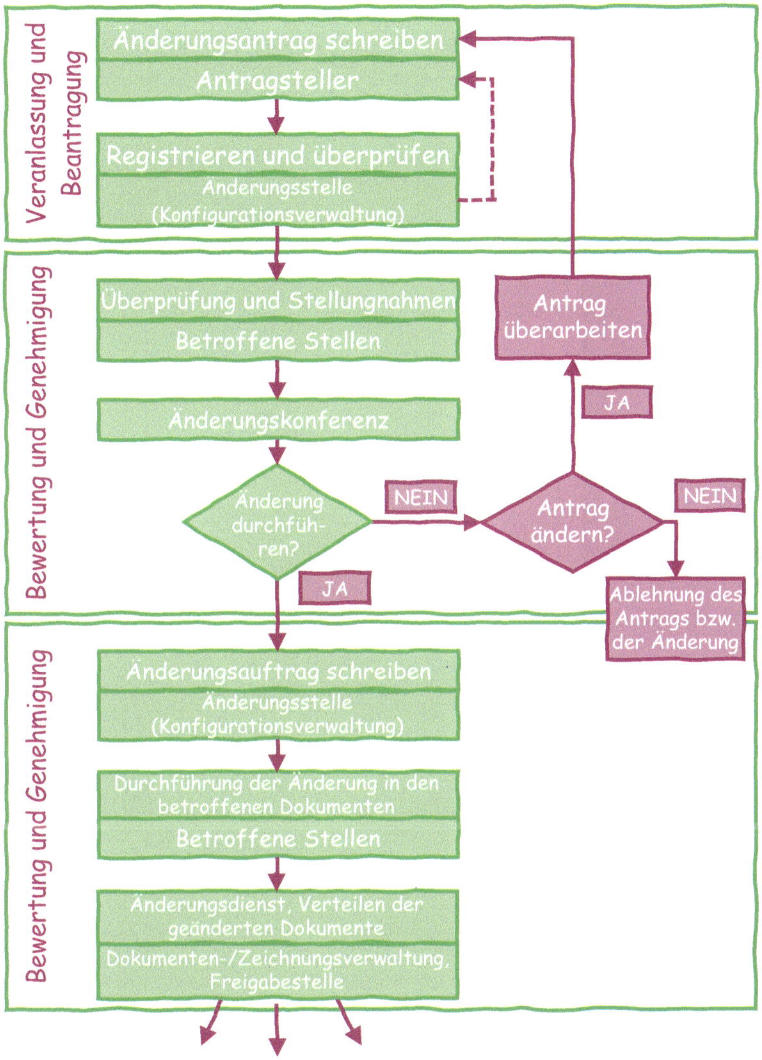

Abb. 95: Änderungsprozess

Änderungen werden beim Auftraggeber oder dem Lenkungsausschuss (je nach Genehmigungskompetenz) in Form eines Änderungsantrags (Change Request) eingereicht. Dieser überprüft die vom Projekt vorbewertete Änderung hinsichtlich der inhaltlichen Auswirkungen auf die Projektkosten, Termine, Leistung/Qualität und Relevanz und fällt eine Entscheidung über die Freigabe oder Ablehnung.

Änderungen werden in einem Änderungsantrag eingereicht. Die Antragseinreichung kann in Papierform oder elektronisch erfolgen. Der Änderungsantrag ist nicht genormt, enthält aber meistens folgende Angaben:

Projekt: Antragsteller:	Projektnummer
Beschreibung der Änderung und Begründung:	
Auswirkungen auf das Projekt (zeitlich, finanziell, inhaltlich …)	
Stellungnahme: ☐ wird angenommen Begründung:	☐ wird nicht angenommen
Genehmigt durch:	

Tab. 15: Änderungsantrag Kurzversion

Projekt:			
Kurztitel:		**Laufende Nummer CR:**	
Anfordernder Fachbereich:		**Eingang betreuender Bereich:**	
Kritikalität:	☐ Produktionskritisch ☐ Zeitkritisch ☐ Zeitunkritisch	**Motivation**	☐ Verbesserung ☐ Gesetzliche Anforderung ☐ Neue Anforderung ☐ Sonst….
Liefertermin Soll:		**Geschätzte Kosten:**	
Beschreibung der beantragten Änderung:			
Benefit der Änderung:			
Auszufüllen durch Änderungsboard:			
Eingeplant in Änderungskonferenz:		**Änderung wird durchgeführt:**	☐ Ja ☐ Nein ☐ Wiedervorlage am….
Stellungnahme der Änderungskonferenz:			
Eingeplant in Release:		**Genehmigtes Budget:**	
Änderung genehmigt (Name, Datum, Unterschrift):			

Tab. 16: Änderungsantrag, detailliertes Beispiel

3.4.2 Qualität (4.5.6)

Qualität im Projekt beruht auf zwei maßgebenden Einflussgrößen. Einerseits geht es um die Qualität des Prozesses, also die Art und Weise, in welcher das Projekt organisiert und durchgeführt wird (Einhaltung der PM-Prozesse gemäß PM-Handbuch, Wirksamkeit der PM-Methoden). Diese betreffen die Entwicklung, Einführung und Überprüfung von Standards für das Qualitätsmanagement in Kombination mit dem Projektmanagement …

Andererseits geht es um das Management zur Sicherung und Kontrolle der Qualität der Ergebnisse und der Leistung des Projekts (Erfüllung von Lasten-Pflichtenheft, Einhaltung von Validierungsmaßnahmen, Einhaltung der Quality Gates).

Die Kraft steckt in der Qualität.

Friedrich Nietzsche

***Qualität** [engl.: Quality]*
»Grad der Erfüllung von gestellten und vorausgesetzten Anforderungen und Erwartungen. Qualität kann – soweit Anforderungen dezidiert festgelegt sind – objektiv festgestellt werden, häufig kann sie aber auch ›nur‹ subjektiv beurteilt werden. Die Qualität im Projekt oder Projektmanagement kann z. B. als erfüllt, untererfüllt, übererfüllt, unzureichend oder optimal bewertet werden.
Hinweis: Bei Qualität im Zusammenhang mit Projekten ist grundsätzlich zu unterscheiden zwischen der Qualität im Hinblick auf das Projekt insgesamt (Projektqualität) und der Qualität des Projektmanagements (Projektmanagement-Qualität) als Teil der Ersteren.« (Motzel)

***Qualitätsmanagement (QM)** [engl.: Quality Management]*
»Qualitätsmanagement umfasst allgemein die Festlegung der Qualitätspolitik und der Qualitätsziele einer Organisation sowie deren operationale Qualitätsplanung, Qualitätslenkung, Qualitätssicherung und kontinuierliche Qualitätsverbesserung.« (Motzel)

3.4.2.1 Qualitätsplan für das Projekt entwickeln

Das Thema Qualität sollte in jedem Projekt fest verankert sein. Projektleitung und Projektteam sind gemeinschaftlich verantwortlich für die Qualität des Projektes (Durchführung und Ergebnisse). Um dies gewährleisten zu können, muss die Projektleitung folgende Aktivitäten innerhalb der Projektplanung berücksichtigen:

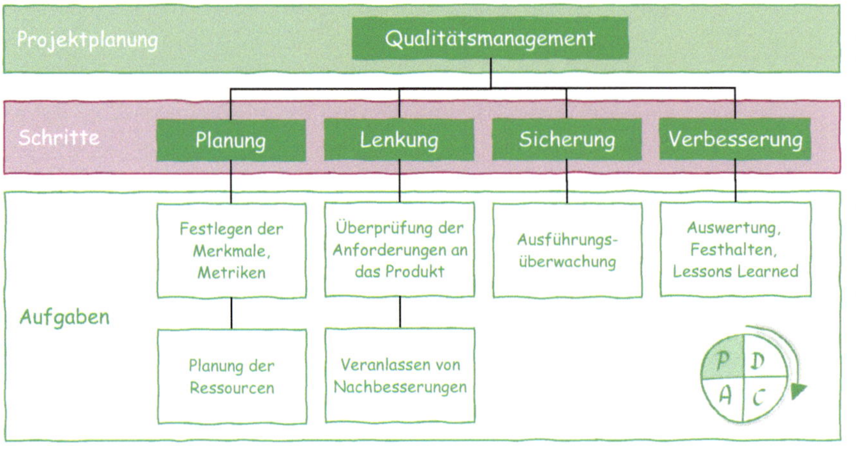

Abb. 96: Aufgaben des Qualitätsmanagements

! ***Qualitätsmanagementplan*** *(QMP) [engl.: Quality Management Plan]*

»Synonym: Projektqualitätsmanagementplan

Dokument, das beschreibt, wie das Projektmanagementteam die Qualitätspolitik der durchführenden Organisation im Projekt umsetzen wird. Der Qualitätsmanagementplan ist eine Komponente oder ein Teilplan des Projektmanagementplans. Er wird gelegentlich auch als Qualitätsplan oder als Qualitätssicherungsplan bezeichnet.« (Motzel)

BZ

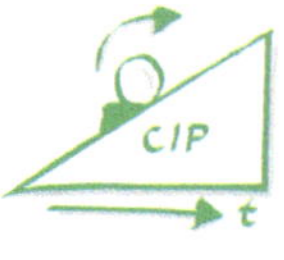

3.4.2.2 Der Kontinuierliche Verbesserungsprozess

Der Begriff **Deming-Zyklus** ist nach William Edwards Deming (1900–1993) benannt. Er beschreibt die Phasen des KVP (Kontinuierlicher Verbesserungsprozess), welcher Grundlage aller QM-Systeme ist. Mithilfe des KVP wird die Qualität eines Produkts, Prozesses, Unternehmens oder auch der Mitarbeiter ständig verbessert.

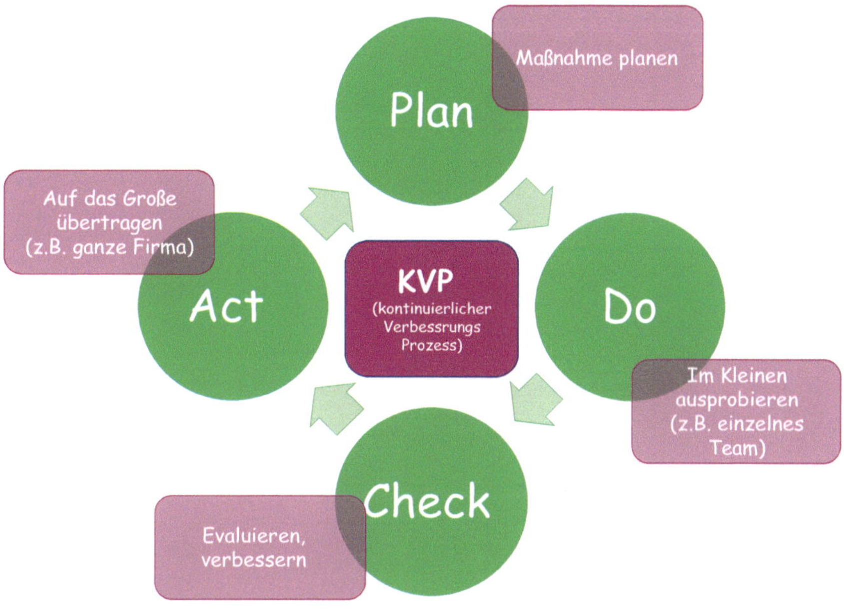

Abb. 97: KVP-Diagramm

Plan	Vor jeglicher Aktion steht der Plan. Dieser umfasst das Erkennen, die Analyse und das Entwickeln eines Verbesserungsvorschlags (Konzept).
Do	Das Ausprobieren des Verbesserungsvorschlags im Kleinen (Pilotierung).
Check	Die Übertragbarkeit der Maßnahmen auf das große Ganze muss sorgfältig überprüft werden. Erst nach der Freigabe kann die Maßnahme eingeführt und stabilisiert werden.
Act	Einführung der Maßnahme im Großen und dadurch Standardisierung.

3.4.3 Projektfortschritt bestimmen

BZ

Die Fortschrittsgradmessmethoden helfen, den Progress anhand der im Projekt erbrachten Leistung zu bestimmen. Dies geschieht in Abgrenzung zur Ablauf- und Terminplanung, bei welcher der zeitliche Fortschritt betrachtet wird.

Eine stärkere Aussagekraft zur Projektsteuerung (Controlling) haben die Arbeitspakete, bei denen der Fortschrittsgrad bestimmt wird. Je nach Art und Inhalt des Arbeitspakets kommen unterschiedliche Verfahren zur Anwendung.

Fortschrittsgrad-Messmethoden

Nr.	Technik / Verfahren	Fortschrittsgrad FGR = X(%)	Beispiele	Einsatz
1	**Statusschritte**	Pro Statusschritt werden %-Schritte vergeben	Entwicklung Fertigung Montage	Wenn quantitaiver Indikator vorhanden ist
2	**0 - 100**	Begonnen: 0 % Erledigt = 100 %	Messestand aufbauen (Dauer 1 Tag)	Bei Aktivitäten von kurzer Dauer, Ereignisse
3	**50 - 50**	Nicht begonnen: 0% Begonnen: 50 % Erledigt: 100 %		Wenn kurze, wenig kosten- und risikoreiche Arbeitspakete bewertet werden
4	**Mengen-proportionalität**	Verhältnis fertige Menge zu Planmenge	Anzahl aufgestellter Straßenlaternen beim Straßenbau, Anzahl getesteter Wirkstoffe bei Screening	Wenn Indikator zu Zeit und Kostenverbrauch oder Leistungsvolumen konstant ist
5	**Schätzung**	Subjektiv gesetzte Maßangabe	Schätzung Restarbeitszeit für Arbeitspaket	**Nicht empfohlen!** Wenn andere Methoden nicht möglich oder Mitarbeiter sehr erfahren in der Schätzung sind
6	**Zeit-proportioinalität**	Abgelaufene Dauer zu geplanter Zeitdauer	Progektleitung, Projektmanagement, Controlling ...	Wenn Aufgaben sich gleichmäßig über das ganze Projekt/Projektphase ziehen

Abb. 98: Fortschrittsgrad-Messmethoden

Der Verbrauch von Zementsäcken kann ein Zeichen für den Fortschritt auf der Baustelle sein – aber Vorsicht, vielleicht wurden auch welche davon gestohlen.

Während die Fortschrittsgrad-Messtechniken 0–100 und 50–50 relativ einfach anzuwenden sind (insbesondere bei vielen kleinen Arbeitspaketen oder Aufgaben von kurzer Dauer sind sie nützlich), können die mengen- oder zeitproportionalen Verfahren anspruchsvoller sein: Ein hoher Ressourcenverbrauch (Rohstoff, Werkzeuge) bedeutet nicht zwangsläufig einen inhaltlichen Fortschritt des Arbeitspaketes. Zeitproportionale Erfüllung sagt wenig über die dabei tatsächlich erbrachte Leistung aus.

Bei bestimmten Arbeitspaketen (z. B. in Konstruktion, Design, Fertigung) gibt es oft typische, standardisierte Teilaufgaben innerhalb eines Arbeitspakets, die mit jeweils einem Status abgeschlossen werden. Liegen für diese Statusschritte Erfahrungswerte vor, so kann aus ihnen der entsprechende Fortschrittsgrad innerhalb des Paketes abgeleitet und vereinbart werden (Statusschrittmethode).

Das kritische Verfahren ist die Schätzung, denn sie ist subjektiv und kann ungenau sein: Erfolgt sie durch erfahrene Projektmitarbeiter mit sachlichem Blick, kann sie eine gute Aussagekraft haben. Trotzdem ist aber auch erfahrenes Projektpersonal anfällig gegenüber subjektiven Interpretationen, Wünschen oder »politischem Willen/ Druck«. Fortschrittsgrade werden dadurch positiver »geschätzt«, als sie tatsächlich sind (siehe 90 %-Syndrom).

Die Bestimmung des Fortschrittsgrads eines Arbeitspaketes erfolgt (mindestens) einmal im Controlling-Intervall. Der AP-Verantwortliche kann für seine eigene Fortschrittskontrolle eine Validierung jederzeit zusätzlich durchführen.

3.4.4 Übergänge in eine neue Phase/Abschnitte managen

BZ

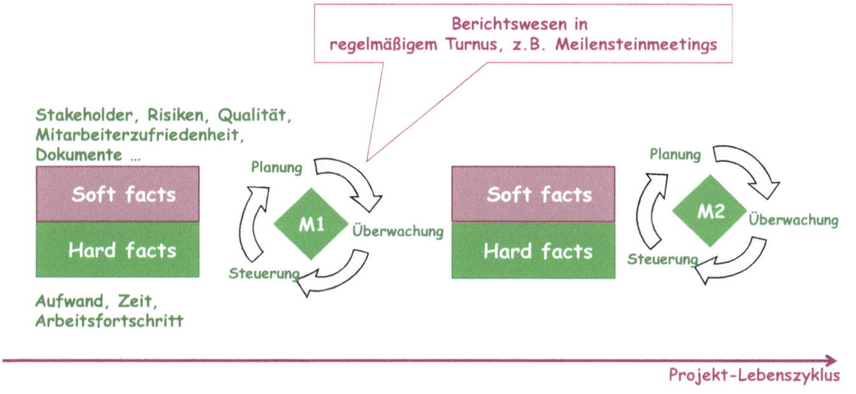

Abb. 99: Integriertes Projektcontrolling

Die Steuerung eines Projekts sollte sich an der Definition des Projekterfolges ausrichten. Während früher Projekterfolg nur mit der Einhaltung der Zielgrößen des magischen Dreiecks definiert wurde (»in time, in scope, in budget«) spielen heute Stakeholderzufriedenheit, Umweltschutz und Nachhaltigkeit ebenso eine Rolle. Die integrierte Projektsteuerung berücksichtigt alle diese Aspekte (soft facts und hard facts), auch wenn diese mit unterschiedlichen Prioritäten belegt werden können.

Die Steuerung hängt immer von der Planung ab. Nur was gesteuert werden kann und soll, muss auch geplant werden. Und nur was überwacht werden kann, kann auch gesteuert werden. Die drei Aspekte Planung, Überwachung und Steuerung bedingen sich also gegenseitig. Man nennt dies auch den Controlling-Zyklus des Projektmanagements.

Im Zuge der Projektsteuerung wird dieser Zyklus von der Projektleitung regelmäßig durchlaufen, typischerweise beim Abschluss und der Bewertung der einen Phase, bevor das Projekt in die darauffolgende Phase fortschreitet.

Phasen sind zeitliche Abschnitte eines Projektes, die sich sachlich und inhaltlich von anderen Abschnitten unterscheiden (s. Kap. 3.2.2.1). Um eine Phase abschließen und die nächste Phase beginnen zu können, bedarf es Kriterien, die erfüllt sein müssen.

Zur Formalisierung der Phasenübergänge werden Checkpunkte definiert (Meilensteine, Quality Gates). Zusätzlich können zu diesen Zeitpunkten spezielle Meetings zum Projektlernen und Bewerten durchgeführt werden (Lessons Learned, Review, Retrospektive in agilen und hybriden Projekten, Meilenstein-Meetings, Lenkungskreis-Meetings in klassischen oder hybriden Projekten ...).

Meilenstein Meetings

Meilensteine gelten als Prüfpunkte im Projekt. Sie werden dadurch auch zur Strukturierung der Controlling-Intervalle herangezogen. Steht ein Meilenstein bevor, werden Plan- und Ist-Datenvergleiche zur Bestimmung folgender Faktoren vorgenommen:

- Erbrachte Lieferobjekte (in gewünschter Qualität)
- Kostenanfall (Kostentreue durch Soll-/Ist-Vergleich)
- Pünktlichkeit (Validierung des Zeitverbrauchs)
- Zufriedenheit der Stakeholder (systematische Befragung)

Diese Daten werden im Status- oder Meilensteinbericht zusammengefasst und dem Lenkungskreis mit möglichen Abweichungen präsentiert.

Ist im Projekt kein Lenkungskreis eingesetzt, dann findet das Meilensteinmeeting im Projektteam statt. Die oben aufgeführten Plan-Ist-Vergleiche werden von der Projektleitung und dem Projektteam validiert und ggf. mit Maßnahmen zur Steuerung versehen.

! ***Sprint Retrospektive*** *[engl.: Sprint retrospective]*

»Ereignis (Event) im Vorgehensmodell Scrum mit einer Time-Box von maximal drei Stunden; bei Sprints unter einem Monat wird die Dauer entsprechend reduziert. Die Sprint-Retrospektive dient der Reflexion der Zusammenarbeit im aktuell ablaufenden Sprint. Neben dem Entwicklungs-Team muss also der Scrum Master anwesend sein. Es wird überprüft, was gut gelaufen ist und wie man dies verstetigen kann sowie was schlecht gelaufen ist und wie man es künftig vermeiden kann. Die Sprint-Retrospektive wird in der Regel am selben Tag, aber nach dem Sprint Review durchgeführt.« (Motzel)

Auch in klassischen Projekten werden immer häufiger Retrospektiven durchgeführt, um eine vorherige Projektperiode zu betrachten. Ein Phasenübergang ist ein sinnvoller Zeitpunkt, bei dem die Retrospektive auf unterschiedlichen Ebenen durchgeführt werden kann: Teamkunde, Team intern, Lenkungskreis.

Sprint Review

»Ereignis (Event) im Vorgehensmodell Scrum mit einer Time-Box von maximal vier Stunden; bei Sprints unter einem Monat wird die Dauer entsprechend reduziert. Das Sprint Review dient dem Sichten und Prüfen des Inkrements des aktuell ablaufenden Sprints. Neben dem Entwicklungs-Team müssen also mindestens der Product Owner und ggf. weitere Stakeholder anwesend sein. Es wird überprüft, ob das Sprint-Ziel erreicht wurde, also alle im Sprint geplanten Anforderungen erfüllt wurden und der Definition of Done entsprechen. Es wird in der Regel am selben Tag, aber vor der Sprint-Retrospektive durchgeführt.« (Motzel)

Meeting	Zielsetzung
Meilenstein Meeting	Bericht aktueller Projektstand und Zustimmung für die Fortführung des Projektes einholen
Retrospektive	Lernen auf Prozess- und Zusammenarbeitsebene
Review	Lernen auf Produkt- und Qualitätsebene

3.4.5 Berichte

***Bericht** [engl.: Project Report]*

»Synonym: Projektbericht

An einen bestimmten Empfänger oder Empfängerkreis gerichtete, schriftliche Darlegung von Sachverhalten, Daten, Fakten, Informationen zum Gegenstand, Ablauf und/oder Stand eines Projekts oder eines Projektteilbereichs. Ein Projektbericht kann sich auf eine begrenzte Zeitperiode (Berichtszeitraum) beziehen und nach einem definierten Schema (Berichtsplan) regelmäßig zu festgelegten Stichtagen oder ad hoc an bestimmte Empfänger zu liefern sein. Projektberichte werden auch für Informationen aus dem Projekt an übergeordnete Instanzen, Auftraggeber, Banken etc. verwendet – im Unterschied zu internen Mitteilungen. Man unterscheidet grundsätzlich folgende Berichtsarten:

regelmäßige oder sogenannte ›zeitorientierte‹ Projektberichte, z. B. als

- ***Situationsbericht**, in dem die Projektsituation übersichtlich (meist in grober Form) dargestellt wird (Ampelbericht),*
- ***Statusbericht** oder Fortschrittsbericht, in dem der aktuelle Projektstand und dessen Konsequenzen für den weiteren Projektverlauf umfassend (meist in detaillierter und zuvor definierter Form) dargestellt werden,*
- *unregelmäßige oder so genannte ›ereignisorientierte‹ (bisweilen auch als **Ad-hoc-Bericht,** Ausnahmebericht oder Blitzbericht bezeichnete) Projektberichte, die durch bestimmte Ereignisse oder besondere Vorkommnisse im Projekt ausgelöst werden, z. B. als **Sofort-***

BZ

Statusberichte sind nicht deshalb unbeliebt, weil sie von der »eigentlichen« Arbeit abhalten, sondern deshalb, weil sie die Berichtenden zwingen, sich und anderen »Rechenschaft abzulegen«.

***bericht**, in dem die den berichtauslösende Projektsituation und deren Konsequenzen dargestellt werden,*
- ***Abweichungsbericht,***
- ***Phasenabschlussbericht,***
- ***Projektabschlussbericht.***

Je nach vereinbartem Rhythmus der Berichterstattung spricht man bei den regelmäßigen Projektberichten auch von ›Wochen-, Monats- oder Quartalsberichten‹.« (Motzel)

Das Management wird anhand möglichst standardisierter Projektberichte über den aktuellen Stand und Fortschritt unterrichtet. Die Struktur des Dokumentes ist stark von der Organisation und dem Reifegrad des Projektmanagements abhängig, in der es erzeugt wird. Nach PM3 lassen sich jedoch acht Elemente identifizieren, die in den meisten Berichten immer wiederkehren.

1. **Projektübersicht** (z. B. als Projektsteckbrief oder Projektauftrag)
2. **Projektorganisation** (Darstellung Stakeholder und ihrer Beziehungen)
3. **Terminübersicht** (Managementsicht: aggregiert als Phasen- oder Meilensteinplan)
4. Darstellung des **Nutzens** (für das Unternehmen, z. B. in Form einer Wirtschaftlichkeitsanalyse)
5. **Letzte Schritte** seit dem vorherigen Statusbericht
6. **Änderungen** im Projektplan oder Leistungsumfang, die von dem Gremium zu entscheiden sind
7. **Kostensituation** incl. der Auswirkungen aller zu beschließenden Änderungen
8. **Beschlüsse** des Entscheidungsgremiums hinsichtlich Freigabe von Änderungsanträgen, Entscheidungen zum Phasenabschluss etc.

BZ

3.4.5.1 Statusbericht

Der Projektstatusbericht ist der »Klassiker« im Projektberichtswesen. Er wird von der Projektleitung erstellt und dem Lenkungskreis und/oder dem Auftraggeber vorgelegt.

Wie viele Dokumente für das Management sollte auch ein Statusbericht möglichst kurz gehalten werden. Sie werden deshalb oft in der Form eines »Onepagers« oder als »Dashboard« erstellt.

Statusbericht

Status report			
Project:		Last update:	
PM:		Recipients:	

Overall statement		Priority	
	Scope/ Quality:		
	Budget:		
	Time:		

Financial objectives					
	Planned at DD	Actual at DD	Estimated total	% Variance	Remarks
Cost€					
Completion degree%					

Time objectives					
	Milestones	Planned date	Finished date	Estimated finished date	Remarks
M1					
M2					
M3					
M4					
...					

Risks:

Next steps:

Tab. 17: Projektstatusbericht Beispiel

<table>
<tr><td colspan="3">Arbeitspaketname:</td><td colspan="2">Verantwortlich:</td><td>Datum:</td></tr>
<tr><td colspan="6">Gesamtstatus:
<Hier Status mit eigenen Worten beschreiben…></td></tr>
<tr><td colspan="2">Termine grün

<Begründung – bitte überschreiben mit der Erläuterung></td><td colspan="2">Kosten gelb

<Begründung – bitte überschreiben mit der Erläuterung></td><td colspan="2">Leistung rot

<Begründung – bitte überschreiben mit der Erläuterung></td></tr>
<tr><td>Fortschrittsgrad in Prozent:
0</td><td colspan="2">Geplanter Aufwand (in PT/Ph):
0</td><td colspan="2">Ist-Aufwand (in PT/Ph):
0</td><td>Restaufwand (in PT/Ph):
0</td></tr>
<tr><td colspan="6">Details:</td></tr>
<tr><td colspan="3">Fertiggestellte Lieferobjekte:
-
-
-</td><td colspan="2">Abweichung zeitl. (Tage/Wochen):
-
-
-</td><td>Kostenabweichung (EUR):
-
-
-</td></tr>
<tr><td colspan="6">Lieferobjekte geplant nächste Woche:
-
-</td></tr>
<tr><td colspan="3">Offene Punkte / zu klären:
-</td><td colspan="3">Neu identifizierte Risiken:
-</td></tr>
</table>

Tab. 18: Statusbericht – Arbeitspaket – Formular

BZ

3.4.5.2 Abschlussbericht

Der **Abschlussbericht** wird zum Projektende erstellt. Er stellt den letzten Statusbericht eines Projektes dar und enthält typischerweise folgende Informationen:

- Bewertung des Projektes hinsichtlich der Zielgrößen Leistung, Kosten und Zeit
- Erreichter Qualitätsstand der Lieferobjekte zum Zeitpunkt der Übergabe
- Kostenübersichten nach Kostenarten getrennt, inkl. Bewertung
- Benennung und Reflexion aufgetretener Schwierigkeiten
- Ursachenanalyse von Planabweichungen
- Ergebnisse der Kundenbefragung
- Beträge zur Erfahrungssicherung
- Auflistung offener Punkte inklusive deren Bewertung hinsichtlich Zeit und Kosten

Dem Abschlussbericht wird oft der **Abnahmebericht** beigelegt. Dieser bildet das Gegenstück zum Projektauftrag (PM3). Während der Projektauftrag den »juristischen Anfang« eines Projektes darstellt, ist der Abnahmebericht das »juristische Ende«.

Die Erstellung von **Erfahrungsberichten** wird in vielen Unternehmen vernachlässigt. Sie enthalten im Projekt erworbenes Wissen, das an nachfolgende Projekte weitergegeben werden soll. Produktbezogene Erfahrungswerte sind z. B. Lösungswege für technische Schwierigkeiten. Für Projektteams sind Erfahrungswerte – wie Konfliktlösungsstrategien, Ursachen für Planabweichungen oder Fehler in der Projektdurchführung – von Interesse. Diese Erkenntnisse sollten im Sinne einer lernenden Organisation den Mitgliedern zukünftiger Projekte, möglichst zentral, zur Verfügung gestellt werden. Oft fehlt jedoch zum Projektende die Bereitschaft, sich noch einmal mit einzelnen Themen des Projektes auseinanderzusetzen und andere an selbst gemachten Erfahrungen teilhaben zu lassen. Erschwerend ist es, wenn trotz großer Projektlaufzeit, die Erfahrungssicherung lediglich zum Projektende, in einem kurzen Meeting (zweistündiger Lessons Learned bei einem zweijährigen Projekt) erfolgt und dadurch die Projektteilnehmer keine Erinnerung mehr an alle wichtigen Erkenntnisse haben.

3.4.6 Beschaffung (4.5.9)

***Beschaffung** [engl.: Procurement or Purchasing or Acquisition]*
»Synonyme: Bereitstellung, Einkauf
Verfügbarmachen der für die Bearbeitung von Aufgaben (z. B. Projekte, Teilaufgaben, Arbeitspakete, Vorgänge) erforderlichen

- *Personen und Sachmittel (Einsatzmittelbeschaffung),*
- *Fremdlieferungen und Fremdleistungen (›externe Beschaffung‹)*

zur geplanten Zeit am vorgesehenen Einsatzort in der benötigten Quantität und Qualität, sowie das Bereitstellen der erforderlichen Finanzmittel.« (Motzel)

3.4.6.1 Relevante Vertragsarten für Projekte

Die Kenntnis der Grundzüge des Vertragsrechts ist ein wesentlicher Teil des Projektmanagements. Jeder Projektleiter und jeder Projektmitarbeiter hat ständig mit Verträgen zu tun. Ihre ordnungsgemäße Erfüllung bedeutet gleichzeitig das Erreichen des Projekterfolgs.

Wenn man einem Mann trauen kann, erübrigt sich ein Vertrag. Wenn man ihm nicht trauen kann, ist ein Vertrag überflüssig.
Jean Paul Getty

Dabei geht es nicht um juristisches Detailwissen, sondern um Grundlagenwissen, das dabei hilft, vertraglich festgelegte Leistungen zu erfüllen und Situationen zu erkennen, in denen juristisches Fachpersonal zu einer Situation hinzugezogen werden muss.

Verträge kommen durch zwei übereinstimmende Willenserklärungen der beiden Vertragsparteien (Angebot & Annahme) zustande. Grundsätzlich herrscht Formfreiheit (i. d. R. mündlich oder schriftlich).

Im Rahmen der Projektbearbeitung werden grundsätzlich drei Vertragsarten unterschieden:

Kaufvertrag (§ 433 BGB)

Der Gegenstand eines Kaufvertrags sind vermögensrechtliche Gegenstände:
- Dabei handelt es sich um bewegliche **Sachen**, wie z. B. Maschinen, Softwarelizenzen, Patente und Erfindungen.
- Der Zeitpunkt des Gefahrenübergangs erfolgt nicht durch Abnahme (s. Werkvertrag) sondern durch Übergabe. Zusätzliche Regelungen sind in den sog. INCOTERMS festgelegt (z. B. FOB – free on board: Hier ist der Gefahrenübergang, sobald die Ware auf dem Schiff verladen ist).
- Ab dem Moment des Gefahrenübergangs geht auch die Beweislast auf den Käufer über.
- Die Verjährung von Mängelansprüchen ist abhängig vom Lieferzeitpunkt am Erfüllungsort. Dieser ist meist in AGBs festgelegt. Zusätzlich gibt es gesetzliche Regelungen (z. B. bei der Mängelgewährleistung).

Beispiel: Der Projektleiter kauft Drucker für das Projekt und muss den Kaufvertrag hinsichtlich des Gefahrenübergangs prüfen.

Werkvertrag (§ 631 BGB)
- Geschuldet wird ein bestimmter **Erfolg** gegen Entgelt (funktionierende Software, mängelfreies Haus etc.).
- Ein mängelfreies Gewerk.
- Meistens bei nicht beweglichen Sachen.
- Sieht immer eine formale (möglichst schriftliche) Abnahme vor.
- Beschreibt konkret den Leistungsgegenstand des Projektes (manchmal auch im Pflichtenheft beschrieben).
- Bis zur Abnahme trägt der Auftragnehmer das Risiko und die Beweislast für die Mängelbeseitigung.

Beispiel: Erstellung einer Internetplattform für ein Unternehmen

Beim Werkvertrag hat die Abnahme eine besondere Bedeutung. Mit ihr werden folgende Rechtsfolgen gültig:
- Gefahrenübergang,
- Beginn der Mängelgewährleistungshaftung (Frist),
- Zahlungsfälligkeit,
- Übergang des Risikos und der Beweislast auf den Auftraggeber.

Dienstvertrag (§ 611 BGB)

- Hat regelmäßige Erbringung von Dienstleistung zum Inhalt.
- Bezieht sich nicht auf den Erfolg der Leistung, sondern nur auf die im vereinbarten Zeitraum erbrachte Leistung (**Bemühen**).
- Die Qualität der Dienstleistung wird anhand des »Standes der Technik«, »aktuellen Standes der Technik« oder des »Standes von Wissenschaft und Technik« gemessen, notfalls durch einen Sachverständigen. In vielen Fällen auch durch subjektives Ermessen (z. B. Beraterleistungen).

Beispiel: Freelancer in Software-Entwicklung wird für einen vereinbarten Zeitraum als zusätzliche Ressource für das Projekt beauftragt.

3.4.6.2 Make-or-Buy-Entscheidungen

Make-or-Buy-Entscheidung *[engl.: Make or buy decision]* !
»Analyse und Entscheidung, ob ein (Teil-)Produkt besser selbst hergestellt oder hinzugekauft werden sollte.« (Motzel)

Die Make-or-Buy-Entscheidung (auch MOB-Entscheidung genannt) ist eine Entscheidungsherausforderung im Hinblick auf das Ausmaß der vertikalen Integration in einem Unternehmen. Für jeden Prozessschritt im Rahmen der betrieblichen Wertschöpfungskette stellt sich die Frage, ob dieser besser vom Unternehmen selbst erbracht und koordiniert werden sollte oder ob diese Aktivität nicht kostengünstiger als Marktleistung von anderen Unternehmen hinzugekauft werden sollte.

Bei der Entscheidung sollten mehrere Kriterien eine Rolle spielen:

- Direkter Kostenvergleich zwischen Fremdbezug und Eigenfertigung oder -entwicklung,
- Evtl. anfallende Transaktionskosten: Kosten, die bei der Koordination der Aktivität innerhalb des Unternehmens bzw. bei Bezug über den Markt anfallen,
- Opportunitätskosten: entgangene Erlöse, Synergien, die bei einer Eigenproduktion entstanden wären,
- Abhängigkeit von einem oder mehreren Lieferanten,
- Aufgabe von Wissensträgerschaft zugunsten einer Produktionsauslagerung (Know-how-Verlust).

3.4.7 Change und Transformation (4.5.13)

Neu entwickelte Fähigkeiten sind nur von Nutzen, wenn sie auch angewandt und von den entsprechenden Organisationen und Empfängern unterstützt werden. Change (hier gemeint: Veränderung, Verbesserung einer aktuellen Situation unter Beachtung der Vergangenheit) und Transformation (aus neuen Situationen entstehende Entwicklung, basierend auf einer Zukunftsvision) liefern die Prozesse, Tools und Techniken, die den Einzelnen und Organisationen dabei helfen können, erfolgreiche Übergänge hinsichtlich Personal und Organisation vorzunehmen, die in der Annahme und Übernahme von Change resultieren. (ICB4)

Projektauftraggeber erkennen immer häufiger, dass vermeintlich technisch geprägte Projekte eigentlich Organisationsprojekte (Change-Projekte oder »Changes«) sind, weil das Projektergebnis die Arbeit von Menschen unmittelbar verändert:

- Mit der Einführung einer Software zur Finanzbuchhaltung ändern sich Zugriffsrechte, Prozesse und Aufgabenzuschnitte.
- Mit dem Aufbau einer neuen Produktionsanlage werden neue Teams gebildet, vielleicht Aufgabenbereiche an Dritte ausgelagert und ggf. Arbeitsplätze reduziert.
- Bei der Einführung von »PPP« (Projekt-, Programm-, Portfoliomanagement) werden den Verantwortungen und Rollen anders vergeben, Transparenz geschaffen und neue Kompetenzen gefordert.

Fortschritt ist ein hübsches Wort. Aber sein Motor ist Veränderung, und die hat viele Feinde.

John F. Kennedy

Ein vollständig durchgeführter Veränderungsprozess gliedert sich in folgende Phasen:

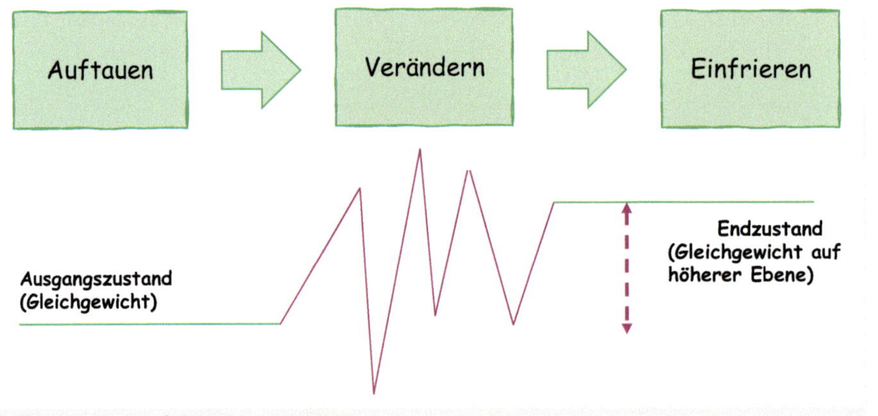

Abb. 100: Model of Change von Kurt Lewin

Auftauen (engl. Unfreezing)

- Vorbereiten der Veränderung
- Vermitteln von Plänen und Zielen
- Einbeziehung der Betroffenen
- Vorbereitende Analysen
- »Aufbrechen« bisheriger Strukturen und Prozesse

Bewegen (engl. changing)

- Durchführen der Veränderung durch die Verantwortlichen
- Verstärkung des Effekts durch Trainings (Qualifikation)
- Begleitende Kommunikationsmaßnahmen
- Überzeugung der betroffenen Mitarbeiter durch Aufzeigen von Nutzen

Einfrieren (engl. refreezing)

- Umgewöhnen der Organisation
- Vollständiges Einpassen in neue Strukturen und Prozesse
- Muss vollständig durchgeführt werden, um erneut einen stabilen Zustand zu erreichen (Nachhaltigkeit)!

3.5 Abschluss

BZ

Auf Sachebene:
- Abschlussbericht erstellen und verteilen
- Abschlusssitzung in den jeweiligen Gremien durchführen (Lenkungskreis, Team, etc.)
- Formale Entlastung von Projektleitung und Projektteam
- Ggf. Herausnahme aus dem Projektportfolio der Organisation
- Überleitung Projektpersonal in neue Aufgaben
- Auflösen und verwerten aller projekteigenen Ressourcen
- Übergabe noch offener Tätigkeiten in die Linie(n)
- Projektlernen (Lessons Learned mit Dokumentation)
- Projektkostenstelle schließen

Auf Beziehungsebene:
- Projekt mental abschließen
- Mitarbeiter und Projektleitung entlasten
- Projektmitarbeiter weiterentwickeln (mehr Verantwortung im nächsten Projekt)
- Party!

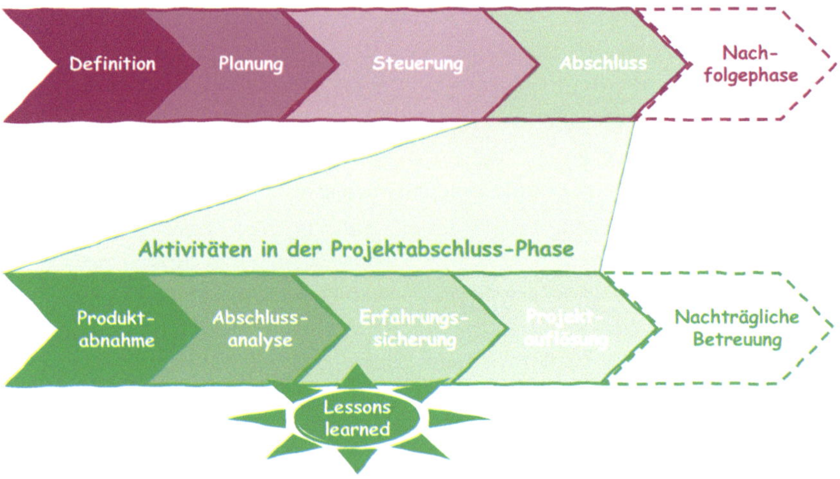

Abb. 101: Prozessschritte in der Projektabschlussphase (PM3)

! **Projektabschluss** *[engl.: Project Close-Out]*

»(1) Gesamtheit aller Tätigkeiten, die gegen Ende eines Projektes zu erledigen sind und für einen ›geordneten‹ Projektabschluss sorgen. Gelegentlich wird unter Projektabschluss (sehr einschränkend) nur das formale Ende des Projekts verstanden.
(2) Phase oder Prozess zum Ende eines Projekts, in der/dem das Projekt in allen Aspekten abgeschlossen wird (Synonyme: Abschlussphase oder Abschlussprozess).
Neben der Abnahme, Übergabe und Übernahme der Projektergebnisse gehören zum ›geordneten‹ Projektabschluss die Komplettierung der Dokumentation, die Projektabrechnung, die Projektabschlussbewertung, die Erstellung des Projektabschlussberichts und die Projektabschlussmeldung, ggf. die Archivierung der Projektunterlagen. Gelegentlich wird dies auch als ›Administrativer Projektabschluss‹ bezeichnet. Es werden insgesamt drei ›Projektabschlüsse‹ unterschieden: (a) Projektübergabe, (b) Abschluss des Projektcontrollings im Sinne der Auswertung der Kosten-, Ertrags- und Finanzsituation, (c) Projektevaluierung (Projektanalyse), ggf. mit gewissem Zeitabstand nach dem formalen Projektende.« (Motzel)

Als endgültig abgeschlossen kann – nach allgemeiner Auffassung der Fachwelt – ein Projekt erst dann betrachtet werden, wenn eine Projektevaluierung (z. B. als Projektanalyse, Projektbewertung, Projektassessment) stattgefunden hat und deren Ergebnisse in das Wissensmanagement der Organisation (z. B. in einen Wissensspeicher oder eine Erfahrungsdatenbank) eingeflossen sind. Diese Tätigkeiten werden zusammenfassend auch als »Projektlernen« bezeichnet.

3.5.1 Projektlernen

***Erfahrungssicherung** [engl.: Project Evaluation or **Lessons Learned**],*

»Synonyme: Projekterfahrung, Projektlernen, Lernen aus Projekten

Evaluierung (Analyse und Auswertung) abgeschlossener Projekte, Speicherung der Projektergebnisse und der ›gewonnenen Erkenntnisse‹ und Bereitstellung in geeigneter Form zur weiteren Verwendung in laufenden oder zukünftigen Projekten, z. B. in einer Kostendatenbank, Erfahrungsdatenbank oder einem Wissensspeicher. Für die Projektanalyse, insbesondere zum Abschluss eines Projekts, werden in der Praxis zahlreiche Verfahren und Methoden verwendet, z. B.:

- *Nachkalkulation*
- *systematische Kostenauswertung*
- *Ermittlung von Kennzahlen*
- *Befragung von Kunden, Mitarbeitern und anderen Projektbeteiligten*
- *Feedback-Gespräche*
- *Projektaudit*
- *Projektassessment« (Motzel)*

Die Erfahrungssicherung wird sowohl auf der Management- als auch auf der Wertschöpfungsebene durchgeführt. Ermittelte Kennzahlen werden in Erfahrungsdatenbanken eingegeben und stehen somit nachfolgenden Projekten für einen zentralen Zugriff zur Verfügung.

3.5.2 Produktabnahme

***Abnahme** [engl.: Acceptance]*

»Synonyme: Übernahme, Übergabe

In Deutschland ist die Abnahme (beim Werkvertrag) als juristischer Begriff im Bürgerlichen Gesetzbuch (BGB) allgemein verbindlich festgeschrieben. Nach § 640 BGB ist der Besteller verpflichtet, das vertragsgemäß hergestellte Werk abzunehmen, und die vereinbarte Vergütung zu entrichten, sofern nicht nach der Beschaffenheit des Werks die Abnahme ausgeschlossen ist. Wegen unwesentlicher Mängel kann die Abnahme nicht verweigert werden. Die Abnahme gilt auch als erfolgt, wenn der Besteller das Werk nicht innerhalb einer vom Unternehmer bestimmten angemessenen Frist abnimmt, obwohl er dazu verpflichtet ist. Nimmt der Besteller ein mangelhaftes Werk ab, obschon er den Mangel kennt, so stehen ihm die Rechte der Nacherfüllung, Wandelung (des Vertrags bzw. Vertragsinhalts), Minderung (des Vertragspreises) etc. nur zu, wenn er sich seine Rechte wegen des Mangels bei der Abnahme vorbehält (Vorbehaltseintrag im Abnahmeprotokoll).« (Motzel)

Ein Werkvertrag kann also nur durch eine erfolgreiche Abnahme beendet werden.

Mit der Abnahme erfolgt:
- Gefahrenübergang
- Beginn der Mängelgewährleistungshaftung
- Fälligkeit der Zahlung
- Übergang der Risiko- und Beweislast auf den Auftraggeber

Beim Dienstvertrag wird nach Zeit abgerechnet. Der Auftragnehmer übernimmt keine Erfolgsverpflichtung.

In der **Abnahmeprüfung** wird das übergebene Produkt getestet (z. B. Akzeptanztest, Pilottest) und ggf. eine Mängelliste erstellt. Die Mängel sind in einer angemessenen Frist zu beseitigen. Sind die aufgetretenen Mängel für den Auftraggeber nicht hinnehmbar, wird die Abnahme verschoben, bis die Mängel behoben sind. Eine Teilabnahme ist grundsätzlich möglich, führt jedoch auch zur Fälligkeit einer Teilzahlung. Erst mit der vollständigen Mängelbeseitigung werden die restlichen Rechnungen fakturiert.

! ***Abnahmeprüfung*** *[engl.: Acceptance Inspection]*

»Prüfung des Auftraggebers, ob die vereinbarten Lieferungen und Leistungen angenommen bzw. übernommen werden können. Dazu sollten zwischen Auftraggeber und Auftragnehmer insbesondere Termin, vorgesehene Dauer, Ort, Vorgehensweise, Art der Prüfung und ggf. notwendige Hilfsmittel, Einrichtung, Ausrüstung etc. vereinbart werden.« (Motzel)

Der **Produktabnahmebericht** enthält:
- Aufzählung der Übergabeobjekte (Deliverables)
- Produkt und Produktdokumentationen (ggf. inkl. Änderungskonfiguration)
- Leistungsmerkmale der Übergabeobjekte
- Festlegung der Übergabemodalitäten

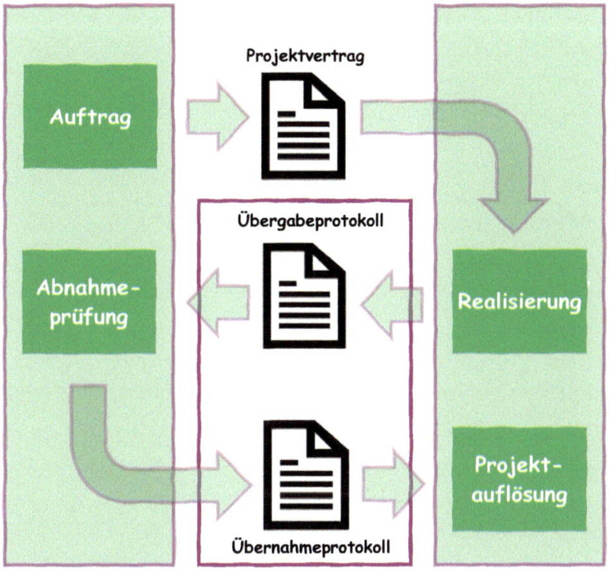

Abb. 102: Ablauf einer Produktabnahme (PM4)

Abnahmekriterien *[engl.: Acceptance Criteria]*

»Zwischen Auftraggeber und Auftragnehmer vereinbarte Kriterien einschließlich der Anforderungen und der wesentlichen Bedingungen, die erfüllt sein müssen, damit die Lieferungen und Leistungen abgenommen werden können.« (Motzel)

!

Abnahmekriterien sind vertraglich bindend. Sie müssen erfüllt sein, damit bei einem Werkvertrag die Produktabnahme erfolgen kann. Sie können enthalten:

- Produktspezifikation
- Zeitpunkt der Lieferung
- Erfolgreicher Testbetrieb
- Mindestrentabilität

Die Abnahmekriterien werden meist vom Auftraggeber bereits im Lastenheft benannt.

Ein Abnahmekriterium wird wie folgt beschrieben (angepasst nach Chris Rupp):

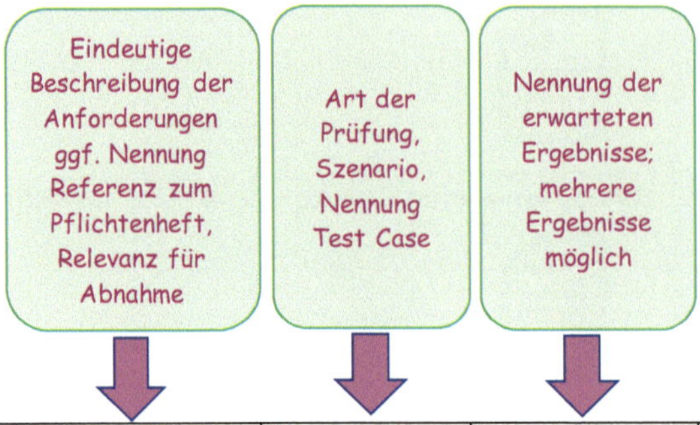

Anforderung	Ereignis	Erwartetes Ergebnis	Zeitpunkt/ Vearantwortung	Prüfung bestanden ja/nein	Nacharbeit
Aus dem Bibliothekarssystem können Reports gedruckt werden (s. Pflichtenheft Kap.4)	Test Case 4711: Der Administrator startet den Druck der Reports X, Y, Z...	1. Das System hat den jeweils ausgewählten Report nach maximal 20 Sekunden auf dem gewählten Drucker ausgegeben 2. Die Reports werden farbig dargestellt	Zur Abnahme, APV Meyer		Die Dauer des Druckvorgangs muss auf unter 20 Sekunden reduziert werden

Abb. 103: Tabelle zur Beschreibung von Abnahmekriterien (nach Chris Rupp)

Freigabe

Alternativ zur Abnahme können auch Freigaben erteilt werden. Die Vorgehensweise bei Freigaben sollte jedoch genau verabredet und dokumentiert sein, da die Gesetzgebung den Begriff Freigabe nicht kennt. Eine Freigabe wird so definiert, dass durch das Erreichen von definierten Zwischenergebnissen, das Projekt fortgesetzt werden kann. Freigaben stellen somit eine Art niederschwellige »Zwischenabnahme« dar, die jedoch rechtlich keine Bindung hat.

Danksagung

Wir danken Thor Möller, der uns in überaus kollegialem Sinn, das Zitieren aus seinem PM-Lexikon erlaubte.

Carmen Hellmann und Claudia Beutler danken wir für die organisatorische Unterstützung rund um die Buchgestaltung.

Tinka Meier danken wir für ihr präzises Auge, dem kaum eine Inkonsistenz entging. Falls es dennoch Inkonsistenzen oder ungenaue Erklärungen geben sollte, ist dies sicherlich nicht auf sie zurückzuführen!

Christoph Schauder danken wir für viele hilfreiche und sinnvolle fachliche Diskussionen, die die Methodik an einigen Ecken noch runder gemacht haben.

Karen dankt Konrad, Linus und Julius Löthe, während der vielen Arbeitsstunden ihr den Rücken freigehalten, sie moralisch unterstützt, ihr zugehört, ihr als Familie ermöglicht zu haben, dieses Buch zu schreiben.

Konstantin dankt seinen beiden Kindern Nikolaos und Alexandros für ihre Unterstützung.

Die Autoren

Karen Dittmann ist Unternehmerin, Inhaberin des Steinbeis-Transferzentrums IT-Projektmanagement, freiberufliche Projektmanagementberaterin und PM Trainerin. Mit naturwissenschaftlichem Hintergrund, 10 Jahren IT-Projektmanagement und aus der Autostadt Stuttgart kommend, versteht sie sich als Brücken bauende Projektmanagerin zwischen verschiedenen Welten. Die Menschen sind bei ihr das verbindende Element. Als Vollzeit arbeitende Mutter zweier Teenager wird es ihr auch privat nie langweilig.

Konstantin Dirbanis ist freiberuflicher Consultant-Trainer-Coach für Projektmanagement. Nach 21 Jahren im Banken- und 5 Jahren im Automotive-Umfeld sind weitere Branchen wie Pharma und Aviation hinzugekommen. Von Beginn an im klassisches Projektmanagement unterwegs, ist dieses seit 7 Jahren durch das agile Projektmanagement ergänzt worden. Er ist ein geschätzter PM-Experte und begleitet branchenunabhängig unterschiedlich große Unternehmen rund um das Thema Projektmanagement. Dabei versteht er sich als Wegbereiter und stellt die Menschen in den Mittelpunkt. In seiner Freizeit geht er philosophischen Fragen nach.

Literaturverzeichnis

Gessler, M. et al.: GPM Deutsche Gesellschaft für Projektmanagement, Kompetenzbasiertes Projektmanagement (PM3) – Handbuch für die Projektarbeit, Qualifizierung und Zertifizierung auf Basis der IPMA Competence Baseline Version 3.0, GPM Deutsche Gesellschaft für Projektmanagement e. V., Nürnberg 2009.

GPM Deutsche Gesellschaft für Projektmanagement e.V. (Hg.), Individual Competence Baseline für Prjektmanagement – Version 4.0, Nürnberg 2017

GPM Deutsche Gesellschaft für Projektmanagement e. V. (Hg.), Kompetenzbasiertes Projektmanagement (PM4) – Handbuch für Praxis und Weiterbildung im Projektmanagement, Band 1 + 2, GPM Deutsche Gesellschaft für Projektmanagement e. V., Nürnberg 2019.

Motzel, E./Möller, T.: Projektmanagement Lexikon, Referenzwerk zu den aktuellen nationalen und internationalen PM-Standards, 3. Auflage. Wiley, Weinheim 2017.

Patzak, G./Rattay, G.: Projekt Management: Leitfaden zum Managen von Projekten, Projektportfolios und projektorientierten Unternehmen. Linde, international 2017.

Rupp, C. and the Sophist Group: Requirements-Engineering und Management. Hanser, München 2004.

Satir, V.: Kommunikation, Selbstwert, Kongruenz: Konzepte und Perspektiven familientherapeutischer Praxis (Deutsch) Taschenbuch –Junfermann, 1994

Schein, E. H./Schein, P.: Organisationskultur und Leadership. Verlag Franz Vahlen, München 2018.

Schmid, B./Messmer A.: Auf dem Weg zu einer Verantwortungkutlur. EHP -Handbuch systemische Professionalität und Beratung, Hg. Bernd Schmid, Wiesloch 2009.

Tannenbaum, R. and Schmidt, W. H.: How to Choose a Leadership Pattern. In: Harvard Business Review 36/1958. President and Fellows of Harvard College, 1973, S. 95–102.

Online-Dokumente

BfGA (Beratungsgesellschaft für Arbeits- und Gesundheitsschutz mbH), Definition Gefährdungsbeurteilung, 29.7.2020, online verfügbar: https://www.bfga.de/arbeitsschutz-lexikon-von-a-bis-z/fachbegriffe-c-i/gefaehrdungsbeurteilung-fachbegriff/

Leitfaden für Zertifikanten Level D-A, Allgemein, »Z01«, Rev.7 vom 31.1.2020, online verfügbar in der jeweils aktuellsten Version: https://www.gpm-ipma.de/fileadmin/user_upload/Zertifizierung/Leitfaden/Z01_PM_Leitfaden_Allgemein_ICB4_V07.pdf

Schwaber, K./Sutherland, J. (2013), Scrum Guide, der gülige Leitfaden für Scrum die Spielregeln, online verfügbar unter: https://www.scrumguides.org/docs/scrumguide/v1/Scrum-Guide-DE.pdf

Deutsche Institut für Normung e. V. (DIN), Projektmanagement – Projektmanagementsysteme – Teil 1 bis 5: www.din.de

Stichwortverzeichnis

Inklusive Arbeitshilfen online

Exklusiv für Buchkäufer!

Ihre Arbeitshilfen zum Download:

- **http://mybook.haufe.de/**
- **Buchcode:** QWE-0820